“中 央 高 校 基 本 科 研 业 务 费” 项 目 资 助
“中国矿业大学（北京）研究生教材出版基金”项目资助

中国矿业大学（北京）研究生教材

环境影响评价

主　编　章丽萍　何绪文
副主编　张春晖　张　凯

煤 炭 工 业 出 版 社
·北　京·

内 容 提 要

按照《中华人民共和国环境影响评价法》及最新的环境影响评价技术导则、技术方法的要求编写本书。全书共分 14 章，主要内容包括绪论、环境法规与环境标准、环境影响评价程序、环境影响评价方法与技术、工程分析、大气环境影响评价、地表水环境影响评价、声环境影响评价、固体废物环境影响评价、生态环境影响评价、区域环境影响评价、环境风险评价、规划环境影响评价和公众参与。

本书可作为高等院校环境工程、环境科学等专业的本科生和研究生课程教材，也可供从事环境保护及相关领域的技术人员、管理人员参考。

前　　言

环境影响评价是环境工程、环境科学专业的一门重要的专业必修课，是环境专业的一个重要研究方向。该课程是一门综合性、工程实践性都非常强的课程。本书根据国家对环境影响评价工作的更高要求以及不断修订和出台的法规、政策等，更新相关环保法律、法规内容，完善环境影响评价技术导则与评价方法；为了符合新形势下社会对环境影响评价工作者的更高要求，本书在内容上力求全面、精炼、重点突出、注重科学性与实用性结合。

本书作者长期从事环境专业《环境影响评价》课程的教学工作。在参阅了大量国内外同类教材、期刊文章、国家法规政策及技术导则和技术方法等文献的基础上，结合自身的科研工作中积累的经验编写了此书，希望能有助于环境专业的本科生、研究生对环境影响评价的学习。

本书由中国矿业大学（北京）章丽萍编写第一章、第五章、第七章、第十二章、第十三章、第十四章；何绪文编写第二章、第四章；张春晖编写第三章、第八章、第九章、第十章；张凯编写第六章、第十一章，全书由章丽萍统稿。

本书编写过程中，研究生史云天、周东奇、叶辉、赵璐彤、刘青等为本书的编写提供了大量的素材，并参与了部分章节的核对工作，在此一并表示感谢。

由于时间和水平所限，书中不妥、缺点、错误之处在所难免，敬请各位读者批评指正。

编　者

2015年10月

目　　次

第一章 绪 论

第一节 环 境

一、环境的概念

环境是指人类以外的整个外部世界的总和。具体地说，环境是指围绕着人群的空间以及其中可以直接、间接影响人类生活和发展的各种自然因素和社会因素的总和。环境是相对于某一中心事物而言的，并因中心事物的不同而不同。

在环境科学中，环境是指以人类为主体的外部世界，包括地球表面与人类发生相互作用的自然要素及其总体。它是人类生存发展的基础，也是人类开发利用的对象。从广义上讲，环境是指围绕着人群的空间中的一切事物，或是作用于人类这一客体的所有外界事物，即所谓人类的生存环境。从狭义上讲，环境是指人类进行生产和生活的场所，尤其是指可以直接或间接影响人类生存和发展的各种自然因素的总体。自古以来人类就与外部世界诸事物发生着各种联系，其生存繁衍的历史是人类社会与环境相互作用、共同发展和不断进化的历史。人与环境之间存在着一种对立统一的辩证关系，是矛盾的两个方面，它们之间的关系既相互作用、相互促进和相互转化，又相互对立和相互制约。

《中华人民共和国环境保护法》(2014 年修订）中定义环境是指影响人类生存和发展的各种天然的和经过人工改造的自然因素的总体，包括大气、水、海洋、土地、矿藏、森林、草原、野生动物、自然遗迹、人文遗迹、自然保护区、风景名胜区、城市和乡村等。

人类环境不同于其他生物的环境，它包括自然环境和社会环境两部分。自然环境包括人类赖以生存的自然条件和自然资源的总称，例如空气、阳光、水、土壤、矿物、岩石和生物等，以及由这些要素构成的各圈层，例如大气圈、水圈、土壤圈、生物圈和岩石圈；社会环境是指人类的社会制度、社会意识、社会文化等社会经济文化体系，包括社会经济、城乡结构以及与各种社会制度相适应的政治、经济、法律、宗教、艺术、哲学的观念和机构等。

环境是一个复杂的系统，是人类生存和发展的物质基础。环境为人类的生存提供了必要的物质条件和活动空间；为人类社会经济发展提供了各种自然资源；为人类社会经济活动所产生的废物提供了弃置消纳的场所。人类对环境系统的干扰作用必须限制在一定的范围之内，否则，环境系统的功能就会受到破坏，从而形成各种各样的环境问题。

一般把包括地球岩石的上部、水圈和大气圈的下部的范围叫做生物圈。其范围一般认为是从地球表面不到 11 km 的深度（即太平洋海沟的最深处）至地面以上不到 9 km 的高度（即珠穆朗玛峰顶）的范围。生物圈是地球表面全部有机体及与之相互发生作用的物理环境的总称。由于这个环境里有空气、水、土壤而能够维持生物的生命，故人们习惯于把地球上凡是有生命的地方称为生物圈。污染物对环境的影响主要在生物圈。环境影响评价也主要是针对这个范围。

二、环境特性

1. 整体性与区域性

环境是一个统一的整体，组成环境的每一要素都既具有其相对的独立性，又有相互之间的联系性、依存性和制约性。

环境的整体性是指各环境要素或环境各组成部分之间，因有其相互确定的数量与空间位置，并以特定的相互作用而构成的具有特定结构和功能的系统。阳光、大气、水、土壤、生物等环境要素构成了人类的生存环境，它们对人类社会的生存发展各有独特的功能，这些功能不会因时空的不同而不同，但这些要素通过物质循环和能量流动等方式相互联系、相互作用，在相互作用中存在，在相互联系中起作用，在相互联系和相互作用中发展并表现它们各自的特性，构成相对稳定的整体。人类与环境之间相互联系，是不可分割的整体，这也是环境的整体性的最重要的一点。人类通过多种渠道作用于环境，同时又不同程度地受到环境的反作用。环境的整体性特点时刻提醒我们，人类不能超然于环境之外，在改造环境的过程中，必须将自身与环境作为一个整体加以考虑，才能产生对人类的最佳效果。

地球上处于不同地理位置和不同大小面积的环境系统存在着显著的差异。

环境的区域性是指环境特性的区域差异。环境因地理位置的不同或空间范围的差异，会有不同的特性。比如滨海环境与内陆环境明显地表现出环境特性的差异。环境的区域性不仅体现了环境在地理位置上的变化，还反映了区域社会、经济、文化、历史等多样性。

2. 变动性和稳定性

环境系统处于自然过程和人为社会过程的共同作用中，因此环境的内部结构和内部状态始终处于不断变化之中。环境的变动性是指在自然的、人类社会行为的或两者共同作用下，环境的内部结构和外在状态始终处于不断变化之中。人类社会在发展的过程其实也在对自然环境进行不断的改造。万物皆运动，环境也不例外。这种变动既是确定的，又带有随机性，反映在系统所处的状态参数的变化以及输入系统的各种因素的变化上。

环境的稳定性是指环境系统具有一定的自我调节功能的特性，也就是说，环境结构与状态在自然的和人类社会行为的作用下，所发生的变化不超过一定限度时，环境可以借助于自身的调节功能使这些变化逐渐消失，环境结构和状态得以恢复到变化前的状态。

环境的变动性与稳定性是相辅相成的，变动是绝对的，稳定是相对的。“限度”是决定能否稳定的条件，而这种“限度”是由环境本身的结构和状态决定的。一般来说，环境组成越复杂，环境承受干扰的“限度”越大，环境的稳定性就越强。

3. 资源性与价值性

环境具有资源性，环境系统是环境资源的总和。环境提供了人类生存所必需的物质和能量，人类社会离开了这些物质和能量就不可能生存，如果环境中物质和能量的供应不足或不平衡也会危及人类社会生存和发展。因此，人类社会的生存和发展要求环境有相应的付出，环境为人类社会的生存和发展提供必要的条件，这就是环境的资源性。环境资源包括物质性和非物质性两个方面，例如生物资源、矿产资源、淡水资源、海域资源、土地资源、森林资源等都是环境资源的物质性方面。而环境状态就是环境的非物质性方面之一，比如不同的环境状态为人类社会的生存和发展提供不同的条件，有的海滨城市有利于发展港口码头，有的海滨城市更适合发展旅游，有的内陆地区适合发展重工业，有的内陆地区有利于发展旅游，这些不同的环境状态都体现了环境的资源性。虽然环境资源是非常丰富多样，但也是有限的。

环境的价值是随着人们的认识而不断变化的。最初人们从环境中取得物质资源主要以满足生活和生产的基本需要，对环境造成的影响也不大，人们认为环境是取之不尽、用之不竭的，因此环境不具有价值。但随着人类社会的发展进步，特别是自工业革命以来，人类社会在经济、技术、文化等方面突飞猛进的发展，对环境的要求不断增加，环境资源的破坏、匮乏已经开始影响社会经济的可持续发展，人们开始认识到环境价值的存在。

第二节　环　境　影　响

一、环境影响概念

环境影响是指人类活动（经济活动和社会活动）对环境的作用和导致的环境变化以及由此引起的对人类社会的效应。环境影响是由造成环境影响的源和受影响的环境两方面构成的。受影响的环境要素变化的范围和程度随着人类活动的性质、范围和地点的不同而不同。在研究人类活动对环境的影响时，首先应注意那些受到重大影响的环境要素的质量参数的变化。例如，建设一个大型的燃煤火力发电厂，使周围大气中二氧化硫浓度显著升高；城市污水经过一级处理后排入海湾会使排放口附近海水中有机物浓度显著升高，会影响原有水生生态的平衡。环境影响的重大性也是相对的，例如，对一个濒危物种繁殖地的影响比对数量丰富的物种繁殖地的影响要大。研究人类活动对环境的作用是为了认识和评价环境对人类的反作用，从而制定出减缓不利影响的对策，改善生态环境，维护人类健康，保证和促进人类社会的可持续发展。

二、环境影响分类

1. 按影响的来源分类

按影响的来源分类，环境影响可分为直接影响、间接影响和累积影响。直接影响与人类活动在时间上同时，在空间上同地；而间接影响则是在时间上推迟，在空间上较远，但在可合理预见的范围内。直接影响一般比较容易分析和测定，而间接影响就不易分析和测定。间接影响中空间和时间范围的确定、影响结果的量化等，都是环境影响评价中比较困难的工作。确定直接影响和间接影响并对其进行分析和评价，可以有效地认识评价项目的影响途径、范围、影响状况等，对于缓解不良影响和采用替代方案有重要意义。累积影响是指一项活动的过去、现在及可以预见的将来的影响具有累积性质，或多项目活动对同一地区可能叠加的影响。当建设项目的环境影响在时间上过于频繁或在空间上过于密集，以至于各项目的影响得不到及时消除时，都会产生累积影响。

2. 按影响效果分类

按影响效果分类，环境影响可分为有利影响和不利影响。这是一种从受影响对象的损益角度进行划分的方法。有利影响是指对人类健康、社会经济发展或其他环境的状况和功能有积极促进作用的影响。反之，对人类健康有害、对社会经济发展或其他环境状况有消极阻碍或破坏作用的影响则为不利影响。有利影响与不利影响是相对的，在一定条件下可以相互转化。环境影响的有利和不利的确定，要考虑多方面的因素，是一个比较困难的问题，也是环境影响评价工作中需要认真考虑、调研和权衡的问题。

3. 按影响性质分类

按影响性质的不同，环境影响可划分为可恢复影响和不可恢复影响。可恢复影响是指人类活动造成的环境的某些特性改变或某些价值丧失后可以恢复。一般认为，在环境承载力范围内对环境造成的影响是可恢复的；超出环境承载力范围，则为不可恢复影响。

除此之外，环境影响还可以分为长期影响和短期影响，建设阶段影响和运行阶段影响等。

第三节　环境影响评价

一、环境影响评价概念

《中华人民共和国环境影响评价法》(简称《环境影响评价法》自 2003 年 9 月 1 日起施行）第二条规定：“本法所称环境影响评价，是指对规划和建设项目实施后可能造成的环境影响进行分析、预测和评估，提出预防或者减轻不良环境影响的对策和措施，进行跟踪监测的方法与制度。”制订该法的主要目的是为了实施可持续发展战略，预防因规划和建设项目实施后对环境造成不良影响，促进经济、社会和环境的协调发展。

环境影响评价首先是从建设项目领域开始的，指在建设项目兴建之前，就项目的选址、设计以及建设项目施工过程中和建设完成投产后可能带来的环境影响进行分析、预测和评估。环境影响评价包含了两个层面的意思：一个层面指的是技术方法，包括物理学、化学、生态学、文化与社会经济等方面；另一个层面指的是管理制度，即把环境影响评价作为环境管理中的一项制度规定下来，并以法律形式加以肯定的做法。

环境影响评价按照评价对象可分为规划环境影响评价和建设项目环境影响评价；按照环境要素可分为大气环境影响评价、地表水环境影响评价、声环境影响评价、生态环境影响评价、固体废物环境影响评价等；按照时间顺序可分为环境质量现状评价、环境影响预测评价、建设项目环境影响后评价。

二、环境影响评价的由来

环境影响评价这个概念最早是 1964 年在加拿大召开的国际环境质量评价学术会议上提出的。1969 年，美国制定了《国家环境政策法》，在世界范围内率先确立了环境影响评价制度。依据该法设立的国家环境质量委员会于 1978 年制定了《国家环境政策法实施条例》，为《国家环境政策法》提供了可操作的规范性标准和程序。随后，瑞典、澳大利亚、法国也分别于 1969 年、1974 年、1976 年在国家的环境法中制定了环境影响评价制度，日本、加拿大、英国、新西兰等国虽未在法律中拟定类似条款，但也建立了相应的环境影响评价制度。经过 50 年的发展，已有 100 多个国家建立了环境影响评价制度。环境影响评价的内涵也不断得到提高，从对自然环境的影响评价发展到对社会环境的影响评价，其中自然环境的影响不仅考虑环境污染，还注重其对生态系统的影响。此外，各国逐步开展了环境风险评价、区域建设项目的累积性影响，近十多年来，环境影响后评价也引起很多研究者的兴趣，并逐步推广到大的建设项目中。

环境影响评价的对象从最初单纯的工程建设项目发展到区域开发环境影响评价和战略环境评价；环境影响评价的技术方法和程序也在发展中不断得以完善。

三、环境影响评价的重要性

环境影响评价的重要性主要表现在以下几个方面：

1. 保证建设项目选址和布局的合理性

合理的经济布局是保证环境与经济持续发展的前提条件，而不合理的布局则是造成环境污染的主要原因。环境影响评价是从开发活动所在区域的整体出发，考虑建设项目的不同选址和布局对区域整体的影响，并进行比较和取舍，选择最有利的方案，保证建设项目选址和布局的合理性。

2. 指导环境保护措施的设计

一般建设项目的开发建设活动和生产活动都要消耗一定的资源，给环境带来一定的污染与破坏，因此必须采取相应的环境保护措施。环境影响评价是针对具体的开发建设活动或生产活动，综合考虑活动特点和环境特征，通过对污染治理措施的技术、经济和环境论证，可以得到相对合理的环境保护对策和措施，指导环境保护措施的设计，强化环境管理，把因人类活动而产生的环境污染或生态破坏限制在最小范围。

3. 为区域社会经济发展提供导向

环境影响评价可以通过对区域的自然条件、资源条件、社会条件和经济发展状况等进行综合分析，掌握该地区的资源、环境和社会承载能力等状况，从而对该地区发展方向、发展规模、产业结构和布局等做出科学的决策和规划，以指导区域活动，实现可持续发展。

4. 推进科学决策与民主决策进程

环境影响评价是在决策的源头考虑环境的影响，并要求开展公众参与，充分征求公众的意见，其本质是在决策过程中加强科学论证，强调公开、公正，对我国决策民主化、科学化具有重要的推进作用。

5. 促进相关环境科学技术的发展

环境影响评价涉及自然科学和社会科学的众多领域，包括基础理论研究和应用技术开发。环境影响评价工作中遇到的问题必然是对相关环境科学技术的挑战，进而推动相关环境科学技术的发展。

四、环境影响评价的原则

《环境影响评价法》规定，环境影响评价必须客观、公开、公正，综合考虑规划或者建设项目实施后对各种环境因素及其所构成的生态系统可能造成的影响，为决策提供科学依据。

根据上述规定，环境影响评价的原则有 4 方面：一是客观、公开、公正；二是要综合考虑规划或者建设项目实施后可能造成的影响；三是要兼顾对各种环境因素及其所构成的生态系统可能造成的影响；四是要为决策提供科学依据。

第四节　环境影响评价制度的发展

一、国外环境影响评价制度的发展

用法律规定环境影响评价是一个必须遵守的制度，称为环境影响评价制度。环境影响评价的成果是提交环境影响报告书，故美国、加拿大等国又称之为环境影响报告书制度。

在国际环境保护运动的推动下，美国于1969年通过的《国家环境政策法》(NEPA)的思想的主要内容包括该法的目的、确定环境政策、建立环境影响报告书制度、成立环境质量委员会。该法第102条规定：所有联邦政府机构应在提交每一项对人类环境质量有重大影响的立法提案或报告以及其他的重要联邦行动前，应由负责官员递交一份详细的报告书。其内容应有关提案内容的环境影响、该提案实施时对环境不可避免的损害、该提案中的替代方案、提案实施时对资源的不可逆的和不可恢复性的影响。

环境影响报告书必须经过法定程序审批通过后，联邦政府才允许采取该项行动。美国是世界上第一个执行环境影响报告书制度的国家。近40多年来，美国的环境影响评价方法和程序以及环境影响报告书的审批过程有了许多修正和发展，环境影响评价制度实施的范围从联邦机构扩大到各个州的机构和私人公司。

加拿大联邦政府于1973年12月制定了第一个环境影响评价程序，并要求在最终决策前的规划过程中评价联邦计划对环境潜在的不利影响。1993年初，《加拿大环境影响法》正式实施。

欧盟于1985年6月颁布85/337/EEC法令，规定了公共和私营项目进行环境影响评价的范围、行业和要求。为了预防欧盟各国工业发展的畸形竞争需要协调欧洲立法，不给日趋流动的欧洲企业转移到立法较松的地方以机会。同时，多数成员国要求最大限度保留其自主性。法令中规定除了应进行环境影响评价的项目外，各成员国还可以规定其他类型项目，制定相应的标准和阈值。实际上，在20世纪70年代，欧盟中的英、法等国就已制定了与环境影响评价相关的条例和规定。

苏联部长会议于1972年底通过的《关于加强环境保护和改善自然资源利用》(第898号决议）中提出了对建设项目进行系统的环境研究的要求。1988年初制定的《关于国家环境保护活动的根本重组》中要求，所有组织和企业的拟议经济活动均应开展环境影响评价，并与公众讨论。

日本在20世纪70年代初建立了环境影响评价制度，此后许多都、道、府、市、县结合本地情况也都建立了环境影响评价的程序。

二、我国环境影响评价制度的发展

我国的环境影响评价制度是在吸收和借鉴西方国家环境管理有关的环境影响评价制度基础上确立和发展起来的，总的来说，可以划分为4个阶段：

第一阶段是引入和确立阶段。这一阶段环境影响评价开始在我国的一些文件和报告中出现，这是我国在20世纪70年代以后经济建设逐步进入正轨的客观反映。1973年第一次全国环境保护会议以后，我国环境保护工作全面起步。1978 年 12 月 31 日，国务院环境保护领导小组在《环境保护工作汇报要点》中，首次提出了环境影响评价的意向。1979 年 4 月，国务院环境保护领导小组在《关于全国环境保护工作会议情况的报告》中，把环境影响评价作为一项方针政策再次提出。1979 年 9 月，《中华人民共和国环境保护法（试行）》颁布，该法规定：一切企业、事业单位的选址、设计、建设和扩建工程中，必须提出环境影响报告书，经环境保护主管部门和其他有关部门审查批准后才能进行设计。

第二阶段是规范和建设阶段。刚刚建立起来的环境影响评价制度显然还缺乏相关制度的配套和深化，为保证环境影响评价制度具有可操作性，国家相关部门陆续颁布了各项环境保护法律法规和部门行政规章，不断对环境影响评价制度进行规范，1981 年 5 月制定了《基本建设项目环境保护管理办法》，1986 年国家计划委员会（现国家发展和改革委员会）、国家经济贸易委员会、国务院环境保护委员会联合颁布的《建设项目环境保护管理办法》中，对建设项目环境影响评价的范围、内容、审批和环境影响报告书的编制格式都做了明确的规定，促进了环境影响评价制度的有效执行。此后发布的《水污染防治法》等都对环境影响评价工作做出了规定。1989 年 12 月 26 日颁布的《中华人民共和国环境保护法》中，以法律形式确认了建设项目的环境影响评价制度，对该制度的执行对象和任务、工作原则和审批程序、执行时段和基本建设程序之间的关系作了原则性规定。

第三阶段是强化和完善阶段。进入 20 世纪 90 年代，随着我国改革开放的深入发展和社会主义计划经济向市场经济转轨，建设项目的环境保护管理制度特别是环境影响评价制度得到了强化，并开始了区域环境影响评价和规划环境影响评价。在注重污染型项目评价的同时，加强了生态影响类项目的环境影响评价，污染预防和生态保护并重，同时在实践中逐步扩大和完善公众参与的范围。1998 年 11 月 29 日，国务院颁布实施了《建设项目环境保护管理条例》，对环境影响评价作了全面、详细、明确的规定。该条例是现阶段我国对建设项目实施环境影响评价制度的最基本法律依据之一。

第四阶段是提高和拓展阶段。我国第九届全国人大常委会亦把环境影响评价工作列入了立法计划。从 1998 年开始，经过四年的努力，在反复调研、论证之后，于 2002 年 10 月 28 日第九届人大常委会第十三次会议通过《环境影响评价法》，2003 年 9 月 1 日起正式实施。这标志着我国的环境立法进入了一个崭新的阶段，也是首次就一项环境保护制度专门制定颁布了完整的法典。当时的国家环保总局依据法律规定，建立了环境影响评价的基础数据库，颁布了各类环境影响评价的技术导则，制定了专项规划环境影响报告书审查办法。2006 年 2 月 2 日，国家环保总局发布了《环境影响评价公众参与暂行办法》，这是我国环保领域的第一部公众参与的规范性文件；为了提高环境执法效率，充分发挥公众参与环保监督的作用，2006 年 2 月 20 日，监察部和国家环保总局联合颁布施行了《环境保护违法违纪行为处分暂行规定》，这是我国第一部关于环境保护处分方面的专门规章。《环境影响评价公众参与暂行办法》和《环境保护违法违纪行为处分暂行规定》的配套出台，为环保监督作用的发挥提供了综合性的制度保障。

三、我国环境影响评价制度的特点

我国的环境影响评价制度是借鉴国外经验并结合我国的实际情况逐渐形成的。我国的环境影响评价制度的主要特点表现在以下几个方面：

1. 具有法律强制性

我国的环境影响评价制度是国家环境保护法明令规定的一项法律制度，以法律形式约束人们必须遵照执行，具有不可违背的强制性，所有对环境有影响的建设项目都必须执行这一制度。

2. 纳入基本建设程序

我国多年实施计划体制，改革开放以来，虽然实行社会主义市场经济，但是在固定资产上国家仍然有较多的审批环节和产业政策控制，强调基建程序。多年来，建设项目的环境管理一直纳入到基本建设程序管理中。《建设项目环境保护管理条例》对各种投资类型的项目都要求在可行性研究阶段或开工建设之前，完成其环境影响评价的报批。

3. 分类管理

《中华人民共和国环境影响评价法》第十六条规定，国家根据建设项目对环境的影响程度，对建设项目的环境影响评价实行分类管理。为了贯彻实施建设项目环境影响评价分类管理，中华人民共和国环境保护部颁布了《建设项目环境影响评价分类管理名录》(2015 年 6 月 1 日实施)，其中第二条规定，“建设单位应当按照名录的规定，分别组织编制环境影响报告书、环境影响报告表或者填报环境影响登记表”。评价工作的重点也因类而异，对新建项目，评价重点主要是解决合理布局、优化选址和总量控制；对扩建和技术改造项目，评价的重点在于工程实施前后可能对环境造成的影响及“以新带老”，加强原有污染治理，改善环境质量。

4. 实行评价资格审核认定制

为确保环境影响评价工作的质量，自 1986 年起，我国建立了评价单位的资格审查制度，强调评价机构必须具有法人资格，具有与评价内容相适应的固定在编的各专业人员和测试手段，能够对评价结果负起法律责任。

1998 年，国务院颁发的《建设项目环境保护管理条例》第十三条明确规定：“国家对从事建设项目环境影响评价工作的单位实行资格审查制度。从事建设项目环境影响评价工作的单位，必须取得国务院环境保护行政主管部门颁发的资格证书，按照资格证书规定的等级和范围，从事建设项目环境影响评价工作，并对评价结论负责。”持证评价是我国环境影响评价制度的一个重要特点。

为了加强环境影响评价管理，提高环境影响评价专业技术人员素质，确保环境影响评价质量，2004 年 2 月，原人事部、国家环境保护总局在全国环境影响评价系统建立环境影响评价工程师职业资格制度，对从事环境影响评价工作的有关人员提出了更高的要求。

第二章　环境法规与环境标准

第一节　环　境　法　规

一、环境影响评价的法规依据

我国的环境影响评价与环境保护的法律法规体系密不可分，环境影响评价的依据是环境保护的法律法规和环境标准。环境法律法规和标准及环境目标反映的是一个地区、国家和国际组织的环境政策，也是其环境基本价值的体现。

环境影响评价的法律法规与标准体系，是指国家为保护改善环境、防治污染及其他公害而定的体现政府行为准则的各种法律、法规、规章制度及政策性文件的有机整体框架系统。这是开展环境影响评价的基本依据。

二、环境保护法律法规体系及相互关系

我国目前建立了由法律、国务院行政法规、政府部门规章、地方性法规和地方政府规章、环境标准、环境保护国际条约组成的完整的环境保护法律法规体系。该体系以《中华人民共和国宪法》中关于环境保护的规定为基础，以综合性环境基本法为核心，以相关法律关于环境保护的规定为补充，是由若干相互联系协调的环境保护法律、法规、规章、标准及国际条约所组成的一个完整而又相对独立的法律法规体系。

1. 宪法中关于环境保护的规定

2004 年 3 月 14 日通过修订的《中华人民共和国宪法》第二十六条规定：“国家保护和改善生活环境和生态环境，防治污染和其他公害。”第九条规定：“国家保障自然资源的合理利用，保护珍贵的动物和植物。禁止任何组织或者个人用任何手段侵占或者破坏自然资源。”第十条和第二十二条也有关于环境保护的规定。宪法的这些规定是环境保护立法的依据和指导原则。

2. 环境保护法中的规定

为保护和改善环境，防治污染和其他公害，保障公众健康，推进生态文明建设，促进经济社会可持续发展，1989 年 12 月 26 日颁布实施了《中华人民共和国环境保护法》，标志着我国的环境保护工作进入法制轨道，带动了我国环境保护立法工作的全面发展。2015 年 1 月 1 日正式实施的《中华人民共和国环境保护法》是现阶段我国环境保护的综合性法，在环境保护法律体系中占据核心地位。该法共七章 70 条，分为“总则”“监督管理”“保护和改善环境”“防治污染和其他公害”“信息公开和公众参与”“法律责任”及“附则”。其中第十九条明确规定：编制有关开发利用规划，建设对环境有影响的项目，应当依法进行环境影响评价；第六十一条规定：建设单位未依法提交建设项目环境影响评价文件或者环境影响评价文件未经批准，擅自开工建设的，由负有环境保护监督管理职责的部

门责令停止建设，处以罚款，并可以责令恢复原状。

3. 环境影响评价法

2002 年 10 月 28 日通过的《中华人民共和国环境影响评价法》是一部独特的环境保护单行法，该法规定了规划和建设项目影响评价的相关法律要求，是我国环境立法的重大发展。《中华人民共和国环境影响评价法》将环境影响评价的范畴从建设项目扩展到规划，即战略层次，力求从策略的源头防止污染和生态破坏，标志着我国环境与资源立法进入了一个新的阶段。

4. 环境保护单行法

环境保护单行法是针对特定的污染防治对象或资源保护对象而制定的。它分为两大类：一类是自然资源保护法，如《中华人民共和国森林法》《中华人民共和国草原法》《中华人民共和国渔业法》《中华人民共和国矿产资源法》《中华人民共和国土地管理法》《中华人民共和国水法》《中华人民共和国野生动物保护法》《中华人民共和国水土保持法》《中华人民共和国气象法》等；另一类是污染保护法，如《中华人民共和国水污染防治法》《中华人民共和国大气污染防治法》《中华人民共和国固体废弃物污染环境防治法》《中华人民共和国环境噪声污染防治法》《中华人民共和国海洋环境保护法》《中华人民共和国清洁生产促进法》《中华人民共和国放射性污染防治法》等。这些法律中都有关环境影响评价的相关规定。

5. 环境保护行政法规

环境保护行政法规是由国务院制定并公布的环境保护规定文件。它分为两类：一类是为执行某些环境保护单行法而制定的实施细则或条例，如 2013 年 9 月国务院印发的《大气污染防治行动计划》、2015 年 4 月国务院印发的《水污染防治行动计划》；另一类是针对环境保护工作中某些尚无相应单行法的重要领域而制定的条例、规定或办法，如 1998 年 11 月国务院发布施行的《建设项目环境保护管理条例》等。

6. 环境保护部门规章

环境保护部门规章是由国务院环境保护行政主管部门单独发布的或者与国务院有关部门联合发布的环境保护规范文件。它以有关的环境保护法规为依据制定，或针对某些尚无法律法规调整的领域而做出相应的规定。

7. 环境保护地方性法规和地方政府规章

环境保护地方性法规和地方政府规章是地方权力机关和地方行政机关依据宪法和相关法律法规制定的环境保护规范性文件。这些规范性文件是根据本地的实际情况和特殊的环境问题，为实施环境保护法律法规而制定的，具有较强的可操作性。如北京市地方标准《水污染物排放标准》(DB 11/307—2005)、《城镇污水处理厂水污染物排放标准》(DB 11/890—2012)。

8. 环境保护国际公约

环境保护国际公约是指我国缔结和参加的环境保护国际公约、条约和议定书。国际公约与我国环境法有不同规定时，优先适用国际公约的规定，但我国声明保留的条款除外。

三、环境保护法律法规体系中各层次间关系

《中华人民共和国宪法》是环境保护法律法规体系建立的依据和基础，法律层次不管是环境保护的综合法、单行法还是相关法，其中对环境保护的要求，法律效力是一样的。如果法律规定中有不一致的地方，应遵循后法大于先法。环境保护法律法规体系框架图如图 2－1 所示。

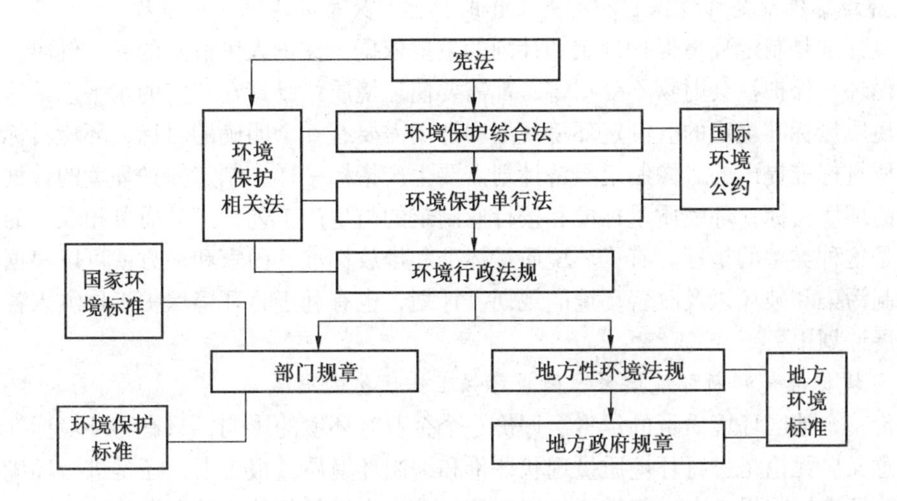

图 2－1　环境保护法律法规体系框架图

国务院环境保护行政法规的法律地位仅次于法律。部门行政规章、地方环境法规和地方政府规章均不得违背法律和行政法规的规定。地方法规和地方政府规章只在制定法规、规章的辖区内有效。

第二节　环　境　标　准

一、环境标准的概念和作用

环境标准是为了保护人群健康，防治环境污染，促使生态良性循环，合理利用资源，促进经济发展，依据环境保护法和有关政策，对有关环境的各项工作所做的规定。具体来讲，环境标准是国家为了保护人民健康，促进生态良性循环，实现社会经济发展目标，根据国家的环境政策和法规，在综合考虑国家环境特征、社会经济条件和科学技术水平的基础上，规定环境中污染物的允许含量和污染物的数量、浓度、时间和速率以及其他技术规范。

环境标准是国家环境政策在技术方面的具体体现，是行使环境技术管理和进行环境规划的主要依据，是推动环境科技进步的动力。由此可以看出，环境标准随环境问题的产生而出现，随科技进步和环境科学的发展而发展，体现在种类和数量上也越来与越多。环境标准为社会生产力的发展创造良好的条件，又受到社会生产力发展水平的制约。

环境标准是对某些环境要素所作的统一的、法定的和技术的规定。环境标准是环境保

护工作中最重要的工具之一。环境标准用来规定环境保护技术工作，考核环境保护和污染防治的效果。环境标准是按照严格的科学方法和程序制定的。环境标准的制定还要参考国家和地区在一定时期的自然环境特征、科学技术水平和社会经济发展状况。环境标准过于严格，不符合实际，将会限制社会和经济的发展；过于宽松，又不能达到保护环境的基本要求，造成人体危害和生态破坏。环境标准具有法律效力，同时也是进行环境规划、环境管理、环境评价和城市建设的依据。

1. 环境标准既是环境保护和有关工作的目标，又是环境保护的手段

环境标准是制定环境保护规定和计划的重要依据。保护人民群众的身体健康，促进生态良性循环和保护社会财物不受损害，都需要使环境质量维持在一定的水平上，这种水平是由环境质量标准规定的。制定环境规划和计划需要有一个明确的目标，环境目标就是根据环境质量标准提出的。像制定经济计划需要生产指标一样，制定保护环境的计划也需要一系列的环境指标，环境质量标准和按行业制定的与生产工艺，产品质量相联系的污染物标准正是这种类型的指标。有了环境质量标准和排放标准，国家和地方就可以根据他们来制订控制污染和破坏以及改善环境的规划、计划，也有利于将环境保护工作纳入各种社会经济发展计划中。

2. 环境标准是判断环境质量和衡量环保工作优劣的准绳

评价一个地区环境质量的优劣、评价一个企业对环境的影响，只有与环境标准相比较才能有意义。无论是进行环境质量现状评价和编制环境质量报告书，还是进行环境影响评价，编写环境影响报告书，都需要依据环境标准作出定量化的比较和评价，正确判断环境质量状况和环境影响大小，为进行环境污染综合整治以及采取切实可行的减轻或消除环境影响的措施提供科学的依据。

3. 环境标准是执法的依据

不论是环境问题的诉讼、排污费的收取、污染治理的目标等执法依据都是环境标准。环境标准是组织现代化生产的重要手段和条件。

通过实施标准可以制止任意排污，促使企业对污染进行治理和管理，采用先进的无污染、少污染工艺，设备更新，资源和能源的综合利用等。

环境质量的作用不仅表现在环境效益上，也表现在经济效益上。

4. 环境标准是环境保护科技进步的推动力

环境标准与其他标准一样，是以科学技术与实践的综合成果为依据制定的，具有科学性和先进性，代表了今后一段时期内科学技术的发展方向，使标准在某种程度上成为判断污染防治技术、生产工艺与设备是否先进可行的依据，成为筛选、评价环保科技成果的一个重要尺度；对技术进步起到导向作用。同时，环境方法、样品、基础标准统一了采样、分析、测试、统计计算等技术方法，规范了环保有关技术名词、术语等，保证了环境信息的可比性，使环境学各学科之间，环境监督管理各部门之间以及环境科研管理部门之间有效的信息交往和相互促进成为可能。标准的实施还可以起到强制推广先进科技成果的作用，加速科技成果转化，污染治理新技术、新工艺、新设备尽快得到推广应用。

5. 环境标准具有投资导向作用

环境标准中指标值的高低是确定污染源、治理污染资金投入的技术依据，在基本建设和技术改造项目中，需要根据标准值来确定治理程度，提前安排污染防治资金。环境标准

对环境投资的这种导向作用是明显的。

二、环境标准体系

环境标准体系是根据环境监督管理的需要，将各种不同的环境标准，依其性质、功能及相互间的内在联系、有机组织、合理构成的系统整体。环境标准体系内的各类标准，从其内在联系出发，相互支持、相互匹配，发挥体系整体的综合作用，作为环境监督管理的依据和有效手段，为控制污染、改善环境质量服务。

我国现行的环境标准体系是从国情出发，总结多年来环境标准工作经验和参考国际和国外的环境标准体系规定的。我国的环境标准体系分为“六类两级”：“六类”是环境质量标准、污染物排放标准（或污染控制标准）、环境基础标准、环境监测方法标准、环境标准样品标准和环保仪器设备标准；“两级”是国家环境标准和地方环境标准，其中环境基础标准、环境监测方法标准、环境标准样品标准等只有国家标准，并尽可能与国际接轨。

1. 环境质量标准

环境质量标准是国家为保障人群健康和生存环境，对污染物（或有害因子）容许含量（或要求）所作的规定。环境质量标准体现国家的环境保护政策和要求，是衡量环境污染的尺度，也是环境保护有关部门进行环境规划、环境管理、制定污染排放标准的依据。环境质量标准分为国家和地方两级。

国家环境质量标准是由国家按照环境要素和污染因子规定的标准，适用于全国范围；地方环境质量标准是地方根据本地区的实际情况对某些指标更严格的要求，是国家环境质量标准的补充完善和具体化。国家环境质量标准还包括中央各部门对一些特定地区。为了特定的目的和要求而制定的环境质量标准，如《生活饮用水标准》《工业企业设计卫生标准》等。环境质量标准主要包括空气环境标准、水环境质量标准、环境噪声及土壤、生物质量标准等。污染报警标准也是一种环境质量标准，其目的是使人群健康不致被严重损害。当环境中的污染物超过报警标准时，地方政府发布警告并采取应急措施，比如勒令排污的工厂停产，告诫年老体弱者在室内休息等。

2. 污染物排放标准

污染物排放标准是根据环境质量要求，结合环境特点和社会、经济、技术条件，对污染源排入环境的污染物和产生的有害因子所做的控制标准，或者说是环境污染物或有害因子的允许排放量或限制。它是实现环境质量目标的重要手段，规定了污染物排放标准，就必须严格控制污染物的排放量。这能促使排污单位采取各种有效措施加强污染防治管理，使污染物排放达到标准。

污染物排放标准也可分为国家和地方两级。污染物排放标准按污染物的状态分为气态、液态和固态污染物，还有物理污染控制标准。按其适用范围可分为通用排放标准和行业排放标准，行业排放标准又可分为指定的部门行业污染物排放标准和一般行业污染物排放标准。我国行业性排放标准达 60 余种，例如《火电厂大气污染物排放标准》(GB 13223—2003)、《水泥工业大气污染物排放标准》(GB 4915—2004)、《造纸工业水污染物排放标准》(GB 3544—2008)、《煤炭工业污染物排放标准》（GB 20426—2006）等。行业排放标准一般规定该行业产生的主要污染物允许排放浓度和单位产品允许的排污量。排放标准控制方式可分为以下几种：

（1）浓度控制标准。浓度控制标准是规定企业或设备的排放污染物的允许浓度。一般废水中的污染物的浓度以“mg/L”表示，废气中污染物的浓度以“mg/m^3”表示。此类标准的主要优点是简单易行，只要监测总排放口的浓度即可；其缺点是无法排除以稀释手段降低污染物排放浓度的情况，因而不利于对不同企业做出确切的评价和比较，而且不论污染源大小一律对待。改进的方向是既监测排放浓度，又监测废水、废气的排放流量。我国的《污水综合排放标准》（GB 8978—2002）属于浓度控制的排放标准。

（2）地区系数法标准。对于部分污染物，如SO_2，可根据环境质量目标、各地自然条件、环境容量、性质功能、工业浓度等，规定不同系数的控制污染物排放的方法。

（3）总量控制标准。这是首先由日本发展起来的方法。日本于20世纪70年代首先在神奈川县对废气中的SO_2排放试行了总量控制，1974年纳入大气污染防治法律。这种方法受到世界各国环境保护工作者的重视。其基本思想是：由于在污染源密集的地区，只对一个个单独的污染源规定排放浓度，不能保证整个地区达到环境质量标准的要求，应该以环境质量标准为基础，考虑自然特征，计算出为满足环境质量标准的污染物总允许排放量，然后综合分析所有在区域内的污染源，建立一定的数学模型，计算每个污染源的合理污染分担率和相应的允许排放量，求得最优方案。每个源的排放量控制在小于最优方案的规定范围内，即可保证环境质量标准的实现。

3. 环境基础标准

环境基础标准是指在环境标准化工作范围内，对有指导意义的代号、符号、指南、程序、规范等所做的统一规定。在环境标准体系中，环境基础标准处于指导地位，是制定其他环境标准的基础。如《环境污染源类别代码》（GB/T 16706—1996）规定了环境污染源的类别与代码，适用于环境信息管理以及其他信息的交换。《制定地方大气污染排放标准的技术方法》（GB/T 3840—1991）是大气环境保护标准编制的基础。《环境影响评价技术导则　总纲》（HJ 2.1—2011）则是为建设项目环境影响评价规范化所作的规定。

4. 环境监测方法标准

这是环境保护工作中，以实验、分析、抽样、统计、计算环境影响评价等方法为对象而制定的标准，是制定和执行环境质量标准和污染物排放标准实现统一管理的基础。如《水质采样技术指导》（HJ 494—2009）、《摩托车和轻便摩托车排气污染物排放限值及测量方法（双怠速法）》（GB 14621—2011）、《建筑施工厂界噪声排放标准》（GB 12523—2011）等。有统一的环境保护标准，才能提高监测数据的准确性，保证环境监测质量，否则对复杂变化的环境污染因素将难以执行环境质量标准和污染物排放标准。

5. 环境标准样品标准

环境标准样品标准是对环境标准样品必须达到的要求所做的规定。环境标准样品是环境保护工作中用来标定仪器、验证测试方法、进行量值传递或质量控制的标准材料或物质。

6. 环保仪器设备标准

为了保证污染物监测仪器所监测数据的可比性、可靠性和污染治理设备运行的各项效率，对有关环境保护仪器设备的各项技术要求也编制统一规范和规定。例如《汽油机动车怠速排气监测技术条件》（HJ/T 3—1993）、《柴油车滤纸烟度计技术条件》（HJ/T 4—1993）等。

第三章　环境影响评价程序

第一节　环境影响评价原则及管理程序

环境影响评价程序指按一定的顺序或步骤指导完成环境影响评价工作的过程，一般分为管理程序和工作程序。环境影响评价的管理程序主要用于指导环境影响评价的监督与管理，环境影响评价的工作程序用于指导环境影响评价的工作内容和进程。

一、环境影响评价遵循的原则

环境影响评价是一种过程，这种过程的重点是在决策和开发建设活动开始之前，体现出环境影响评价的预防功能。决策后或开发建设活动开始，通过对环境进行监测和持续性研究，环境影响评价还在延续，不断验证其评价结论，并反馈给决策者和开发者，进一步修改和完善其决策和开发建设活动。《中华人民共和国环境影响评价法》要求："环境影响评价必须客观、公开、公正，综合考虑规划或者建设项目实施后对各种环境因素及其所构成的生态系统可能造成的影响，为决策提供科学依据。"这是环境影响评价遵循的基本原则。为了充分体现环评的作用，在环境影响评价的组织实施中，必须按照以人为本、建设资源节约型、环境友好型社会和科学发展的要求，遵循以下几个原则开展环境影响评价工作：

1. 依法评价原则

环境影响评价过程中应贯彻执行我国环境保护相关的法律法规、标准、政策，分析建设项目与环境保护政策、资源能源利用政策、国家产业政策和技术政策等有关政策及相关规划的相符性，并关注国家或地方在法律法规、标准、政策、规划及相关主体功能区划等方面的新动向。

2. 早期介入原则

环境影响评价应尽早介入工程前期工作中，重点关注选址（或选线）、工艺路线（或施工方案）的环境可行性。

3. 完整性原则

根据建设项目的工程内容及其特征，对工程内容、影响时段、影响因子和作用因子进行分析、评价，突出环境影响评价重点。

4. 广泛参与原则

环境影响评价应广泛吸收相关学科和行业的专家、有关单位和个人及当地环境保护管理部门的意见。

5. 政策和技术经济原则

环境影响评价应当遵循的基本技术原则，通常包括政策和技术经济两个大的方面，具体内容如下：

（1）与拟议规划或拟建项目的特点相结合。

（2）符合国家的产业政策、环保政策和法规。

（3）符合流域、区域工农区划、生态保护规划和城市发展总体规划，布局合理。

（4）符合清洁生产的原则。

（5）符合国家有关生物化学、生物多样性等生态保护的法规和政策。

（6）符合国家资源综合利用的政策。

（7）符合土地利用的政策。

（8）符合国家和地方规定的总量控制要求。

（9）符合污染物达标排放和区域环境质量的要求。

（10）正确识别可能的环境影响。

（11）选择适当的预测评价技术方法。

（12）环境敏感目标得到有效保护，不利环境影响最小化。

（13）替代方案和环境保护措施、技术经济可行。

二、环境影响评价管理程序

一个对环境可能产生影响的建设项目从提出申请到环境影响评价文件审查通过的全过程，每一步都必须按照法规的要求执行。我国执行的环境影响评价管理程序中，建设项目的环境影响评价是从建设单位的环境影响申报（咨询）开始的。环境影响评价管理程序如图 3－1 所示。

（一）环境影响评价的分类管理

建设项目的不同，对环境的影响亦是不同。《中华人民共和国环境影响评价法》第十六条规定，国家根据建设项目对环境的影响程度，对建设项目的环境影响评价实行分类管理。

2008 年 10 月 1 日，国家环境保护部颁布实施《建设项目环境影响评价分类管理名录》，对水利、农林牧渔、地质勘探、煤炭、电力、石油和天然气、黑色金属、有色金属、金属制品、非金属矿采选及制品制造、机械和电子、石化和化工、医药、轻工、纺织化纤、公路、铁路、民航机场、水运、城市交通设施、城市基础设施及房地产、社会事业与服务业、核与辐射等方面环境影响评价的分类管理做出了规定。

1. 分类管理原则

建设单位应当按照规定组织编制环境影响报告书、环境影响报告表或者填报环境影响登记表。

（1）编制环境影响报告书的项目：建设项目对环境可能造成重大影响的，这些影响可能是敏感的、不可逆的、综合的或者以往尚未有过的，对此类项目产生的污染和对环境的影响应进行全面、详细的评价。

（2）编制环境影响报告表的项目：建设项目对环境可能造成轻度不利影响的，这些影响是较小的或者容易采取减免措施的，通过控制或者补救措施可以减缓对环境的不利影响。此类项目一般不要求进行全面的环境影响评价，但需要做专项的环境影响评价。

（3）填报环境影响登记表的项目：建设项目不对环境产生不利影响或者影响极小的，此类项目不需要开展环境影响评价，只需要填写环境影响登记表。

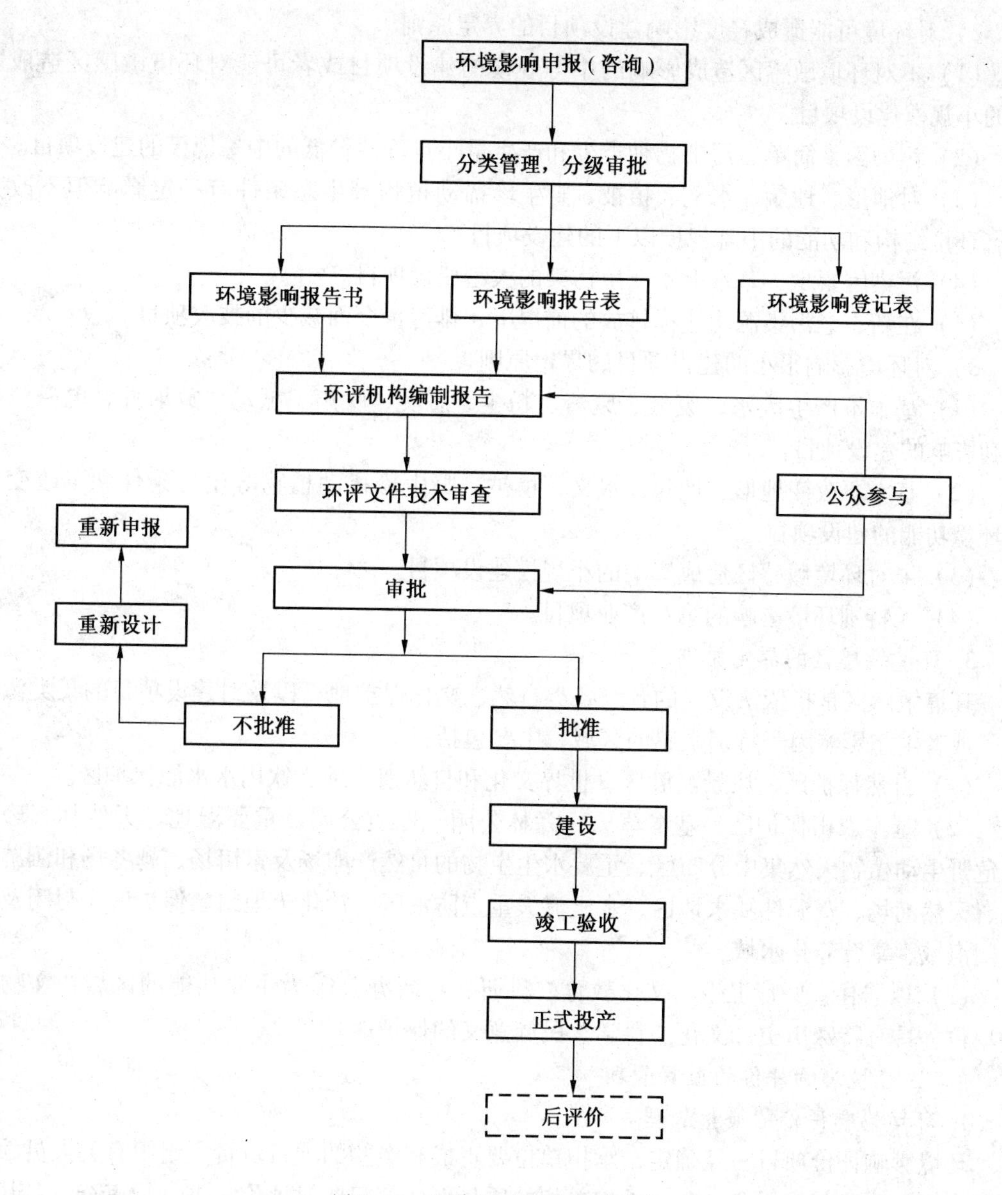

图3－1　环境影响评价管理程序

2. 对环境影响程度的界定原则

1）对环境可能造成重大影响的建设项目的界定原则

（1）所有流域开发、开发区建设、城市新区建设和旧区改建等区域性开发项目。

（2）可能对环境敏感区造成影响的大中型建设项目。

（3）污染因素复杂，产生污染物种类多、产生量大；产生的污染物毒性大或难降解的建设项目。

（4）造成生态系统结构的重大变化或生态环境功能重大损失的项目；影响到重要生态系统、脆弱生态系统，或有可能造成或加剧自然灾害的建设项目。

（5）易引起跨行政区污染纠纷的建设项目。

2）对环境可能造成轻度影响建设项目的界定原则

（1）不对环境敏感区造成影响的中等规模的建设项目或者可能对环境敏感区造成影响的小规模建设项目。

（2）污染因素简单、污染物种类少和产生量小且毒性较低的中等规模的建设项目。

（3）对地形、地貌、水文、植被、野生珍稀动植物等生态条件有一定影响但不改变生态环境结构和功能的中等规模以下的建设项目。

（4）污染因素少，基本上不产生污染的大型建设项目。

（5）在新、老污染源均达标排放的前提下，排污量全面减少的技改项目。

3）对环境影响很小的建设项目的界定原则

（1）基本不产生废水、废气、废渣、粉尘、恶臭、噪声、振动、放射性、电磁波等不利影响的建设项目。

（2）基本不改变地形、地貌、水文、植被、野生珍稀动植物等生态条件和不改变生态环境功能的建设项目。

（3）未对环境敏感区造成影响的小规模建设项目。

（4）无特别环境影响的第三产业项目。

3. 环境敏感区的界定原则

环境敏感区是指依法设立的各级各类自然、文化保护地，以及对建设项目的某类污染因子或者生态影响因子特别敏感的区域，主要包括：

（1）自然保护区、风景名胜区、世界文化和自然遗产地、饮用水水源保护区。

（2）基本农田保护区、基本草原、森林公园、地质公园、重要湿地、天然林、珍稀濒危野生动植物天然集中分布区、重要水生生物的自然产卵场及索饵场、越冬场和洄游通道、天然渔场、资源性缺水地区、水土流失重点防治区、沙化土地封禁保护区、封闭及半封闭海域、富营养化水域。

（3）以居住、医疗卫生、文化教育、科研、行政办公等为主要功能的区域，文物保护单位，具有特殊历史、文化、科学、民族意义的保护地。

（二）环境影响评价的监督管理

1. 环境影响评价的质量管理

环境影响评价项目一经确定，承担单位要责成有经验的项目负责人组织有关人员编写评价大纲，明确其目标和任务。承担单位的质量保证部门要对评价大纲进行审查，对其具体内容与执行情况进行检查，把好各处环节和环境影响报告书质量关。为获得满意的环境影响报告书，应按照环境影响评价管理程序进行有组织、有计划的活动，这是确保环境影响评价质量的重要措施。质量保证工作应贯穿环境影响评价的全过程。在环境影响评价工作中，向有经验的专家咨询，多与其交换意见，是做好环境评价的重要条件。最后请专家审评报告是质量把关的重要环节。

2. 环境影响评价报告书的审批

评价单位编制的环境影响报告书由建设单位负责报主管部门预审，主管部门提出预审意见后转到负责审批的环境保护部门，环保部门一般组织专家对报告书进行评审。在专家审查中若有修改意见，评价单位应对报告书进行修改。审查通过后的环境影响报告书由环保主管部门批准后实施。

各级环保部门在审批建设项目时，除要严格按照国家有关法规、政策进行审批，还必须坚持以下6项基本原则：

（1）符合国家产业政策。

（2）符合城市环境功能区划和城市总体发展规划，做到布局合理。

（3）符合清洁生产。

（4）污染物达标排放。

（5）满足国家和地方规定的污染物排放总量控制指标。

（6）能维持或改善地区环境质量，符合环境功能区划要求。

第二节　环境影响评价工作程序

根据《环境影响评价技术导则　总纲》（HJ 2.1—2011）规定，环境影响评价工作一般分为3个阶段，即前期准备、调研和工作方案阶段，分析论证和预测评价阶段，环境影响评价文件编制阶段。具体流程如图3-2所示。

一、环境影响评价工作等级的确定

环境影响评价工作的等级是指需要编制环境影响评价和各专题的工作深度的划分。对水、大气、声环境、土壤、生态等环境要素的影响评价统称为单项环境影响评价。各单项环境影响评价工作等级可以分为3个等级：一级评价对环境影响进行全面、详细、深入的评价，对该环境的现状调查、影响预测，以及预防和减轻环境影响的措施，一般均尽可能进行定量化描述；二级评价对环境影响进行较为详细、深入评价，一般要求采用定量化计算和定性的描述完成；三级评价可只进行环境影响分析，一般采用定性的描述完成。工作等级的划分依据如下：

（1）建设项目的工程特点。包括工程性质及规模、能源及资源的使用量及类型、污染物排放特点（如排放量、排放方式、排放去向，主要污染物种类、性质、排放浓度）等。

（2）建设项目所在地区的环境特征。包括自然环境特点、环境敏感程度、环境质量现状及社会经济状况等。

（3）国家或地方政府所颁布的有关法规。包括环境质量标准和污染物排放标准。

对于某一具体建设项目，在划分各评价项目的工作等级时，根据建设项目对环境的影响、所在地区的环境特征或当地对环境的特殊要求情况可作适当调整。

二、环境影响评价大纲的编写

环境影响评价大纲应当在开展评价工作之前，充分研读有关文件、进行初步的工程分析和环境现状调查后编制。评价大纲是环境影响评价报告书的总体设计和行动指南，它是具体指导建设项目环境影响评价的技术文件，也是检查报告书内容和质量的重要依据，其内容应该尽量具体、详细。

环境影响评价大纲一般包括以下内容：

（1）总则。包括评价任务的由来、编制依据、控制污染和环境保护的目标、采用的

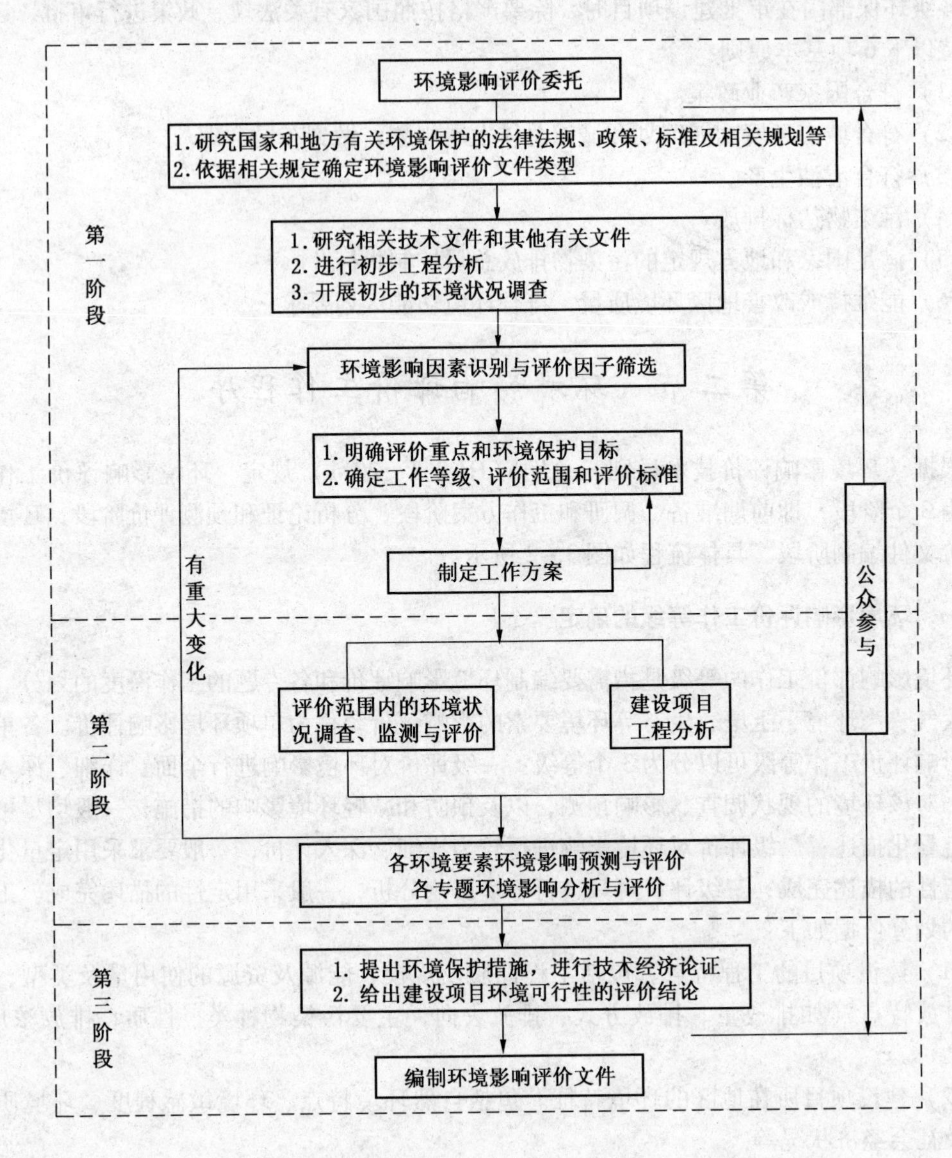

图3-2 环境影响评价工作程序

评价标准、评价项目及其工作等级和重点等。

(2) 建设项目概况。如为扩建项目应同时介绍现有工程概况。

(3) 拟建项目地区环境简况。

(4) 建设项目工程分析的内容与方法。

(5) 环境现状调查。环境现状调查包括一般自然环境与社会环境现状调查、环境中与评价项目关系较密切部分的现状调查。根据已确定的各评价项目工作等级、环境特点和影响预测的需要，尽量详细地说明调查参数、调查范围及调查的方法、时期、地点、次数等。

(6) 环境影响预测与评价建设项目的环境影响。根据各评价项目的工作等级、环境特点，尽可能详细地说明预测方法、内容、范围、时段以及有关参数的估值方法，对于环境影响综合评价，应说明拟采用的评价方法。

（7）评价工作成果清单、拟提出的结论和建议的内容。

（8）评价工作的组织、计划安排。

（9）经费概算。

在下列任一种情况下应编制环境影响评价工作实施方案，以作为评价大纲的必要补充：①由于必需的资料暂时缺乏，所编大纲不够具体，对评价工作的指导作用不足；②建设项目特别重要或环境问题特别严重；③环境状况十分敏感。

三、环境影响报告书的编制

环境影响评价报告书是环境影响评价程序和内容的书面表现形式之一，是环境影响评价工作的最终成果，是环境影响评价项目的重要技术文件。在编写时要满足以下要求：

（1）应概括地反映环境影响评价的全部工作，环境现状调查应全面、深入，主要环境问题应阐述清楚，重点应突出，论点应明确，环境保护措施应可行、有效，评价结论应明确。

（2）文字应简洁、准确，文本应规范，计量单位应标准化，数据应可靠，资料应翔实，并尽量采用能反映需求信息的图表和照片。

（3）资料表述应清楚，利于阅读和审查，相关数据、应用模式须编入附录，并说明引用来源；所参考的主要文献应注意时效性，并列出目录。

（4）跨行业建设项目的环境影响评价，或评价内容较多时，其环境影响报告书中各专项评价根据需要可繁可简，必要时，其重点专项评价应另编专项评价分报告，特殊技术问题另编专题技术报告。

依据《中华人民共和国环境影响评价法》中第十七条的规定，环境影响报告书应包括以下内容：①建设项目概况；②建设项目周围的环境现状；③建设项目对环境可能造成影响的分析、预测和评估；④建设项目的环境保护措施及其技术、经济论证；⑤建设项目对环境影响的经济损益分析；⑥对建设项目实施环境监测的建议；⑦环境影响评价的结论。

根据各个建设项目的特点，可在上述内容的基础上补充相应的内容。涉及水土保持的建设项目，还必须有经水行政主管部门审查同意的水土保持方案。

除上述评价内容外，根据形势的发展，提高科学民主决策的能力，体现以人为本，环境影响报告书编制内容中还必须有公众参与的内容。鉴于建设项目风险事故对环境会造成重大危害，对存在风险事故的建设项目，特别是在原料、生产、产品、储存、运输中涉及危险化学品的建设项目，在环境影响报告书中的编制中，必须有环境风险评价的内容。

第四章　环境影响评价方法与技术

第一节　环境影响识别方法

一、环境影响识别基本内容

环境影响识别就是通过系统地检查拟建项目的各项“活动”与各环境要素之间的关系，识别可能的环境影响，包括环境影响因子、影响对象（环境因子）、环境影响程度和环境影响的方式。拟建项目的“活动”，一般按4个阶段划分，即建设前期（勘探、选址选线、可研与方案设计）、建设期、运行期和服务期，4个阶段完成后，需要识别不同阶段各“活动”可能带来的影响。

1. 环境影响因子识别

环境影响因子就是人类某项活动的各层“活动”。识别环境影响因子，就是根据人类某项活动过程特征，采用一定的方法和手段将一个整体的活动分解成不同层次的“活动”。这些不同层次的“活动”各具特点，它们可能对环境造成不同的影响，因此，环境影响因子识别的结果则往往成为保护环境的决策依据。

对建设项目进行环境影响识别，首先要弄清楚该项目影响地区的自然环境和社会环境状况，确定环境影响评价的工作范围。在此基础上，根据工程的组成、特性，结合影响地区的特点，从自然环境和社会环境两方面，选择需要进行影响评价的环境因子。自然环境要素可划分为地形、地貌、地质、水文、气候、地表水质、空气质量、土壤、森林、草场、陆生生物、水生生物等，社会环境要素可以划分为城市（镇）、土地利用、人口、居民区、交通、文物古迹、风景名胜、自然保护区、健康以及重要的基础设施等。各环境要素可由表征该要素特性的各相关环境因子具体描述，构成一个有结构、分层次的环境因子序列。构造的环境因子序列应能描述评价对象的主要环境影响、表达环境质量状态，并便于度量和监测。

2. 环境影响类型识别

按照拟建项目的“活动”对环境要素的作用属性，环境影响可以划分为有利影响、不利影响，直接影响、间接影响，短期影响、长期影响，可逆影响、不可逆影响等。

（1）有利影响与不利影响。有利影响一般用正号表示，不利影响常用负号表示。有利、不利是针对效益而言的，两种影响有时会同时存在。识别不利影响是环境影响评价的重点，但同样也应识别有利影响。对不利影响还应分析其是否可以避免或减轻。

（2）直接影响与间接影响。一般不利影响都是直接影响，如污染物对人类健康及自然环境的影响。而诸如污染物造成水体污染后通过食物链的生物富集作用而影响人体健康等属于间接影响。

（3）短期影响与长期影响。短期影响如施工阶段的某些影响随着施工结束后自行停止，长期影响如工厂废气的排放随着项目运行长期存在。

（4）可逆影响与不可逆影响。前者是在经过人为处理后可以恢复的；后者是造成不可再恢复的影响，如物种灭绝。

3. 环境影响程度识别

环境影响的程度是指建设项目的各种“活动”对环境要素的影响强度。在环境影响识别中，可以使用一些定性的，具有程度判断的词语来表征环境影响的程度，如重大影响、轻度影响、微小影响等。这种表达没有统一的标准，通常与评价人员的文化、环境价值取向和当地环境状况有关，但是这种表述对给影响排序、制定其相对重要性或显著性是非常有用的。

在环境影响程度的识别中，通常按3个等级或5个等级来定性地划分影响程度。

如按五级划分不利环境影响：

（1）极端不利。外界压力引起某个环境因子无法替代、恢复与重建的损失，此种损失是永久的、不可逆的。如使某濒危的生物种群遭受绝灭威胁，对人群健康有致命的危害等。

（2）非常不利。外界压力引起某个环境因子严重而长期的损害或损失，其代替、恢复和重建非常困难和昂贵，并需很长的时间。如造成稀少的生物种群濒危，对大多数人的健康造成严重危害等。

（3）中度不利。外界压力引起某个环境因子的损害或破坏，其代替或者恢复是可能的，但相当困难且可能要较高的代价，并需比较长的时间。如使当地优势生物种群的生存条件产生重大变化或者严重减少。

（4）轻度不利。外界压力引起某个环境因子的轻微损失或暂时性破坏，其再生、恢复与重建可以实现，但需要一定的时间。

（5）微弱不利。外界压力引起某个环境因子暂时性破坏或受干扰，此级敏感度中的各项是人类能忍受的，环境的破坏或干扰能较快地自动恢复或再生，或者其替代与重建比较容易实现。

在规定环境影响因子受影响的程度时，对于受影响程度的预测要尽可能客观，必须认真做好环境的本底调查，同时要对建设项目必须达到的目标及其相应的技术指标有清楚的了解。然后预测环境因子由于环境变化而产生的生态影响、人群健康影响和社会经济影响，确定影响程度的等级。

4. 环境影响识别的一般技术考虑

在建设项目的环境影响识别中，技术上一般应该考虑以下几个方面的问题：①项目的特性（如项目类型、规模）；②项目涉及的当地环境特性及环境保护要求（如自然环境、社会环境、环境保护功能区划、环境保护规划等）；③识别主要的环境敏感区和环境敏感目标；④从自然环境和社会环境两方面识别环境影响；⑤突出对重要的或社会关注的环境要素的识别。

在进行建设项目的环境影响识别过程中，首先，需要判断拟建项目的类型；然后，根据《建设项目环境保护分类管理名录》中的若干规定和建议，对拟建项目对环境的影响进行初步识别。

二、环境影响识别方法

环境影响识别通过结合项目特征、环境背景特征来进行分析，以确保在环境影响评价过程中能识别和考虑潜在的显著性环境影响（负面或正面的）。在对众多的影响识别方法进行选择时，分析员需要考虑具体分析目标，这些目标的主要原则有以下几方面：

（1）确保与法规一致。

（2）提供影响所有覆盖范围，包括社会、经济和自然环境。

（3）区别积极和消极的、大和小的、长期和短期的、可消除和永久性的影响。

（4）与识别直接影响一样，需要识别次要的、间接的和累积的影响。

（5）区分显著（重大）影响与不显著（非重大）影响。

（6）允许对替代开发方案进行比较。

（7）在该区域承载力范围内考虑各种影响。

（8）综合定性和定量分析的信息。

（9）运行简单且经济。

（10）客观公正地给出分析结论。

（11）利用好环境影响报告书中总结和说明的影响。

目前很多影响识别方法都已经得到了拓展和改进。最简单的就是使用清单法，以确保所列影响具有全面性。

清单法又称核查表法，1971 年由 Little 等人提出，将可能受开发方案影响的环境因子和可能产生的影响性质在一张表上一一列出。该法虽是较早发展起来的方法，但现在还在普遍使用，并有多种形式。

（1）简单型清单。仅列出可能受影响的环境因子表，此法只能帮助识别影响和确保影响不被忽略，通常不包括与项目活动相关的直接影响。不过，它具有易于使用的优点。表 4－1 为公路建设的环境影响简单核查表。

表 4－1　公路建设的环境影响简单核查表

可能受影响的环境因子	可能产生影响的性质									
	不利影响						有利影响			
	短期	长期	可逆	不可逆	局部	大范围	短期	长期	显著	一般
水生生态系统		×		×	×					
森林		×		×	×					
渔业		×		×	×					
稀有及濒危物种		×		×		×				
陆地野生生物		×		×		×				
空气质量	×				×					
路上运输								×	×	
社会经济								×	×	
⋮										

注：表中符号×表示有影响。

（2）描述型清单。比简单型清单多了环境因子如何度量的准则。目前，环境影响识别常用的就是描述型清单，主要有两种类型：一类是环境资源分类清单，即对受影响的环境因素（资源）先做简单的划分，以突出有价值的环境因子，通过环境影响识别，将具有显著性影响的环境因子作为后续评价的主要内容。该类清单已按工业类、能源类、水利工程类、交通类、农业工程、森林资源、市政工程等编制了主要环境影响识别表，在世界银行《环境评价资源手册》等文件中均可查获。这些编制成册的环境影响识别表可供具体建设项目环境识别时参考。表4－2为描述型核查表。另一类描述型清单即是传统的问卷式清单。它是以一系列问题的回答为基础的，一些问题可能涉及间接影响和可能的减缓措施，也可以对估计的影响进行等级分类，包括从极度不利到非常有利的影响。

表4－2　描述型核查表

考察＼活动		土地覆盖或利用方式改变						建筑施工	供水	废物处理	河道改造
		植被移除	土地用推土机清除	砂砾开发	土壤开挖	开垦和耕作	筑梯田				
水量	截流	*	*	*	*						
	渗入地下	*	×	×	▽	▽	▽				
	蒸发	▽	▽	▽	▽	▽	▽				
	地表径流	▼	▼	×	×	×	×				
水质	…										
河床地貌	…										

注：表中各符号意义如下：

	正面或提高		负面或降低	
	重要	次要	重要	次要
就地	▼	▽	*	×
下游	▲	△	●	○

（3）分级型清单。在描述型清单基础上又增加了对环境影响程度的分级。

第二节　环境影响预测方法

一、数学模式法

数学模式法试图通过使用数学函数来表达环境行为。通常是以科学定律、统计分析或者两者的结合为依据，以计算机为基础。基础函数既可以是单一直接的输入—输出关系也可以是一系列表达相互关系的、更加复杂的动态数学模型。数学模式法分为黑箱、灰箱（用统计、归纳的方法在时间域上通过外推作出预测，称为统计模式）、白箱（用某领域内的系统理论进行逻辑推理，通过数学物理方程求解，得出其解析解或数值解来做预测，故又可分为解析模式和数值模式两小类）。此法比较简便，选取方法时应优先考虑。选用数学模式时要注意模式的应用条件，如实际情况不能很好满足模式的应用条件而又拟采用时，要对模式进行修正并验证。

二、物理模型法

物理模型包括实体模型、相似模型和仿真模型。实体模型就是系统本身，当系统大小适合做研究又不存在危险时就可以把系统本身作为模型；相似模型是把系统放大或缩小，使之适合于研究，如果把系统的纵横尺寸都按相同比例缩放就构成正态模型，如果系统纵横尺寸按不同比例缩放就构成了变态模型；仿真模型是利用一种系统去模仿另一系统，例如用电路系统模仿热力学系统。物理模型法定量化程度较高，再现性好，能反映比较复杂的环境特征，但需要有合适的试验条件和必要的基础数据，且制作复杂的环境模型需要较多的人力、物力和时间。在无法利用数学模式法预测而又要求预测结果定量精度较高时，应选用此方法。

该方法的关键在于原型与模型的相似，包括几何相似、运动相似、热力相似和动力相似。

（1）几何相似：就是模型流场与原型流场中的地形地物（建筑物、烟囱）的几何形状、对应部分的夹角和相对位置要相同，尺寸要按相同比例缩小。几何相似是其他相似的前提条件。

（2）运动相似：就是模型流场与原型流场在各对应点上的速度方向相同，并且大小（包括平均风速与湍流强度）成常数比例，即风洞模拟的模型流场的边界层风速垂直廓线、湍流强度要与原型流场的相似。

（3）热力相似：就是模型流场的温度垂直分布要与原型流场的相似。

（4）动力相似：就是模型流场与原型流场在对应点上受到的力要求方向一致，并且大小成常数比例。

三、类比分析法

这是将拟建工程对环境的影响在性质上作出全面分析和在总体上做出判断的一种方法。其基本原理是将拟建工程同选择的已建工程进行比较，根据已建工程对环境产生的影响，作为评价拟建工程对环境影响的主要依据。类比法是一种比较常用的定性和半定量预测方法。类比对象是进行对比分析或者预测评价的基础，也是该法的关键所在。类比对象的选择条件有以下几点：

（1）具有与评价的拟建项目相似的自然地理环境。

（2）具有与评价的拟建项目相似的工程性质、工艺、规模。

（3）类比工程应具有一定的运行年限，所产生的影响已基本全部显现。

类比对象确定后，需要选择和确定类比因子及指标，并对类比对象开展调查与评价，然后分析拟建项目与类比对象的差异。根据类比对象同拟建项目的比较做出分析结论。

由于环境问题的复杂性，类比法可更多地用于预测生态环境问题的发生与发展趋势及其危害、确定环保目标和寻求最有效最可行的环境保护措施等方面。

四、专业判断法

环境影响评价中所有的预测方法都会用到专家评判。在不能应用客观的预测方法时（如缺乏足够的数据、资料，无法进行客观地统计分析），只能采用主观预测方法。最简单的就是召开专家咨询会，综合专家的实践经验，进行类比、对比分析以及归纳、演绎、推理，来预测拟建项目的环境影响。需要指出的是，现代的专家评估方法与古老的直观的评估法，不是简单的历史重复，而是有质的飞跃，它们之间有截然不同的特点，其中较突出的有：

（1）已经形成一套如何组织专家，充分利用专家们的创造性思维进行评价的理论和方法。

（2）不是依靠一个或少数专家，而是依靠专家集体（包括不同领域的专家），这样可以消除个别专家的局限性和片面性。根据数理统计中的大数定律可知，如果几个专家的评估值为独立分布的随机变量时，只要 n 足够大，其评估的算术平均值就可以逼近数学期望值。

（3）现代的专家评价法是在定性分析基础上，以打分方式作出定量评价。

第三节　环境影响综合评价方法

所谓环境影响综合评价是按照一定的评价目的，把人类活动对环境的影响从总体上综合起来，对环境影响进行定性或定量的评定。

一、指数法

环境现状评价中常采用能代表环境质量好坏的环境质量指数进行评价。包括普通指数法和巴特尔指数法等。

1. 普通指数法

（1）单因子法。先引入环境质量标准，然后对评价对象进行处理，通常就以实测值（或预测值）C 与标准值 C_s 的比值作为其数值，单因子指数法用于分析该环境因子的达标（$P_i<1$）或超标（$P_i>1$）及其程度。

（2）综合指数法。如大气环境影响分指数、水体环境影响分指数、土壤环境影响分指数、总的环境影响综合指数等。

$$P_{ij}=\frac{C_{ij}}{C_{sij}} \quad 和 \quad P=\sum_{i=1}^{n}\sum_{j=1}^{m}P_{ij}$$

式中　i——第 i 环境要素；

n——环境要素总数；

j——第 i 环境要素中的第 j 环境因子；

m——第 i 环境要素中的环境因子总数。

以上综合方法是等权综合，即各影响因子的权重完全相等。各影响因子权重不同的综合方法可采用如下公式：

$$P = \frac{\sum_{i=1}^{n}\sum_{j=1}^{m} W_{ij}P_{ij}}{\sum_{i=1}^{n}\sum_{j=1}^{m} W_{ij}}$$

式中　W_{ij}——权重因子，根据有关专门研究或专家咨询确定。

指数评价方法的作用：第一，可根据 P 值与健康、生态影响之间的关系进行分级，转化为健康、生态影响的综合评价（如格林空气污染指数、橡岭空气质量指数、英哈巴尔水质指数等）；第二，可以评价环境质量好坏与影响大小的相对程度。采用同一指数，还可作不同地区、不同方案间的相互比较。

2. 巴特尔指数法

把评价对象的变化范围定为横坐标，把环境质量指数定为纵坐标，且把纵坐标标准化为0~1，以“0”表示质量最差，“1”表示质量最好。每个评价因子，均有其质量指数函数图，各评价因子若已得出预测值，便可根据此图得出该因子的质量影响评价值。

二、矩阵法

矩阵法的特点是简明扼要，将行为与影响联系起来评估，以直观的形式表达了拟建项目的环境影响。矩阵法不仅具有环境影响识别功能，还有影响综合分析评价功能，可以定量或半定量地说明拟建项目对环境的影响。目前广泛应用于铁路、公路、水电、供水系统、输气、输油、输电、矿山开发、流域开发、区域开发、资源开发等工程项目和开发项目的环境影响评价中。

1. 相关矩阵法

将横轴上列出各项开发行为的清单，纵轴上列出受开发行为影响的各环境要素清单，从而把两种清单组成一个环境影响识别的矩阵。因为在一张清单上的一项条目可能与另一清单的各项条目都有系统的关系，可确定它们之间有无影响，因而有助于对影响的识别，并确定某种影响是否可能。当开发活动和环境因素之间的相互作用确定之后，此矩阵就已经成为一种简单明了的有用的评价工具了。

矩阵将每个行为对每个环境要素影响的大小划分为若干等级，有分为5级的，还有分为10级的，均用阿拉伯数字表示。由于各个环境要素在环境中的重要性不同，各个行为对环境影响的程度也不同，为了求得各个行为对整个环境影响的总和，常用加权法。即假设 M_{ij} 表示开发行为为 j 对环境要素 i 的影响，W_{ij} 表示环境因素 j 对开发行为 i 的权重。所有开发行为对环境要素 i 总的影响，则为 $\sum M_{ij}W_{ij}$，所有开发行为对整个环境的影响，则为 $\sum\sum M_{ij}W_{ij}$，见表4-3。

2. 迭代矩阵法

迭代矩阵法的步骤如下：

（1）首先列出开发活动（或工程）的基本行为清单及基本环境因素清单。

（2）将两清单合成一个关联矩阵，把基本行为和基本环境因素进行系统地对比，找出全部“直接影响”，即某开发行为对某环境因素造成的影响。

（3）进行影响评价的每个“影响”都给定一个权重 G，区分“有意义影响”和“可忽略影响”，以此反映影响的大小。

表4-3　各开发行为对环境要素的影响（按矩阵法排列）

环境要素	居住区改变	水文排水改变	修路	噪声和振动	城市化	平整土地	侵蚀控制	园林化	汽车环行	总影响
地形	8（3）	-2（7）	3（3）	1（1）	9（3）	-8（7）	-3（7）	3（10）	1（3）	3
水循环使用	1（1）	1（3）	4（3）			5（3）	6（1）	1（10）		47
气候	1（1）				1（1）					2
洪水稳定性	-3（7）	-5（7）	4（3）			7（3）	8（1）	2（10）		5
地震	2（3）	-1（7）			1（1）	8（3）	2（1）			26
空旷地	8（10）		6（10）	2（3）	-10（7）			1（10）	1（3）	89
居住区	6（10）				9（10）					150
健康和安全	2（10）	1（3）	3（3）		5（3）	5（3）	2（1）		-1（7）	45
人口密度	1（3）			4（1）	1（3）					22
建筑	1（3）	1（3）	1（3）		3（3）	4（3）	1（1）		1（3）	34
交通	1（3）		-9（7）		7（3）				-10（7）	-109
总影响	180	-47	42	11	97	31	-2	70	-68	314

注：表中数字表示影响大小；1表示没有影响，10表示影响最大；负数表示不利影响，正数表示有利影响；括号内数字表示权重，数值越大权重越大。

（4）进行迭代。迭代就是把经过评价认为是不可忽略的全部一级影响，形式上当作“行为”处理，再同全部环境因素建立关联矩阵进行鉴定评价，得出全部二级影响，循此步骤继续进行迭代，直到鉴定出至少有一个影响是“不可忽略”，其他全部“可以忽略”为止。

三、图形叠置法

美国生态规划师麦克哈格最早提出图形叠置法。此法最初应用于手工作业，在一张透明图片上画出项目位置及评价区域的轮廓基图。另有一份可能受建设项目影响的当地环境要素一览表，由专家判断各环境要素受影响的程度和区域。每一个待评价的因素都有一张透明图片，受影响的程度可以用一种专门的黑白色码阴影的深浅来表示。将表征各种环境要素受影响情况的阴影图叠置到基图上，就可以看出该项工程的总体影响。不同地址的综合影响差别可由阴影的相对深度表示。

图形叠置法直观性强、易于理解，适用于空间特征明显的开发活动，尤其在选址、选线类的建设项目上有着得天独厚的优势。但是手工叠图有明显缺陷，如当评价因子过多时，透明图数量激增，使得颜色杂乱，难以分辨；另外简单的叠置不能体现评价因子重要性的区别。随着科技发展，图形叠置法开始借助于计算机，逐渐成为地理信息系统可视化技术中的一部分，由此克服了手工叠图存在的缺点，使得图形叠置法的环境影响评估优势日益显现。

四、网络法

网络法的原理是采用原因－结果的分析网络来阐明和推广矩阵法。要建立一个网络就要回答与每一个计划活动有关的一系列问题。网络法可以鉴别累积影响或间接影响。

网络法的优势在于可以较好地描述环境影响的复杂关系。例如，公路的填挖会使土壤进入河流，泥沙的增加将提高河流的浑浊度、淤塞航道、改变河流流向，从而会增加潜在的洪水危险，阻塞水生生物通道，使水生生物栖息地退化。影响网格能以简要的形式给出人类某活动及其有关的行为产生或诱发的环境影响全貌。

然而，网络法只是一种定性的概括，只能得出总的影响，此方法需要估计影响事件分支中单个影响事件的发生概率与影响程度，求得各个影响分支上各影响事件的影响贡献总和，再求出总的影响程度。

网格法在使用时应注意以下几点：

（1）要能有效地用发生概率估计各个影响发生的可能性。

（2）算出的分数只是相对分数。这种分数只能用于对不同方案或不同减缓措施的效果进行比较。

（3）为了取得有意义的期望影响值，影响网络必须列出所有可能的、有显著意义的原因－条件－结果序列或事件链。如果遗漏了某些环节，评分就是不全面的。

（4）在建立影响网络时，伸展的影响树枝网可能会发生因果循环，特别当原因与相应的连锁反应结果存在复杂的相互作用时更是如此。此时应考虑某种环境影响发生后其后续影响的发生概率与影响程度，决定该后续影响是否有列入影响网络的意义。

网络法以原因－结果关系树来表示环境影响链，链上每个事件的影响除了可以用影响程度 M 及其权值 W 表示外，还要考虑事件链发生的概率 P。图 4－1 为网络法环境影响识别图。

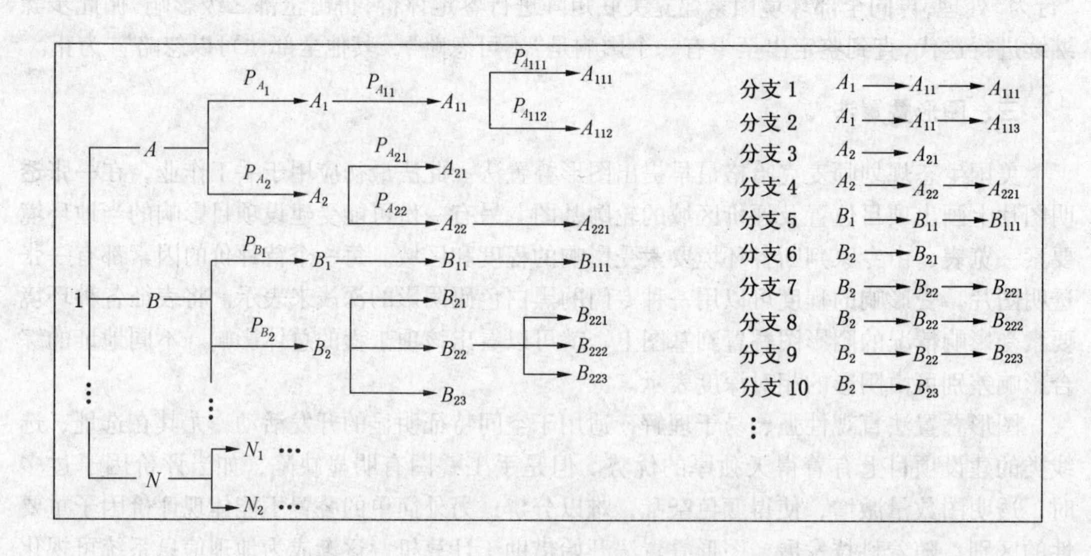

图 4－1　网络法环境影响识别图

五、动态系统模拟法

1972 年罗马俱乐部以动态的观点综合分析世界范围内的人口、工农业生产、资源和环境污染之间的复杂关系，并用数学模型表达出来，在计算机上进行数学模拟，模拟了

1900—2100 年的发展过程。研究表明，人口、工农业生产、资源和环境污染之间存在着复杂信息反馈和相互消长关系，结论如下：

（1）地球环境容量是有限的，人口不能无限制地增长。

（2）人口必须从无限制地增长向平衡发展方向转变，平衡发展的方式、方法可以结合各自的社会目标选择确定。

（3）早日开始这种转变，成功的可能性大，所花代价低，反之则难以成功，代价高。

模型含人工决策控制系统，可运行各种比较方案。分析建设项目对环境的影响，就是要分析它对区域环境这个动态、非平衡系统带来什么变化，可能使其平衡点偏移到什么程度，我们应采取什么对策、措施给予补偿，使其对当地生态平衡影响最小或最有利于建立环境质量优良的新生态系统。所以动态系统模拟法是很有发展前景的综合分析方法，但运行要求很高，需要对社会行为和技术发展做一系列严格的设定，往往需要花费相当大的人力、物力、财力。

第四节　地理信息系统在环境影响评价中的应用

近年来，对环境影响评价方法学的研究取得了很大的进步和发展，尤其是随着计算机技术的迅猛发展，使得环境影响评价从取样、分析到模型计算、环境影响预测等各个环节与计算机的结合成为可能。针对环境影响评价的各种应用软件陆续开发出来，越来越多的计算机软件和技术被引入环境影响评价中来，其中以地理信息系统在环境影响评价中的应用最为广泛。地理信息系统（简称 GIS）已经被许多国家引入环境科学领域，由于 GIS 特有的空间分析能力和数据可视化技术等特点，将其与环境影响评价技术结合具有许多得天独厚的优势。

GIS 是在计算机软硬件支持下，对整个或者部分地球表层空间中的有关地理分布数据进行采集、存储、管理、运算、分析、显示和描述的技术系统。地理信息系统处理和管理的对象是多种地理空间实体数据及其关系，包括空间定位数据、图形数据、遥感图像数据、属性数据等，主要用于分析和处理一定地理区域内分布的各种现象和过程，解决复杂的规划、决策和管理问题。

GIS 的核心是计算机科学，基本技术是数据库、地图可视化及空间分析。因此，可以这样定义：地理信息系统是处理地理数据的输入、输出、管理、查询、分析和辅助决策的计算机系统。

GIS 在项目环境影响评价中的应用体现在以下几个方面：

（1）建立环境标准和环境法规数据库，并使各种环境标准、环境法规与建设项目的性质、规模及所在的环境条件相匹配，从而在进行具体项目的建设项目环评（简称 EIA）时可以根据该项目及其所处环境的实际情况，调用该项目 EIA 所必须遵守的环境标准和环境法规。

（2）建立区域自然与社会经济信息数据库，其中自然环境信息包括地形、地质、水文、土地利用、土壤、动植物区系等；社会经济信息包括行政区范围、人口数量、卫生、教育、经济水平、产业结构、行业结构、基础设施、居住条件等。

（3）建立区域环境质量信息与污染源数据库，环境质量信息包括大气质量、水资源、土壤、生物资源、噪声、放射性及其他有关信息；污染源信息包括工业、农业、生活、交通等污染源（数量、属性和空间信息）及污染发生所涉及的地区范围。GIS 能够方便地管理各种环境信息，并能够有效地组织这类信息进行环境统计，为 EIA 提供基础资料。

（4）建立工程项目信息数据库，项目工程信息包括建设项目的性质和规模、工艺流程、污染种类、排放源、排放方式与排放量、环保治理技术等。

（5）环境监测，利用 GIS 技术对环境监测网络进行设计，环境监测收集的信息又能通过 GIS 适时储存和显示，并对所选评价区域进行详细的场地监测和分析。

（6）环境质量现状与影响评价，GIS 能够集成与场地和建设项目有关的各种数据及用于环境评价的各种模型，具有很强的综合分析、模拟和预测能力，适合作为环境质量现状分析和辅助决策工具。GIS 还能根据用户的要求，方便地输出各种分析和评价结果、报表和图形。

（7）环境风险评价，GIS 能够提供快速反应决策能力，它可用于地震和洪水的地图表示、飓风和恶劣气候建模、石油事故规划、有毒气体扩散建模等，对减灾、防灾工作具有重要意义。

（8）环境影响后评价，GIS 具有很强的数据管理、更新和跟踪能力，能协助检查和监督环境影响评价单位和工程建设单位履行各自职责，并对环境影响报告书进行事后验证。

（9）选线、选址评价，地理信息系统具有强大的空间分析功能和图形显示功能，常作为选线、选址的辅助工具，一般常用于土地利用适宜性、生态适宜性的分析。通过指标筛选得出评价区域内与项目相关度较高的评价指标，同时在地理信息系统软件中将目标区域网格化，指标就作为单元网格的属性。无论是单指标评价还是多指标的综合评价，其结果都能以图层的方式进行显示。根据分析显示的结果与拟议选址的相符性，可得出选址合理或者不合理的结论。另外，GIS 的缓冲区分析和最短线路分析的功能更是为具有特殊要求的选线、选址问题提供了很好的解决途径。

地理信息系统应用于环境影响评价中能够提高工作效率、改善工作质量、拓展工作范围、集成化解决问题。但它的应用同时也存在一些问题，例如所需投入的资金较大，数据共享方面仍然存在问题。

第五章　工　程　分　析

第一节　概　　论

一、工程分析的主要任务和作用

1. 工程分析的主要任务

工程分析的主要任务是通过对工程组成、一般特征和污染特征进行全面分析，从项目整体上纵观开发建设活动与环境的关系，为环境影响评价工作提供评价所需依据。在工程分析中应力求对生产工艺进行优化论证，并提出符合清洁生产要求的清洁生产工艺建议，提出工艺设计上应该重点考虑的防污减污问题。此外工程分析还应对环保措施方案中拟选工艺、设备及其先进性、可靠性、实用性进行论证分析。

2. 工程分析的作用

（1）项目决策的重要依据。工程分析是项目环境可行性决策的依据之一。从环境保护角度对项目建设性质、产品结构、生产规模、原料来源和预处理、工艺路线、设备选型、能源结构、技术经济指标、总体布置方案、占地面积、土地利用、移民数量和安置方式等作出分析，确定工程建设和运行过程中的产污环节，核算污染源强、计算排放总量。从环境保护的角度分析技术经济先进性、污染治理措施的可行性、总体布置合理性、达标排放可能性，衡量建设项目是否符合国家产业政策、环境保护政策和相关法律法规的要求，确定建设项目的环境可行性。

（2）为各专题预测评价提供基础资料。工程分析专题是环境影响评价的基础。工程分析给出的产污节点、污染源坐标、污染源强度、污染物排放方式和排放去处等技术参数是大气环境、水环境、噪声环境影响预测的依据，为定量评价建设项目对环境影响的程度和范围提供了可靠的保证，为评价污染防治对策的可行性提出改进建议，从而为实现污染物排放总量控制创造了条件。

（3）为环保设计提供优化建议。项目的环境保护设计是在已知生产工艺过程中产生污染物的环节和数量的基础上，采用必要的治理措施，实现达标排放，一般很少考虑对环境质量的影响，对于改扩建项目则更少考虑原有生产装置环保“欠账”问题以及环境承载能力。环境影响评价中的工程分析需要对生产工艺进行优化论证，提出满足清洁生产要求的清洁生产工艺方案，实现“增产不增污”或“增产减污”的目标，是环境质量得以改善或不使环境质量恶化，起到对环保设计优化的作用。分析所采取的污染防治措施的先进性、可靠性，必要时要提出进一步完善、改进治理措施的建议，对改扩建项目尚须提出“以新带老”的计划，并反馈到设计当中去予以落实。

（4）为项目的环境管理提供依据。工程分析筛选的主要污染因子是项目生产单位和环境管理部门日常管理的对象，所提出的环境保护措施是工程验收的重要依据，为保护环境所核定的污染物排放总量是开发建设活动进行污染控制的目标。

二、工程分析的原则

1. 体现政策性

在国家已制定的一系列方针、政策和法规中，对建设项目的环境要求都有明确规定，贯彻执行这些规定是评价单位义不容辞的责任。所以在开展工程分析时，首先要求学习和掌握有关的政策法规，并以此为依据去剖析建设项目对环境产生影响的因素，针对建设项目在产业政策、能源政策、资源利用政策、环保技术政策等方面存在的问题，为项目决策提出符合环境政策法规要求的建议，这是工程分析的灵魂。

2. 具有针对性

工程特征的多样性决定了影响环境因素的复杂性。为了把握住评价工作主攻方向，防止无的放矢和轻重不分，工程分析应根据建设项目的性质、类型、规模、污染物种类、数量、毒性、排放方式、排放去向等工程特征、通过全面系统分析，从众多的污染因素中筛选出对环境干扰强烈、影响范围大、并有致害威胁的主要因子作为评价主要方向，尤其应明确拟建项目的特征污染因子。

3. 为各专题评价提供定量而准确的基础资料

工程分析资料是各专题评价的基础。所提供的特征参数，特别是污染物最终排放量是各专题开展影响预测的基础数据。从整体来说，工程分析是决定评价工作质量的关键，所以工程分析提出的定量数据一定要准确可靠，定性资料要力求可信，复用资料要经过精心筛选，注意时效性。

4. 从环保角度为项目选址、工程设计提出优化建议

(1) 根据国家颁布的环保法规和当地环境规划等条件，有理有据地提出优化选址、合理布局、最佳布置建议。

(2) 根据环保技术政策分析生产工艺的先进性，根据资源利用政策分析原料消耗、燃料消耗的合理性，同时探索把污染物排放量压缩到最低限度的途径。

(3) 根据当地环境条件对工程设计提出合理建设规模和污染排放有关建议，防止只顾经济效益忽视环境效益的情况发生。

(4) 分析拟定的环保措施方案的可行性，提出必须保证的环保措施，使项目既能保证实现正常投产，又能保护好环境。

三、工程分析的重点和阶段划分

1. 工程分析的重点

根据建设项目对环境影响方式和途径不同，环境影响评价中常把建设项目分为污染型项目和生态影响型项目两大类。污染型项目主要以污染物排放对大气环境、水环境、土壤环境和声环境的影响为主，其工程分析是以对项目的工艺过程分析为重点，核心是确定工程污染源；生态影响型项目主要是以建设期、运营期对生态环境的影响为主，工程分析以对建设期的施工方式及运营期的运行方式分析为重点，核心是确定工程主要生态影响因素。

2. 工程分析阶段划分

根据实施过程的不同阶段可将建设项目分为建设期、生产运营期和服务期满后3个阶段进行工程分析。

所有建设项目均应分析生产运行阶段带来的环境影响。生产运行阶段要分析正常排放和不正常排放两种情况。对随着时间的推移环境影响有可能较大的建设项目，同时它的评价工作等级、环境保护要求均较高时，可将生产运行阶段分为运行初期和运行中后期，并分别按正常排放和不正常排放进行分析，运行中期和运行中后期的划分应视具体工程特性而定。

个别建设项目在建设阶段和服务期满后的影响不容忽视，也应对这类项目的这些阶段进行工程分析。

四、工程分析方法

当建设项目的规划、可行性研究和设计等技术文件不能满足评价要求时，应根据具体情况选用适当的方法进行工程分析。目前采用较多的工程分析方法有类比分析法、物料平衡计算法、查阅参考资料分析法等。

1. 类比分析法

类比分析法是利用与拟建项目类型相同的现有项目的设计资料或实测数据进行工程分析。采用此法时，应充分注意分析对象与类比对象之间的相似性，主要包括以下方面：

（1）工程一般特征的相似性。包括建设项目的性质、建设规模、车间组成、产品结构、工艺路线、生产方法、原料、燃料来源与成分、用水量和设备类型等。

（2）污染物排放特征的相似性。包括污染物排放类型、浓度、强度与数量，排放方式与趋向，以及污染方式与途径。

（3）环境特征的相似性。包括气象条件、地貌状况、生态特点、环境功能以及区域污染情况等方面的相似性。因为在生产建设中常遇到这种情况，即某污染物在甲地是主要污染因素，在乙地则可能是次要因素，甚至是可被忽略的因素。

类比法也常用单位产品的经验排污系数去计算污染物排放量，但一定要根据生产规模等工程特征和生产管理以及外部因素等实际情况进行必要的修正。经验排污系数法公式为：

$$A = AD \times M \tag{5-1}$$

$$AD = BD - (aD + bD + cD + dD) \tag{5-2}$$

式中 A——某污染物的排放总量；

AD——单位产品某污染物的排放定额；

M——产品总产量；

BD——单位产品投入或生成的某污染物的量；

aD——单位产品中某污染物的量；

bD——单位产品多生成的副产品、回收品中某污染物的量；

cD——单位产品分解转化掉的污染物量；

dD——单位产品被净化处理掉的污染物量。

2. 物料平衡计算法

物料平衡计算法以理论计算为基础，比较简单，此法的基本原则是遵守质量守恒定律，即在生产过程中投入系统的物料总量必须等于产出的产品量和物料流失量之和。其计算通式如下：

$$\sum M_{投入} = \sum M_{产品} + \sum M_{流失} \tag{5-3}$$

式中 $\sum M_{投入}$—— 投入系统的物料总量；

$\sum M_{产品}$—— 产出产品总量；

$\sum M_{流失}$—— 物料流失总量。

当投入的物料总量在生产过程中发生化学反应时，可按下列总量法或定额法公式进行衡算：

$$\sum G_{排放} = \sum G_{投入} - \sum G_{回收} - \sum G_{处理} - \sum G_{转化} - \sum G_{产品} \tag{5-4}$$

式中 $\sum G_{投入}$—— 投入物料中的某污染物总量；

$\sum G_{产品}$—— 进入产品结构中的某污染物总量；

$\sum G_{回收}$—— 进入回收产品中的污染物总量；

$\sum G_{处理}$—— 经过净化处理掉的某污染物总量；

$\sum G_{转化}$—— 生产过程中被分解、转化的某污染物总量；

$\sum G_{排放}$—— 某污染物的排放量 。

采用物料平衡计算法计算污染物排放量时，必须对生产工艺、化学反应、副反应和管理等情况进行全面了解，掌握原料、辅助材料、燃料的成分和消耗定额。

3. 查阅参考资料分析法

查阅参考资料分析法是利用同类工程已有的环境影响报告书或可行性研究报告等资料进行工程分析。虽然此法较为简单，但所得的数据的准确性很难保证。当评价时间短，且评价工作等级较低时，或在无法采用以上两种方法的情况下，可采用此方法。此方法还可以作为以上两种方法的补充。

第二节 污染型项目工程分析

对于环境影响以污染因素为主的建设项目来说，工程分析的工作内容原则上是应根据建设项目的工程特征，包括建设项目的类型、性质、规模、开发建设方式与强度、能源与资源用量、污染物排放特征以及项目所在地的环境条件来确定。其工作内容通常包括6部分，详见表5-1。

表5-1 工程分析基本工作内容

工程的分析项目	工作内容
工程概况	工程一般特征简介；项目组成；物料与能源消耗定额
工艺流程及产物环节分析	工艺流程及污染物产生环节
污染物分析	污染物分布及污染物源强核算；物料平衡与水平衡； 污染物排放总量建议指标；无组织排放源强统计及分析； 非正常排放源强统计及分析

表5-1（续）

工程的分析项目	工 作 内 容
清洁生产水平分析	清洁生产水平分析
环保措施方案分析	分析环保措施方案及所选工艺、设备的先进水平和可靠程度； 分析与处理工艺有关的技术经济参数的合理性； 分析环保设施投资构成及其在总投资中占有的比例
总图布置方案分析	分析厂区与周围的保护目标之间所定的防护距离的安全性； 根据气象、水文等自然条件分析工厂和车间布置的合理性； 分析环境敏感点（保护目标）处置措施的可行性

一、工程概况

1. 工程一般特征简介

工程一般特征简介主要是介绍项目的基本内容，包括工程名称、建设性质、建设地点、建设规模、产品方案、主要技术经济指标、配套方案、储运方式、占地面积、职工人数、工程总投资等，附总工程平面布置图。建设规模与产品方案和主要技术经济指标见表5-2和表5-3。

表5-2 项目建设规模与产品方案一览表

序 号	产品名称	设计规模	规 格	年生产时数	备 注
1					
2					
3					
⋮					

表5-3 建设项目的技术经济指标一览表

序 号	指 标 名 称	单 位	数 量	备 注
1				
2				
3				
⋮				

2. 物料及能源等消耗定额

物料及能源等消耗定额包括主要原料、辅助材料、助剂、能源（煤、油、气、电和蒸汽）以及用水等的来源、成分和消耗量。物料及能源消耗定额见表5-4。

3. 主要设备及辅助设施

主要设备和辅助设施包括生产设备和辅助设备如供热、供气、供电（自备发电机）和污染治理设施等。主要设备和辅助设施见表5-5。

表5-4　主要辅助材料消耗及来源一览表

序　号	名　称	规　格	消耗量	来　源	备　注
1					
2					
3					
⋮					

表5-5　主要设备及辅助设施一览表

序　号	设备名称	规　格	数　量	来　源	备　注
1					
2					
3					
⋮					

二、工艺流程及产污环节分析

一般情况下，工艺流程应在设计单位或建设单位的可研或设计文件基础上，根据工艺过程的描述及同类项目生产的实际情况进行绘制（一般大型项目绘制装置流程图，小型项目绘制方块流程图）。环境影响评价工艺流程图有别于工程设计工艺流程图，环境影响评价关心的是工艺过程中产生污染物的具体部位、污染物的种类和数量。所以绘制污染工艺流程图应包括产生污染物的装置和工艺流程，不产生污染物的过程和装置可以简化，有化学反应产生的工序要列出主要化学反应和副反应式，并在总平面布置图上标出污染源的准确位置，以便为其他专题评价提供可靠的污染源资料。图5-1为带产污节点的某化工厂流程示意图。

三、污染物分析

1. 污染物分布及污染物源强核算

污染源分布和污染物类型及排放量是各专题评价的基础资料，必须按建设过程、生产过程两个时期，详细核算和统计。根据项目评价需求，一些项目还应对服务期满后（退役期）的影响源强进行核算。因此，对于污染源分布应根据已经绘制的污染流程图，并按排放点编号，标明污染物排放部位，然后列表逐点统计各种因子的排放强度、浓度及数量。对于最终排入环境的污染物，确定其是否达标排放，达标排放必须以项目的最大负荷核算。比如燃煤锅炉二氧化硫、烟尘排放量，必须要以锅炉最大产气量时所耗的燃煤量为基础进行核算。

对于废气可按点源、面源、线源进行核算，说明源强、排放方式和排放高度及存在的有关问题。废水应说明种类、成分、浓度、排放方式、排放去向；按《中华人民共和国固体废物污染环境防治法》对废物进行分类，废液应说明种类、成分、浓度、是否属于危险废物、处置方式和去向等有关问题；废渣应说明有害成分、溶出物浓度、数量、处理和处置方式和贮存方法；噪声和放射性应列表说明源强、剂量及分布。

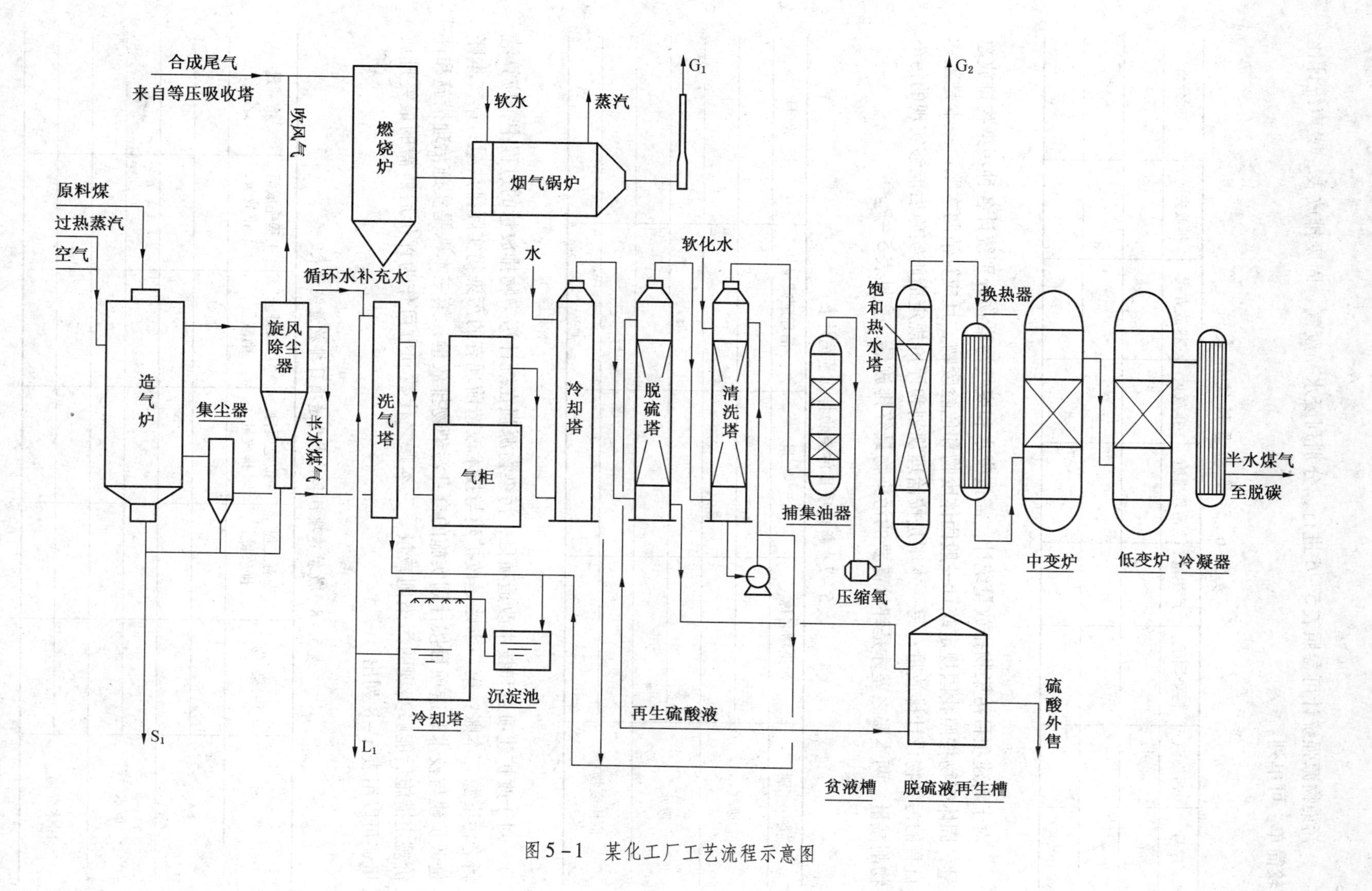

图5-1　某化工厂工艺流程示意图

污染物源强统计可参照表5-6进行，分别列废水、废气、固废排放表，噪声统计比较简单，可单列。

表5-6 污染物源强统计表

序号	污染源	污染因子	产生量	治理措施	排放量	排放方式	排放去向	达标分析
1								
2								
3								

对于新建项目污染物排放量统计，需按废水和废气污染物分别统计各种污染物排放总量，固体废物按照我国规定统计一般固体废物和危险废物，且应算清两本账：一本是工程自身的污染物设计排放量；另一本则是按治理规划和评价规定措施实施后能够实现的污染物削减量。两本账之差才是评价需要的污染物最终排放量，参见表5-7。

表5-7 新建项目污染物排放量统计表

类　别	污染物名称	产 生 量	治理削减量	排 放 量
废气				
废水				
固体废物				

对于改扩建项目和技术改造项目，污染物源强在统计污染物排放量的过程中，应算清新老污染源三本账：第一本账是改扩建与技术改造前现有的污染物实际排放量；第二本账是改扩建与技术改造项目按计划实施的自身污染物排放量；第三本账是实施治理措施和评价规定措施后能够实现的污染削减量。三本账之代数和方可作为评价后所需的最终排放量，可以用表5-8列出。

表5-8 改扩建项目和技术改造项目排放量统计表

类　别	污 染 物	现有工程排放量	拟建项目排放量	“以新带老”削减量	工程完成后总排放量	增减量变化
废气						
废水						
固体废物						

【例 5-1】某企业进行锅炉技术改造并增容扩容，现有工程排放 SO_2 的量为 1000 t/a（未加脱硫设施），增容扩容改造后，SO_2 的总产生量为 2000 t/a，安装了脱硫设施后 SO_2 的最终排放量为 500 t/a，请问“以新带老”削减量为多少 t/a?

解：第一本账（改扩建前排放量）：1000 t/a

第二本账（改扩建项目最终排放量）：增容扩容改造后新产生 SO_2 量为 2000 - 1000 = 1000 t/a，处理效率为（2000 - 500）÷ 2000 × 100% = 75%，增容扩容改造后新排放 SO_2 量为 1000 ×（1 - 75%）= 250 t/a

“以新带老”削减量：1000 × 75% = 750 t/a

第三本账（改扩建项目完成后排放量）：500 t/a

2. 物料平衡和水平衡

在环境影响评价进行工程分析时，必须根据不同行业的具体特点，选择若干有代表性的物料，主要是针对有毒有害的物料，进行物料衡算。

水作为工业生产中的原料和载体，在任一用水单元内都存在着水量的平衡关系，也同样可以依据质量守恒定律，进行质量平衡计算，这就是水平衡。根据《工业用水分类及定义》（CJ40—1999）规定，工业用水量和排水量的关系如图 5-2 所示，水平衡式如下：

$$Q + A = H + P + L \tag{5-5}$$

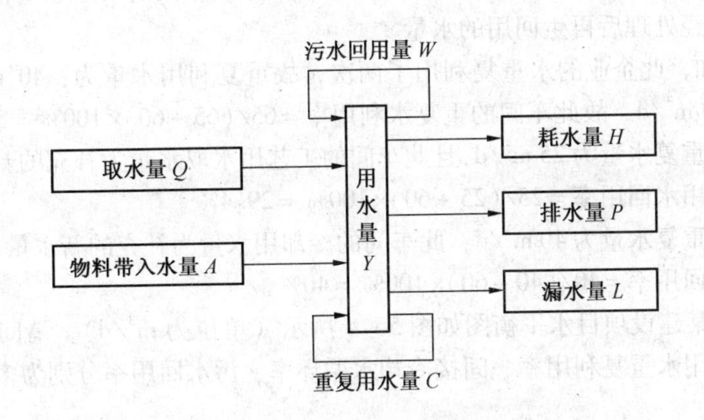

图 5-2 工业用水量和排水量关系

取水量：工业用水的取水量是指取自地表水、地下水、自来水、海水、城市污水及其他水源的总水量。对于建设项目工业取水量包括生产用水和生活用水。

工业取水量 = 间接冷却水量 + 工艺用水量 + 锅炉给水量 + 生活用水量

重复用水量：指生产厂（建设项目）内部循环使用和循序使用的总水量。

耗水量：指整个工程项目消耗掉的新鲜水量总和，即

$$H = Q_1 + Q_2 + Q_3 + Q_4 + Q_5 + Q_6 \tag{5-6}$$

式中 Q_1——产品含水，即由产品带走的水；

Q_2——间接冷却水系统补充的水量，即循环冷却水系统补充水量；

Q_3——洗涤用水（包括装置和生产区地坪冲洗水）、直接冷却水和其他工艺用水量之和；

Q_4——锅炉运转消耗的水量；

Q_5——水处理用水量，指再生水处理装置所需的用水量；

Q_6——生活用水量。

【例 5－2】图 5－3 是某企业车间的水平衡图，则此车间的工艺水回用率、重复水利用率、冷却水重复利用率分别为多少？

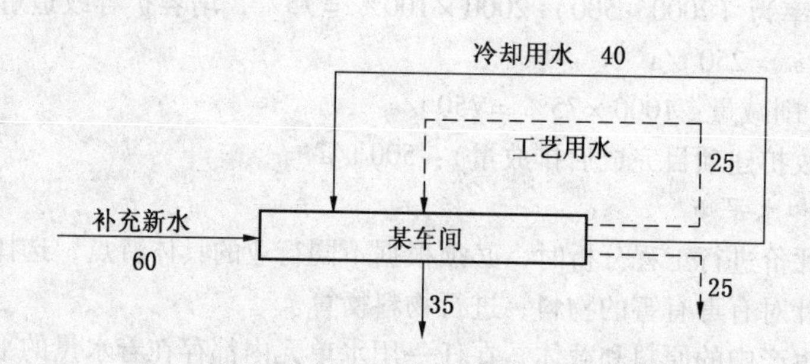

图 5－3 某企业车间的水平衡图

解： 此题中的重复利用水量指的是在生产的过程中，不同的工序和设备中经二次重复利用的水量或者经处理后再生回用的水量。

由图 5－3 知，此企业的水重复利用了两次，故重复利用水量为：40＋25＝65 m^3/d，取用新水量为 60 m^3/d，故此车间的重复水利用率＝65/(65＋60)×100%＝52%。

工艺用水的重复水量为 25 m^3/d，且此车间的工艺用水取水量为补充的新水量 60 m^3/d。故此车间的工艺用水回用率＝25/(25＋60)×100%＝29.4%。

冷却用水的重复水量为 40 m^3/d，此车间的冷却用水量为补充的新水量 60 m^3/d。故此车间的冷却用水回用率＝40/(40＋60)×100%＝40%。

【例 5－3】某建设项目水平衡图如图 5－4 所示（单位为 m^3/d），请问该项目的工艺水回用率、工业用水重复利用率、间接冷却水循环率、污水回用率分别为多少？

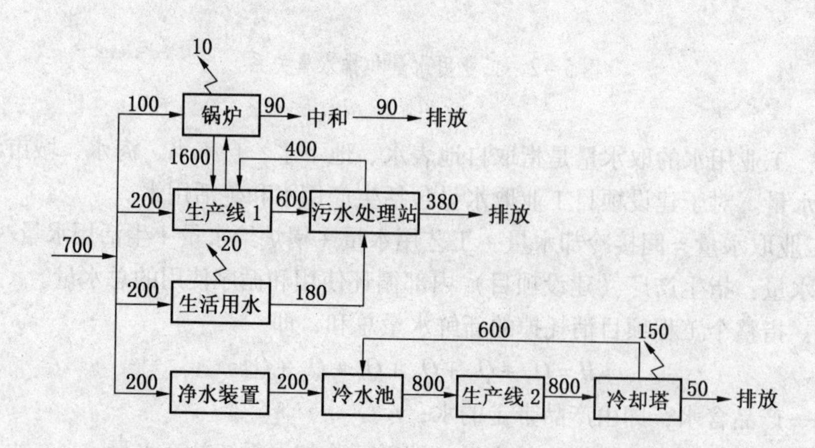

图 5－4 某建设项目水平衡图

解：工艺水回用率 = 工艺水回用量/(工艺水回用量 + 工艺水取水量)×100% = (400 + 600)/[(400 + 600) + (200 + 200)] ×100% = 71.4%

工业用水重复利用率 = 重复利用水量/(重复利用水量+ 取用新水量)×100% = (1600 + 400 + 600)/[(1600 + 400 + 600) + (100 + 200 + 200 + 200)] ×100% = 78.8%

间接冷却水循环率 = 间接冷却水循环量/(间接冷却水循环量 + 间接冷却水系统取水量)×100% = 600/(600 + 200)×100% = 75.0%

污水回用率 = 污水回用量/(污水回用量 + 直接排放环境的污水量)×100% = 400/[400 + (90 + 380)] ×100% = 46.0%

注：冷却塔排放的 50 m^3/d 为清净下水，不计入污水量。

3. 污染物排放总量控制建议指标

在核算污染物排放量的基础上，按国家对污染物排放总量控制指标的要求，指出工程污染物排放总量控制建议指标，污染物排放总量控制建议指标应包括国家规定的指标和项目的特征污染物，其单位为 t/a。提出的工程污染物排放总量控制建议指标必须满足以下要求：一是满足达标排放的要求；二是符合其他环保相关要求（如特殊控制的区域和河段）；三是技术上可行。

4. 无组织排放源的统计

无组织排放是指生产装置在生产运行过程中污染物不经过排气筒（管）的无规则排放，表现在生产工艺过程中具有弥散型的污染物的无组织排放，以及设备、管道和管件的跑冒滴漏，在空气中的蒸发、逸散引起的无组织排放。其确定方法主要有 3 种：

（1）物料衡算法。通过全厂物料的投入产出分析，核算无组织排放量。

（2）类比法。与工艺相同、使用原料相似的同类工厂进行类比，在此基础上，核算本厂无组织排放量。

（3）反推法。通过对同类工厂，正常生产时无组织监控点进行现场监测，利用面源扩散模式进行反推，以此确定工厂无组织排放量。

5. 非正常排污的源强统计与分析

非正常排污是指工艺设备或环保设施达不到设计规定指标的超额排污，在风险评价中，应以此作为源强。非正常排污还包括设备检修、开车停车、试验性生产等。此类异常排污分析都应重点说明异常情况的原因、发生频率和处置方法。

四、清洁生产水平分析

建设项目环境保护条例规定：工业建设项目应当采用能耗物耗小、污染物产生量少的清洁生产工艺，合理利用自然资源，防止环境污染和生态破坏。因此，清洁生产水平分析逐步在建设项目环境影响评价中得到了应用。《中华人民共和国清洁生产促进法》实施后，国家环保总局在《关于贯彻落实〈清洁生产促进法〉的若干意见》中，明确提出了建设项目应当采用清洁生产技术、工艺和设备，并在环境影响评价报告书中应包括清洁生产分析专题的要求。

1. 清洁生产的概念

清洁生产在不同的发展阶段或不同的国家有着不同的提法，联合国环境署关于清洁生产的定义为：清洁生产是指将整体预防的环境战略持续应用于生产过程、产品和服务中，以期增加生态效率并减少对人类和环境的风险。对生产过程，清洁生产包括节约原材料、淘汰有毒原材料、减降所有废弃物的数量和毒性；对产品，清洁生产战略旨在减少从原材料提炼到产品最终处置的全生命周期的不利影响；对服务，要求将环境因素纳入设计和所提供的服务中。清洁生产是不断采取改进设计、使用清洁的能源和原料、采用先进的工艺技术与设备、改善管理、综合利用等措施，从源头削减污染，提高资源利用效率，减少或者避免生产、服务和产品使用过程中污染物的产生和排放，以减轻或者消除对人类健康和环境的危害。

清洁生产体现的是预防为主的方针，达到的是“节能、降耗、减污、增效”的目的。建设项目环境影响评价中开展清洁生产分析，可以促使企业调整投资结构，实现从末端治理到全过程控制的战略转移，促进企业生产健康持久有序地发展。

2. 清洁生产指标等级

目前环境保护部推出的清洁生产标准中，将清洁生产指标分为3级：

一级代表国际清洁生产先进水平。当一个建设项目全部达到一级标准，证明该项目在生产工艺、装备选择、资源能源利用、产品设计选用、生产过程废弃物的产生量、废物回收利用和环境管理等方面做得非常好，达到国际先进水平，该项目在清洁生产方面是一个很好的项目。

二级代表国内清洁生产先进水平。当一个项目全部达到二级标准或以上时，表明该项目清洁生产指标达到国内先进水平，从清洁生产角度度量是一个好项目。

三级代表国内清洁生产基本水平。当一个项目全部达到三级标准，表明该项目清洁生产指标达到一定水平，但对于新建项目，尚需作出较大调整和改进，使之达到国内先进水平，对于国家明令限制盲目发展项目，应当在清洁生产方面提出更高的要求。

当一个项目大部分达到高一级标准，而有少部分指标尚处于较低水平，应分析原因，提出改进措施。

3. 清洁生产分析指标的选取原则

（1）从产品生命周期的全过程考虑。制定清洁生产指标是依据生命周期分析理论，围绕产品生命周期展开清洁生产分析。生命周期分析法是清洁生产指标选取的一个最重要原则，它是从一个产品的整个寿命周期全过程考察其对环境的影响，如从原材料的采掘，到产品的生产过程，再到产品的销售，直至产品报废后的处理、处置，并非对建设项目要求进行严格意义上的生命周期评价，而是要借助这种分析方法来确定环境影响评价中清洁生产评价指标的范围。

（2）体现污染预防为主的原则。清洁生产指标必须体现预防为主，要求完全不考虑末端治理，因此污染物产生指标是指污染物离开生产线时的数量和浓度，而不是经过处理后的数量和浓度。清洁生产指标主要反映出建设项目实施过程中所用的资源量即产生的废物量，包括使用能源、水或其他资源的情况，通过对这些指标的评价能够反映出建设项目通过节约和更有效的资源利用来达到保护自然资源的目的。

（3）容易量化。清洁生产指标要力求定量化，对于难以量化的指标也应给出文字说明。为了使所确定的清洁生产指标既能够反映建设项目的主要情况，又简便易行，在设计时要充分考虑到指标体系的可操作性，因此，应尽量选择容易量化的指标。

（4）满足政策法规要求和符合行业发展趋势。清洁生产指标应符合产业政策和行业发展趋势要求，并应根据行业特点，考虑各种产品的生产过程来选取指标。

4. 清洁生产评价的指标选取

依据生命周期分析的原则，环评中的清洁生产评价指标可分为六大类：生产工艺与装备要求、资源能源利用指标、产品指标、污染物产生指标、废物回收利用指标和环境管理要求。六大类指标既有定性指标也有定量指标，资源能源利用指标和污染物产生指标在清洁生产审核中是非常重要的两类指标，因此必须有定量指标，其余4类指标为定性指标或者半定量指标。

1）生产工艺与装备要求

选用清洁工艺、淘汰落后有毒有害原辅材料和落后的设备，是推行清洁生产的前提，因此在清洁生产分析专题中，首先要对工艺技术来源和技术特点进行分析，说明其在同类技术中所占地位以及选用设备的先进性。对于一般性建设项目环评工作，生产工艺与装备选取直接影响到该项目投入生产后，资源能源利用效率和废弃物产生。可从装置规模、工艺技术、设备等方面体现出来，分析其在节能、减污、降耗等方面达到的清洁生产水平。

2）资源能源利用指标

从清洁生产的角度看，资源、能源指标的高低也反映一个建设项目的生产过程在宏观上对生态系统的影响程度，因为在同等条件下，资源能源消耗量越高，则对环境的影响越大。

资源能源利用指标包括新用水量指标、单位产品的能耗、单位产品的物耗和原辅材料的选取4类：

（1）新用水量指标。包括单位产品新用水量、单位产品循环用水量、工业水重复利用、间接冷却水循环率、工艺水回用率、万元产值取水量等。

（2）单位产品的能耗。生产单位产品消耗的煤、电、石油、天然气和蒸汽等能量源。为便于比较，常用单位产品综合能耗指标表示。

（3）单位产品的物耗。生产单位产品消耗的主要原料和辅料的量，即原材料消耗定额也可用产品回收率、转化率等工业指标反映物耗水平。

（4）原辅材料的选取。可从毒性、生态影响、可再生性、能源强度及可回收利用性这5个方面建立定性分析指标。

3）产品指标

对产品的要求是清洁生产的一项重要内容，因为产品的清洁性、销售、使用过程以及报废后的处理处置均会对环境产生影响，有些影响是长期的，甚至是难以恢复的。首先，产品应是我国产业政策鼓励发展的产品，此外，从清洁生产要求还应考虑包装和使用。例如：产品的过度包装和包装材料的选择都将对环境产生影响；运输过程和销售环节不应对环境产生影响；产品使用安全，报废后不应对环境产生影响。

4）污染物产生指标

除资源能源利用率指标外，另一类能反映生产过程状况的指标便是污染物产生指标，污染物产生指标较高，说明工艺相对落后，管理水平较低。考虑到一般的污染问题，污染物产生指标设为3类，即废水产生指标、废气产生指标和固体废物产生指标。

（1）废水产生指标。可细分为两类，即单位产品废水产生量指标和单位产品主要水污染物产生量指标。

（2）废气产生指标。废气产生指标和废水产生指标类似，也可细分为单位产品废气产生量指标和单位产品主要大气污染物产生量指标。

（3）固体废弃物产生指标。对于固体废弃物产生指标，情况则简单一些，因为目前国内还没有像废水、废气那样具体的排放标准，因而指标可简单地定为单位产品主要固体废弃物产生量和单位固体废弃物综合利用量。

5）废物回收利用指标

废物回收利用是清洁生产的重要组成部分，在现阶段，生产过程不可能完全避免产生废水、废料、废渣、废气（废汽）、废热，然而，这些“废物”只是相对概念，在某一条件下是造成环境污染的废物，在另一条件下就可能转化为宝贵的资源。对于生产企业应尽可能地回收和利用废物，而且应该是高等级的利用，逐步降级使用，然后再考虑末端治理。

6）环境管理要求

（1）环境法律法规标准。要求生产企业符合国家和地方有关环境法律、法规，污染物排放达到国家和地方排放标准、总量控制要求。

（2）废物处理处置。要求对建设项目的一般废物进行妥善处理处置；对危险废物进行无害化处理，这一要求与环评工作内容相一致。

（3）生产过程环境管理。对建设项目投产后可能在生产过程产生废物的环节提出要求，例如要求企业有原材料质检制度和原材料消耗定额，对能耗、水耗有考核、对产品合格率有考核，各种人流、物料包括人的活动区域、物品堆存区域、危险品等有明显标识，对跑冒滴漏现象能够控制等。

（4）相关方环境管理。为了环境保护的目的，对建设项目施工期间和投产使用后，对于相关方（例如：原料供应方、生产协作方、相关服务方）的行为提出环境要求。

【例5－4】表5－9是某工业项目的几项主要指标和国内同类项目指标的平均水平。此项目中现在还未达到清洁生产基本要求的指标有哪些？

表5－9　某项目清洁生产情况

指　标	单　位	项目设计水平	国内平均水平
原料消耗	kg/t	230	198
电耗	kW·h/t	40	52
新鲜电耗	m^3/t	15	40
成本消耗	元/t	1500	1280

解：由表可知，原料消耗还没有达到清洁生产的基本要求，电耗、新鲜水耗都能达到国内平均水平。虽然成本消耗也没有达到国内平均水平，但是清洁生产指标中没有“成本消耗”这项指标。

五、环保措施方案分析

环保措施方案分析包括两个层次，首先对项目可研报告等文件提供的污染防治措施进行技术先进性、经济合理性及运行可靠性评价，若所提措施有的不能满足环保要求，则需提出切实可行的改进完善建议，包括替代方案。分析要点如下：

（1）分析建设项目可研阶段环保措施方案并提出改进建议。根据项目产生污染物的特征，充分调查同类企业和现有环保处理方案的经济技术运行指标，分析项目可研阶段所采用的环保设施的经济技术可行性，在此基础上提出改进意见。

（2）分析项目采用污染处理工艺，排放污染物达标的可靠性。根据现有同类环保设施的经济技术运行指标，结合项目排放污染物的特征和防治措施的合理性，分析项目环保设施运行，确保污染物达标排放的可靠性并提出改进意见。

（3）分析环保设施投资构成及其在总投资中所占的比例。汇总项目各项环保设施投资，分析其结构，计算环保投资在总投资中的比例。一般可按水、气、声、固废、绿化等列出环保投资一览表。对改扩建项目，一览表还应包括“以新带老”的环保投资。

（4）分析依托设施的可行性。对于改扩建项目，原有工程的环保措施有相当一部分是可以利用的，如现有污水处理厂、固废填埋场、焚烧炉等。原有环保设施是否能满足改扩建后的要求，需要认真核实，分析依托的可靠性。随着经济的发展，依托公用环保措施已经成为区域环境污染防治的重要组成部分。对于项目产生废水经过简单处理后排入区域或城市污水处理厂进一步处理排放的项目，除了对其采用的污染防治技术可靠性、可行性进行分析评价外，还应对接纳排水的污水处理厂的工艺合理性进行分析，看其处理工艺是否与项目排水的水质相容；对于可以进一步利用的废气，要结合所在区域的社会经济特点，分析其集中收集、净化、利用的可行性；对于固体废物，则要根据项目所在地的环境、社会经济特点，分析综合利用的可能性；对于危险废物，则要分析能否得到妥善处置。

六、总体布置方案与外环境关系分析

分析厂区与周围的保护目标之间所定卫生防护距离和安全防护距离的保证性。参考国家的有关卫生和安全防护距离规范，调查、分析厂区与周围的保护目标之间所定防护距离的可靠性，合理布置建设项目的各构筑物及生产设施，给出总体布置方案与外环境关系图。

确定卫生防护距离有两种方法：一是按国家已颁布的某行业的卫生防护距离根据建设规模和当地气象资料直接确定；二是尚无行业卫生防护距离标准的，可利用《制定地方大气污染物排放标准的技术方法》（GB/T 3840—1991）推荐的公式进行计算。

根据气象、水文等自然条件分析工厂和车间布置的合理性。在充分掌握项目建设地点的气象、水文和地质资料的条件下，认真考虑这些因素对污染物的污染特性的影响，合理布置工厂和车间，尽可能减少对环境的不利影响。

分析对周围环境敏感点处置措施的可行性。分析项目所产生的污染物的特点及其污染特征，结合现有的有关资料，确定建设项目对附近环境敏感点的影响程度，在此基础上提出切实可行的处置措施（如搬迁、防护等）。

第三节　生态影响型项目工程分析

一、生态影响型项目工程分析主要内容

生态影响型项目工程分析的内容应结合工程特点，提出工程施工期和运营期的影响和潜在影响因素，能量化的要给出量化指标。生态影响型项目工程分析应包括以下基本内容：

1. 工程概况

介绍工程的名称、建设地点、性质、规模和工程特性，并给出工程特性表。

工程的项目组成及施工布置：按工程的特点给出工程的项目组成表，并说明工程的不同时期的主要活动内容与方式。阐明工程的主要设计方案，介绍工程的施工布置，并给出施工布置图。

2. 施工规划

结合工程的建设进度，介绍工程施工规划，对与生态环境保护有重要关系的规划建设内容和施工进度要做详细介绍。

3. 生态环境影响源分析

通过调查，对项目建设可能造成生态环境影响的活动（影响源和影响因素）强度、范围、方式进行分析，能定量的要给出定量数据。如占地类型（湿地、滩涂、耕地、林地等）与面积，植被破坏量，特别是珍稀植物的破坏量、淹没面积、移民数量、水土流失量等均应给出量化数据。

4. 主要污染物与源强分析

项目建设中的主要污染物废水、废气、固体废弃物的排放量和噪声发生源源强，需给出生产废水和生活污水的排放量和主要污染物排放量；废气给出排放源点位，说明源性质（固定源、移动源、连续源、瞬时源）及主要污染物产生量；固体废物给出工程弃渣和生活垃圾的产生量；噪声则要给出主要噪声源的种类和声源强度。

5. 替代方案

介绍工程选点、选线和工程设计中就不同方案所做的比选工作内容，说明推荐方案理由，以便从环境保护的角度分析工程选线、选址推荐方案的合理性。

二、生态环境影响型项目工程分析技术要点

生态环境影响评价的工程分析一般要把握如下几点要求：

（1）工程组成完全。即把所有工程活动都纳入分析中，一般建设项目工程组成有主体工程、辅助工程、配套工程、公用工程和环保工程。有的将作业场等支柱性工程称为大临工程（大型临时工程）或储运工程系列，都是可以的。但必须将所有的工程建设活动，无论临时的或永久的，施工期的或运营期的，直接的或相关的，都考虑在内。一般应有完善的项目组成表，明确的占地、施工、技术标准等主要内容。

（2）重点工程明确。主要造成环境影响的工程应作为重点的工程分析对象，明确其名称、位置、规模、建设方案、施工方案、运营方式等。一般还应将其所涉及的环境作为

分析对象，因为同样的工程发生在不同的环境中，其影响作用是很不相同的。

（3）全过程分析。生态环境影响是一个过程，不同时期有不同的问题需要解决，因此必须做全过程分析。一般可将全过程分为选址选线期（工程预可研期）、设计方案（初步设计与工程设计）、建设期（施工期）、运营期和运营后期（结束期、闭矿、设备退役和渣场封闭）。

（4）污染源分析。明确主要产生污染的源，污染物类型、源强、排放方式和纳污环境等。污染源可能发生于施工建设阶段，亦可能发生于运营期。污染源的控制要求与纳污的环境功能密切相关，因此必须同纳污环境联系起来做分析。

（5）其他分析。施工建设方式、运营期方式不同，都会对环境产生不同影响，需要在工程分析时给予考虑。有些发生可能性不大，一旦发生将会产生重大影响者，则可作为风险问题考虑。例如，公路运输农药时，车辆可能在跨越水库或水源地时发生事故性泄漏等。

第六章　大气环境影响评价

第一节　大气污染与扩散

一、大气污染

按照国际标准化组织（ISO）的定义："大气污染通常是指由于人类活动或自然过程引起某些物质进入大气中，呈现出足够的浓度，达到足够的时间，并因此危害了人体的舒适、健康和福利或环境的现象"。

随着人类经济活动和生产的迅速发展，在大量消耗能源的同时，也将大量的废气、烟尘物质排入大气，严重影响了大气环境的质量，特别是在人口稠密的城市和工业区域。所谓干洁空气是指在自然状态下的大气（由混合气体、水气和杂质组成）除去水气和杂质的空气，其主要成分是氮气占78.09%、氧气占20.94%、氩占0.93%，其他各种含量不到0.1%的微量气体（如氖、氦、二氧化碳、氪等）。

气态污染物又分为一次污染物和二次污染物。

一次污染物是指直接从污染源排放的污染物质，如二氧化硫、一氧化氮、一氧化碳、颗粒物等，它们又可分为反应物和非反应物，前者不稳定，在大气环境中常与其他物质发生化学反应，或者作催化剂促进其他污染物之间的反应，后者则不发生反应或反应速度缓慢。

二次污染物是指由一次污染物在大气中互相作用经化学反应或光化学反应形成的与一次污染物的物理、化学性质完全不同的新的大气污染物，其毒性比一次污染物还强。最常见的二次污染物如硫酸及硫酸盐气溶胶、硝酸及硝酸盐气溶胶、臭氧、光化学氧化剂，以及许多不同寿命的活性中间物（又称自由基），如$HO_2^{\cdot}$、HO·等。

1. 大气污染物分类

大气污染物主要可以分为两类，即天然污染物和人为污染物，引起公害的往往是人为污染物，它们主要来源于燃料燃烧和大规模的工矿企业。主要包括：颗粒物指大气中液体、固体状物质，又称尘；硫氧化物是硫的氧化物的总称，包括二氧化硫、三氧化硫、三氧化二硫、一氧化硫等；碳的氧化物主要是一氧化碳（二氧化碳不属于大气污染物）；氮氧化物是氮的氧化物的总称，包括氧化亚氮、一氧化氮、二氧化氮、三氧化二氮等；碳氢化合物是以碳元素和氢元素形成的化合物，如甲烷、乙烷等烃类气体；其他有害物质如重金属类、含氟气体、含氯气体等。

根据大气污染物的存在状态，也可将其分为气溶胶态污染物和气态污染物。

1）气溶胶态污染物

根据颗粒污染物物理性质的不同，可分为如下几种：

（1）粉尘。指悬浮于气体介质中的细小固体粒子。通常是由于固体物质的破碎、分级、研磨等机械过程或土壤、岩石风化等自然过程形成的。粉尘粒径一般为 1 ~ 200 μm，大于 10 μm 的粒子靠重力作用能在较短时间内沉降到地面，称为降尘；小于 10 μm 的粒子能长期在大气中漂浮，称为飘尘。

（2）烟。通常指由冶金过程形成的固体粒子的气溶胶。在工业生产过程中总是伴有诸如氧化之类的化学反应，熔融物质挥发后生成的气态物质冷凝时便生成各种烟尘。烟的粒子是很细微的，粒径范围一般小于 1 μm。

（3）飞灰。指由燃料燃烧后产生的烟气带走的灰分中分散的较细粒子。灰分是含碳物质燃烧后残留的固体渣，在分析测定时假定它是完全燃烧的。

（4）黑烟。通常指由燃烧产生的能见的气溶胶，不包括水蒸气。在某些文献中以林格曼数、黑烟的遮光率、沾污的黑度或捕集的沉降物的质量来定量表示黑烟。黑烟的粒径范围为 0. 05 ~ 1 μm。

（5）雾。在工程中，雾一般指小液体粒子的悬浮体。它可能是由于液体蒸汽的凝结、液体的雾化以及化学反应等过程形成的，如水雾、酸雾、碱雾、油雾等，水滴的粒径范围在 200 μm 以下。

（6）总悬浮颗粒物。指大气中粒径小于 100 μm 的所有固体颗粒。这是为适应我国目前普遍采用的低容量滤膜采样法而规定的指标。

2）气态污染物

气态污染物主要包括：含硫化合物、碳的氧化物、含氮化合物、碳氢化合物、卤素化合物。

2. 大气污染物来源

1）定义与分类

造成大气污染的空气污染物的发生源称为空气污染源，可分为自然源和人为源两大类。

2）大气污染物来源

大气污染物的来源十分广泛，各地情况也有很大差别，以下举出一些例子。

（1）工业。工业是大气污染的一个重要来源。工业排放到大气中的污染物种类繁多，有烟尘、硫的氧化物、氮的氧化物、有机化合物、卤化物、碳化合物等。其中有的是烟尘，有的是气体。

（2）工厂、家庭燃烧含硫的燃料，如生活炉灶与采暖锅炉：城市中大量民用生活炉灶和采暖锅炉需要消耗大量煤炭，煤炭在燃烧过程中要释放大量的灰尘、二氧化硫、一氧化碳等有害物质污染大气。特别是在冬季采暖时，往往使污染地区烟雾弥漫，这也是一种不容忽视的污染源。

（3）火山爆发产生的气体。

（4）焚烧农作物的秸秆、森林火灾中的浓烟。

（5）焚烧生活垃圾、废旧塑料、工业废弃物产生的烟气。

（6）吸烟。

（7）做饭时厨房里的烟气。

（8）垃圾腐烂释放出来的有害气体。

（9）工厂有毒气体的泄漏。

（10）居室装修材料（如油漆等）缓慢释放出来的有毒气体。

（11）风沙、扬尘。

（12）农业生产中使用的有毒农药。

（13）使用涂改液等化学试剂。

（14）复印机、打印机等电器产生的有害气体等。

（15）交通运输：汽车、火车、飞机、轮船是当代的主要运输工具，它们烧煤或石油产生的废气也是重要的污染物，特别是城市中的汽车，量大而集中，排放的污染物能直接侵袭人的呼吸器官，对城市的空气污染很严重，成为大城市空气的主要污染源之一。汽车排放的废气主要有一氧化碳、二氧化硫、氮氧化物和碳氢化合物等，前三种物质危害性很大。

大气污染源按预测模式的模拟形式分为点源、面源、线源、体源4种类别：①点源：通过某种装置集中排放的固定点状源，如烟囱、集气筒等；②面源：在一定区域范围内，以低矮集中的方式自地面或近地面的高度排放污染物的源，如工艺过程中的无组织排放、储存堆、渣场等排放源；③线源：污染物呈线状排放或者由移动源构成线状排放的源，如城市道路的机动车排放源等；④体源：由源本身或附近建筑物的空气动力学作用使污染物呈一定体积向大气排放的源，如焦炉炉体、屋顶天窗等。

3. 大气污染的危害

大气污染对气候的影响很大，其排放的污染物对局部地区和全球气候都会产生一定影响，尤其对全球气候的影响，从长远的观点看，这种影响将是很严重的。

（1）二氧化硫（SO_2）主要危害：形成工业烟雾，高浓度时使人呼吸困难，是著名的伦敦烟雾事件的元凶；进入大气层后，氧化为硫酸（H_2SO_4）在云中形成酸雨，对建筑、森林、湖泊、土壤危害大；形成悬浮颗粒物，又称气溶胶，随着人的呼吸进入肺部，对肺有直接损伤作用。

（2）悬浮颗粒物TSP（如：粉尘、烟雾、PM10）主要危害：随呼吸进入肺，可沉积于肺，引起呼吸系统的疾病。颗粒物上容易附着多种有害物质，有些有致癌性，有些会诱发花粉过敏症；沉积在绿色植物叶面，干扰植物吸收阳光和二氧化碳和放出氧气和水分的过程，从而影响植物的健康和生长；厚重的颗粒物浓度会影响动物的呼吸系统；杀伤微生物，引起食物链改变，进而影响整个生态系统；遮挡阳光而可能改变气候，这也会影响生态系统。

（3）氮氧化物NO_x（如：NO、NO_2、NO_3）主要危害：刺激人的眼、鼻、喉和肺，增加病毒感染的发病率，例如引起导致支气管炎和肺炎的流行性感冒，诱发肺细胞癌变；形成城市的烟雾，影响可见度；破坏树叶的组织，抑制植物生长；在空中形成硝酸小滴，产生酸雨。

（4）一氧化碳CO主要危害：极易与血液中运载氧的血红蛋白结合，结合速度比氧气快250倍，因此，在极低浓度时就能使人或动物遭到缺氧性伤害。轻者眩晕、头疼，重者脑细胞受到永久性损伤，甚至窒息死亡；对心脏病、贫血和呼吸道疾病的患者伤害性大；引起胎儿生长受损和智力低下。

（5）挥发性有机化合物VOC_s（如：苯、碳氢化合物）主要危害：容易在太阳光作用下产生光化学烟雾；在一定的浓度下对植物和动物有直接毒性；对人体有致癌、引发白血病的危险。

(6) 光化学氧化物（如：臭氧 O_3）主要危害：低空臭氧是一种最强的氧化剂，能够与几乎所有的生物物质产生反应，浓度很低时就能损坏橡胶、油漆、织物等材料；臭氧对植物的影响很大。浓度很低时就能减缓植物生长，高浓度时杀死叶片组织，致使叶片枯死，最终引起植物死亡，比如高速公路沿线的树木死亡就被分析与臭氧有关；臭氧对于动物和人类有多种伤害作用，特别是伤害眼睛和呼吸系统，加重哮喘类过敏症。

(7) 有毒微量有机污染物（如：多环芳烃、多氯联苯、二噁英、甲醛）主要危害：有致癌作用；有环境激素（也叫环境荷尔蒙）的作用。

(8) 重金属（如：铅、镉）主要危害：重金属微粒随呼吸进入人体，铅能伤害人的神经系统，降低孩子的学习能力，镉会影响骨骼发育，对孩子极为不利；重金属微粒可被植物叶面直接吸收，也可在降落到土壤之后，被植物吸收，通过食物链进入人体；降落到河流中的重金属微粒随水流移动，或沉积于池塘、湖泊，或流入海洋，被水中生物吸收，并在体内聚积，最终随着水产品进入人体。

(9) 有毒化学品（如：氯气、氨气、氟化物）主要危害：对动物、植物、微生物和人体有直接危害。

(10) 难闻气味主要危害：直接引起人体不适或伤害；对植物和动物有毒性；破坏微生物生存环境，进而改变整个生态状况。

(11) 放射性物质主要危害：致癌，可诱发白血病。

(12) 温室气体（如：二氧化碳、甲烷、氯氟烃）主要危害：阻断地面的热量向外层空间发散，致使地球表面温度升高，引起气候变暖，发生大规模的洪水、风暴或干旱；增加夏季的炎热，提高心血管病在夏季的发病和死亡率；气候变暖会促使南北两极的冰川融化，致使海平面上升，其结果是地势较低的岛屿国家和沿海城市被淹；气候变暖会使地球上沙漠化面积继续扩大，使全球的水和食品供应趋于紧张。

大气被污染后，由于污染物质的来源、性质和持续时间的不同，被污染地区的气象条件、地理环境等因素的差别，以及人的年龄、健康状况的不同，对人体造成的危害也不尽相同。大气中的有害物质主要通过 3 个途径侵入人体造成危害：①通过人的直接呼吸而进入人体；②附着在食物上或溶于水中，使之随饮食而侵入人体；③通过接触或刺激皮肤而进入到人体。其中通过呼吸而侵入人体是主要的途径，危害也最大。

大气污染对人的危害大致可分为急性中毒、慢性中毒、致癌 3 种。

二、大气扩散

（一）大气结构与气象

有效地防止大气污染的途径，除了采用除尘及废气净化装置等各种工程技术手段外，还需充分利用大气的湍流混合作用对污染物的扩散稀释能力，即大气的自净能力。污染物从污染源排放到大气中的扩散过程及其危害程度主要取决于气象因素，此外还与污染物的特征和排放特性，以及排放区的地形地貌状况有关。下面简要介绍大气结构以及气象条件的一些基本概念。

1. 大气的结构

气象学中的大气是指地球引力作用下包围地球的空气层，其最外层的界限难以确定。

通常把自地面至 1200 km 左右范围内的空气层称作大气圈或大气层，而空气总质量的 98.2% 集中在距离地球表面 30 km 以下，超过 1200 km 的范围，由于空气极其稀薄，一般视为宇宙空间。

自然状态的大气由多种气体的混合物、水蒸气和悬浮微粒组成。其中，纯净干空气中的氧气、氮气和氩气 3 种主要成分的总和占空气体积的 99.97%，它们之间的比例从地面直到 90 km 高空基本不变，为大气的恒定的组分；二氧化碳由于燃料燃烧和动物的呼吸，陆地的含量比海上多，臭氧主要集中在 55 ~60 km 高空，水蒸气含量在 4% 以下，在极地或沙漠区的体积分数接近于零，这些为大气的可变的组分；而来源于人类社会生产和火山爆发、森林火灾、海啸、地震等暂时性的灾害排放的煤烟、粉尘、氯化氢、硫化氢、硫氧化物、氮氧化物、碳氧化物为大气的不定组分。

大气的结构是指垂直（即竖直）方向上大气的密度、温度及其组成的分布状况。根据大气温度在垂直方向上的分布规律，可将大气划分为 4 层：对流层、平流层、中间层和暖层，如图 6 – 1 所示。

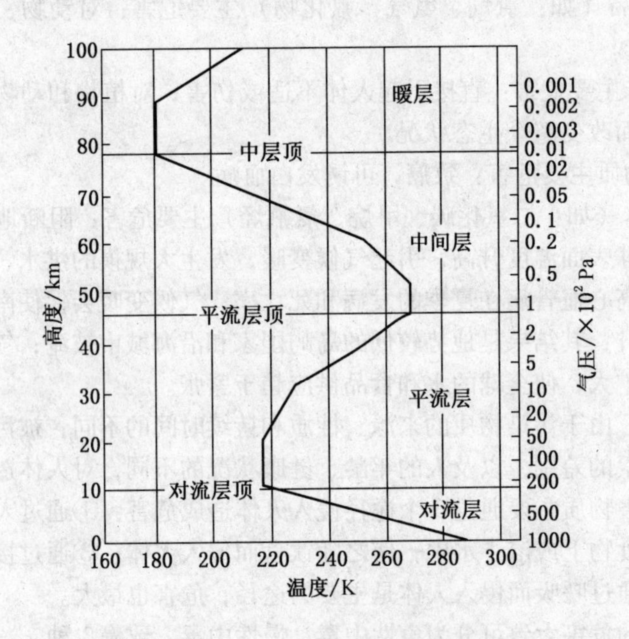

图 6 – 1　大气层垂直结构分布图

1）对流层

对流层是大气圈最靠近地面的一层，集中了大气质量的 75% 和几乎全部的水蒸气、微尘杂质。受太阳辐射与大气环流的影响，对流层中空气的湍流运动和垂直方向混合比较强烈，主要的天气现象都发生在这一层，有可能形成污染物易于扩散的气象条件，也可能对环境产生有危害的逆温气象条件。因此，该层对大气污染物的扩散、输送和转化影响最大。

大气对流层的厚度不恒定，随地球纬度增高而降低，且与季节的变化有关，赤道附近约为 15 km，中纬度地区为 10 ~12 km，两极地区约为 8 km；同一地区，夏季比冬季厚。

一般情况下,对流层中的气温沿垂直高度自下而上递减,约每升高 100 m 平均降低 0.65 ℃。

从地面向上至 1 ~ 1.5 km 高度的对流层称为大气边界层，该层空气流动受地表影响最大。由于气流受地面阻滞和摩擦作用的影响，风速随高度的增加而增大，因此又称为摩擦层。地表面冷热的变化使气温在昼夜之间有明显的差异，可相差十几乃至几十度。由于从地面到 100 m 左右的近地层在垂直方向上热量和动量的交换甚微，所以上下气温之差可达 1 ~ 2 ℃。大气边界层对人类生产和生活的影响最大，污染物的迁移扩散和稀释转化也主要在这一层进行。

边界层以上的气流受地面摩擦作用的影响越来越小，可以忽略不计，因此称为自由大气。

2）平流层

平流层是指从对流层顶到离地高度约 55 km 范围的大气层，该层和对流层包含了大气质量的 99.9% 。平流层内空气稀薄，比较干燥，几乎没有水汽和尘埃。平流层的温度分布是：从对流层顶到离地约 22 km 的高度范围为同温层，气温几乎不随高度变化，约为 -55 ℃。从 22 km 继续向上进入臭氧带，在这里太阳的紫外辐射被吸收，转化为热能，导致气温随高度增加而上升，到达层顶时气温升高到 -3 ℃左右。平流层内气温下低上高的分布规律，使得该层空气的竖直对流混合微弱，大气基本处于平流运动。因此，该层大气的透明度较好，气流稳定，很少出现云雨及风暴等天气现象。

平流层中的臭氧层是 80 ~ 100 km 处的氧分子在太阳紫外辐射作用下光解为氧原子，再与其他氧分子化合成臭氧而形成的，其化合作用主要在 30 ~ 60 km 处。从对流层顶向上，臭氧浓度逐渐增大，在 22 ~ 25 km 处达最大值，往后逐渐减小，到平流层顶臭氧含量极其微小。因为 40 km 以上，在光化作用下，由氧化合为臭氧和由臭氧光解成氧的过程几乎保持平衡状态。在某种环流作用下，臭氧被送到很少光解的高度以下积聚,集中在 15 ~ 35 km 高度。通常将距地面 20 ~ 50 km 高度处的大气层处称为臭氧层。

3）中间层

中间层是指从平流层顶到高度 80 km 左右范围内的大气层。该层内温度随高度的增加而下降，层顶的温度可降到 -93 ℃左右。因此，空气的对流运动强烈，垂直方向混合明显。

4）暖层

暖层为中间层顶延伸到 800 km 高空的大气层，暖层在强烈的太阳紫外线和宇宙射线作用下，其气温随高度上升而迅速增高，暖层顶部温度可高达 500 ~ 2000 K，且昼夜温度变化很大。暖层的空气处于高度电离状态，因此存在着大量的离子和电子，故又称为电离层。

2. 气象要素

气象条件是影响大气中污染物扩散的主要因素。历史上发生过的重大空气污染危害事件，都是在不利于污染物扩散的气象条件下发生的。为了掌握污染物的扩散规律，以便采取有效措施防治大气污染的形成，必须了解气象条件对大气扩散的影响，以及局部气象因素与地形地貌状况之间的关系。

在气象学中，气象要素是指用于描述大气的物理状态与现象的物理量，包括气压、气温、气湿、云、风、能见度以及太阳辐射等。这些要素都能通过观测直接获得,并随着时间变化，彼此之间相互制约。不同的气象要素组合呈现不同的气象特征，因此对污染物在大气中的输送扩散产生不同的影响。其中风和大气不规则的湍流运动是直接影响大气污染物扩散的气象特征，而气温的垂直分布又制约着风场与湍流结构。下面介绍主要的气象要素：

1）气压

气压是指大气的压强，即单位面积上所承受的大气柱的重力。气压的单位为 Pa，气象学中常用毫巴（mbar）或百帕（hPa）表示。定义温度为 273 K 时，位于纬度 45°平均海平面上的气压值为 1013.25 hPa，称为标准大气压。对于任一地区，气压的变化总是随着高度的增加而降低，空气在静止状态下，可以用下式表示：

$$dp = -\rho g dZ \tag{6-1}$$

式中 p——气压，Pa；

Z——大气的竖直高度，m；

ρ——大气密度，kg/m^3。

2）气温

气温是指离地面 1.5 m 高处的百叶箱内测量到的大气温度。气温的单位一般为℃，理论计算中则用绝对温度 K 表示。

3）气湿

气湿即为大气的湿度，用以表示空气中的水蒸气含量，气象学中常用绝对湿度、水蒸气分压、露点、相对湿度和比湿等物理量来表示。

绝对湿度就是单位体积湿空气中所含水蒸气质量，单位为 g/m^3，其数值为湿空气中水蒸气的密度，表明了湿空气中实际的水蒸气含量。水蒸气分压是指湿空气温度下水蒸气的压力，它随空气的湿度增加而增大。当空气温度不变时，空气中的水蒸气含量达到最大值时的分压力称为饱和水蒸气压，此时的空气称为饱和空气，温度即称为露点。饱和水蒸气压随温度降低而下降，若降低饱和空气的温度，则空气中的一部分水蒸气将凝结下来，即结露。相对湿度是湿空气中实际的水蒸气含量与同温下最大可能含有的水蒸气含量的比值，也即实际的水蒸气分压与饱和水蒸气压之比，表明了湿空气吸收水蒸气的能力及其潮湿程度。相对湿度越小，空气越干燥，反之则表示空气潮湿。比湿是指单位质量干空气含有的水蒸气质量，单位是 g/kg。

4）云

云是指漂浮在大气中的微小水滴或冰晶构成的汇集物质。云吸收或反射太阳的辐射，反映了气象要素的变化和大气运动的状况，其形成、数量、分布及演变也预示着天气的变化趋势，可用云量和云高来描述。

云遮蔽天空的份额称为云量。我国规定将视野内的天空分为十等份，云遮蔽的成数即为云量。例如：云密布的阴天时的云量为 10；云遮蔽天空 3 成时云量为 3；当碧空无云的晴天时，云量则为 0。国外是把天空分为八等份，仍按云遮蔽的成数来计算云量。

云底距地面的高度称为云高。按云高的不同范围分为：云底高度在 2500 m 以下称为低云；云底高度在 2500 ~ 5000 m 称为中云；而云底高度大于 5000 m 称为高云。

5）能见度

能见度是指正常视力的人在当时的天气条件下，从水平方向中能够看到或辨认出目标物的最大距离，单位是 m 或 km。能见度的大小反映了大气混浊或透明的程度，一般分为

10 个级别，0 级的白日视程为最小，50 m 以内，9 级的白日视程为最大，大于 50 km。

6）风

风是指空气在水平方向的运动。风的运动规律可用风向和风速描述。风向是指风的来向，通常可用 16 个或 8 个方位表示，如西北风指风从西北方来。此外也可用角度表示，以北风为 0°，8 个方位中相邻两方位的夹角为 45°，正北与风向的反方向的顺时针方向夹角称为风向角，如东南风的风向角为 135°。

风速是指空气在单位时间内水平运动的距离。气象预报的风向和风速指的是距地面 10 m 高处在一定时间内观测到的平均风速。

在自由大气中，风受地面摩擦力的影响很小，一般可以忽略不计，风的运动处于水平的匀速运动。但在大气边界层中，空气运动受到地面摩擦力的影响，使风速随高度升高而增大。在离地面几米以上的大气层中，平均风速与高度之间关系一般可以利用迪肯的幂定律描述：

$$u = u_1\left(\frac{Z}{Z_1}\right)^n \tag{6-2}$$

式中 u、u_1——在高度 Z 及已知高度 Z_1 处的平均风速，m/s；

n——与大气稳定度有关的指数。在中性层结条件下，且地形开阔平坦只有少量地表覆盖物时，$n=1/7$。

空气的大规模运动形成风。地球两极和赤道之间大气的温差、陆地与海洋之间的温差以及陆地上局部地貌不同之间的温差对空气产生的热力作用，形成各种类型风，如海陆风、季风、山谷风、峡谷风等。

当气压基本不变时，日出后由于地面吸收太阳的辐射，由底部气层开始的热涡流上升运动逐渐增强，使大气上下混合强度增大，因此下层风速渐大，一般在午后达到最大值；而夜间在地面的冷却作用下，湍流活动减弱直至停止，使下层风速减小乃至静止。反之，高层大气的白天风速最小，夜间风速最大。

海陆风出现在沿海地区，是由于海陆接壤区域的地理差异产生的热力效应，形成以一天为周期而变化的大气局部环流。在吸收相同热量的条件下，由于陆地的热容量小于海水，因此地表温度的升降变化比海水快。白天，阳光照射下的陆地温升比海洋快，近地层陆地上空的气温高于海面上空，空气密度小而上升，因此产生水平气压梯度，低层气压低于海上，于是下层空气从海面上流向陆地，称为海风；而陆地高层空间的气压高于海上，气流由陆地流向海洋，从而在这一区域形成空气的闭合环流。夜间，陆地温降又比海洋快，近地气层的气温低于海面上的气温，形成了高于海面上的气压，于是下层空气从陆地流向海上，称为陆风，并与高空的逆向气流形成闭合环流。海陆风的流动示意图如图 6-2 所示。

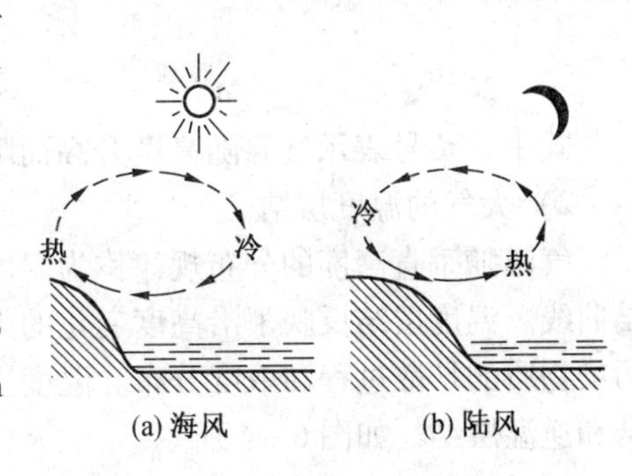

图 6-2 海陆风的流动示意图

海陆风的影响区域有限。海风高约 1000 m，一般深入到陆地 20~40 km 处，最大风力为 5~6 级；陆风高约 100~300 m，延伸到海上 8~10 km 处，风力不超过 3 级。在内陆的江河湖泊岸边，也会出现类似的环流，但强度和活动范围均较小。

季风也是由于陆地和海洋的地理差异产生的热力效应，形成以一年四季为周期而变化的大气环流，但影响的范围比海陆风大得多。夏季，大陆上空的气温高于海洋上空，形成低层空气从海洋流向大陆，而高层大气相反流动，于是构成了夏季的季风环流，类似于白天海风环流的循环。冬季，大陆上空的气温低于海洋上空，形成低层空气从大陆流向海洋，高层大气由海洋流向大陆的冬季的季风环流，类似于夜间陆风环流的循环。我国处于太平洋西岸和印度洋东北侧，夏季大陆盛行东南风，西南地区吹西南风；冬季大陆盛行西北风，西南地区吹东北风。

山谷风是山区地理差异产生的热力作用而引起的另外一种局地风，也是以一天为周期循环变化。白天，山坡吸收较强的太阳辐射，气温增高，因空气密度小而上升，形成空气从谷底沿山坡向上流动，称为谷风；同时在高空产生由山坡指向山谷的水平气压梯度，从而产生谷底上空的下降气流，形成空气的热力循环。夜间，山坡的冷却速度快，气温比同高度的谷底上空低，空气密度大，使得空气沿山坡向谷底流动，形成山风，同时构成与白天反向的热力环流。山谷风的流动示意图如图 6 - 3 所示。

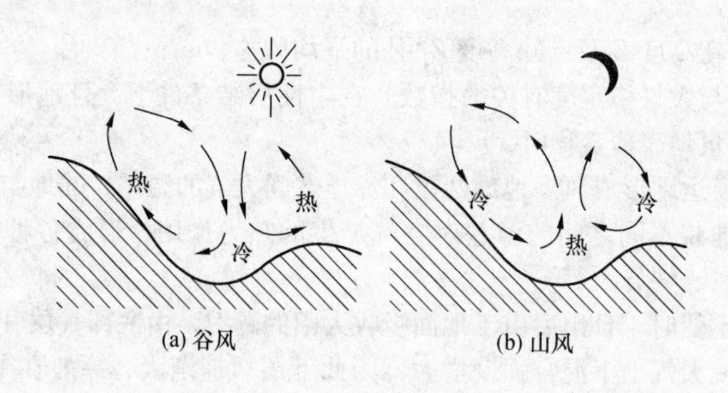

图 6 - 3　山谷风的流动示意图

峡谷风是由于气流从开阔地区进入流动截面积缩小的狭窄峡谷口时，因气流加速而形成的顺峡谷流动的强风。

3. 大气温度的垂直分布

1）气温直减率

实际大气的气温沿垂直高度的变化率称为气温垂直递减率，简称气温直减率，可用参数 γ 表示：

$$\gamma = -\left(\frac{\partial T}{\partial Z}\right) \tag{6-3}$$

式中，负号表示气温随高度升高而降低。

2）大气的温度层结

气温随垂直高度的分布规律称为温度层结，因此坐标图上气温变化曲线也称为温度层结曲线。温度层结反映了沿高度变化的大气状况是否稳定，其直接影响空气的运动，以及污染物质的扩散过程和浓度分布。温度层结曲线的 3 种基本类型包括：递减层结、等温层结和逆温层结，如图 6 - 4 所示。

（1）递减层结。气温沿高度增加而降低，即 $\gamma > 0$。递减层结属于正常分布，一般出现在晴朗的白天，风力较小的天气。地面由于吸收太阳辐射温度升高，使近地空气也得以加热，气温沿高度逐渐递减。此时上升空气团的降温速度比周围气温慢，空气团处于加速上升运动，大气为不稳定状态。

(2) 等温层结。气温沿高度增加不变，即 $\gamma=0$。等温层结多出现于阴天、多云或大风时，由于太阳的辐射被云层吸收和反射，地面吸热减少，此外晚上云层又向地面辐射热量，大风使得空气上下混合强烈，这些因素导致气温在垂直方向上变化不明显。此时上升空气团的降温速度比周围气温快，上升运动将减速并转而返回，大气趋于稳定状态。

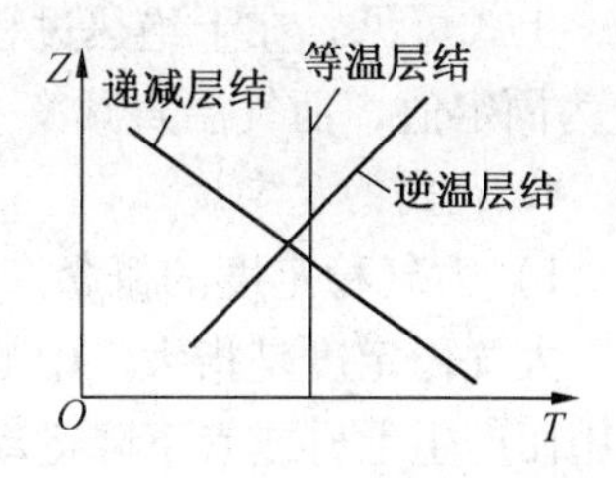

图 6-4　大气温度层结示意图

(3) 逆温层结。气温沿高度增加而升高，即 $\gamma<0$。逆温层结简称逆温，其形成有多种机理。当出现逆温时，大气在竖直方向的运动基本停滞，处于强稳定状态。通常，按逆温层的形成过程又分为辐射逆温、下沉逆温、湍流逆温、平流逆温、锋面逆温等类型。

3) 干绝热直减率

考察一团在大气中做垂直运动的干空气，如果干空气在运动中与周围空气不发生热量交换，则称为绝热过程。当干气团垂直运动在递减层结时，气团的温度变化与气压变化相反。若气团的压力沿高度发生显著变化，则气温变化引起的气团内能变化与气压变化导致的气团做功相当，此时可忽略气团与周围大气的热交换，视为绝热过程。干气团绝热上升时，因周围气压减小而膨胀，消耗大部分内能对周围大气做膨胀功，则气团温度显著降低。干气团绝热下降时，因周围气压增大被压缩，外界的压缩功大部分转化为气团的内能增量，气团温度明显上升。

干气团在绝热垂直运动过程中，升降单位距离（通常取 100 m）的温度变化值称为干空气温度的绝热垂直递减率，简称干绝热直减率 γ_d，即：

$$\gamma_d=-\left(\frac{\partial T}{\partial Z}\right) \tag{6-4}$$

干气团在垂直升降过程中服从热力学第一定律，即：

$$q=\Delta u+w \tag{6-5}$$

气团可视为理想气体，并设气团的压力与周围大气的气压随时保持平衡，在绝热过程中有 $dq=0$，则式（6-5）可改写为：

$$dq=c_v dT+v dp=0 \tag{6-6}$$

气团的物理状态可用理想气体状态方程来描述，即：

$$pv=RT \tag{6-7}$$

$$p dv+v dp=R dT \tag{6-8}$$

由式（6-6）及式（6-8）可得：

$$v dp=c_p dT \tag{6-9}$$

式中　c_p——干空气比定压热容，$c_p=cv+R=1004\ \text{J/(kg·K)}$。

将式（6-1）代入式（6-9），并近似地视气团的密度 r 与比体积 v 互为倒数，得：

$$\gamma_d=-\frac{dT}{dZ}=\frac{g}{c_p}\approx 1\ \text{K/100 m} \tag{6-10}$$

上式可见，在干绝热过程中，气团每上升或下降 100 m，温度约降低或升高 1 K，即 γ_d 为固定值，而气温直减率 γ 则随时间和空间变化，这是两个不同的概念。

4. 大气的稳定度

1）大气稳定度的概念

大气稳定度是指大气中的某一气团在垂直方向上的稳定程度。一团空气受到某种外力作用而产生上升或者下降运动，当运动到某一位置时外力消除，此后气团的运动可能出现 3 种情况：①气团仍然继续加速向前运动，这时的大气称为不稳定大气；②气团不加速也不减速而做匀速运动，或趋向停留在外力去除时所处的位置，这时的大气称为中性大气；③气团逐渐减速并有返回原先高度的趋势，这时的大气称为稳定大气。

设某一气团在外力作用下上升了一段距离 dz，在新位置的状态参数为 p_i、r_i 及 T_i，它周围大气的状态参数为 p、r 及 T。外力消除后，单位体积气团受到重力 $r_i g$ 和浮升力 rg 的共同作用，产生垂直方向的升力（$r - r_i$）g，其加速度为：

$$a = \frac{\rho - \rho_i}{\rho_i} g \tag{6-11}$$

假定移动过程中气团的压力与周围大气的气压随时保持平衡，即 $p_i = p$，则由状态方程可得 $r_i T_i = rT$，代入上式则得

$$a = \frac{T_i - T}{T} g \tag{6-12}$$

上式可见，在新位置上，$T_i > T$，则 $a > 0$，即气团的温度大于周围大气温度时，气团仍然加速，表明大气是不稳定的；若 $T_i < T$，则 $a < 0$，气团减速，表明大气稳定。因为气团的温度难以确定，实际上很难用上式判别大气稳定度。

假定在初始位置时，气团与周围空气的温度相等，均为 T_0，其绝热上升 dz 距离后，气团温度为 $T_i = T_0 - \gamma_d \mathrm{d}z$，周围气温为 $T = T_0 - \gamma \mathrm{d}z$，式（6－12）则变为：

$$a = g \frac{\gamma - \gamma_d}{T} \mathrm{d}z \tag{6-13}$$

由式（6－13）可分析大气的稳定性，在 $\gamma > 0$ 的区域，当 $\gamma > \gamma_d$ 时，$a > 0$，气团加速，大气为不稳定；当 $\gamma = \gamma_d$ 时，$a = 0$，大气为中性；当 $\gamma < \gamma_d$ 时，$a < 0$，气团减速，大气为弱稳定，而出现等温层结与逆温层结时，即 $\gamma \leq 0$，则大气处于强稳定状态，图 6－5 为大气稳定度分析图。分析可见，干绝热直减率 $\gamma_d = 1$ K/100 m 可作为大气稳定性的判据，可用当地实际气层的 γ 与其比较，以此判断大气的稳定度。

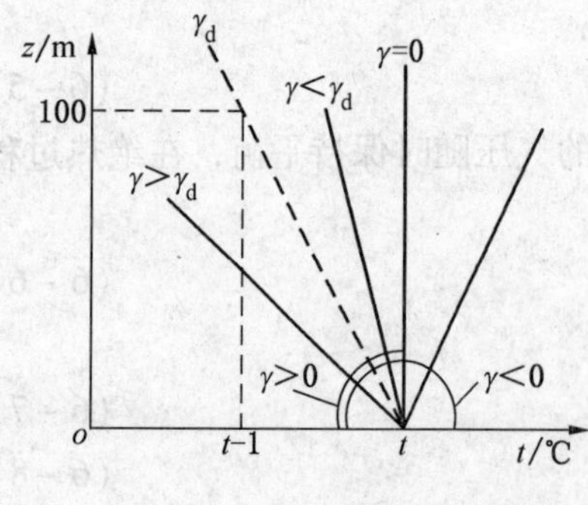

图 6－5 大气稳定度分析图

大气稳定度对污染物在大气中的扩散有很大影响。大气越不稳定，污染物的扩散速率就越快；反之，则越慢。

2）大气稳定度的分类

大气稳定度与天气现象、时空尺度及地理条件密切相关，其级别的准确划分非常困难。目前国内外对大气稳定度的分类方法已多达十余种，应用较广泛的有帕斯奎尔（Pasquill）法和特纳尔（Turner）法。帕斯奎尔法用地面风速（距离地面高度 10 m）、白天的太阳辐射状况（分为强、中、弱、阴天等）或夜间云量的大小将稳定度分为 A ~ F 6 个级别，见表 6 - 1。

表 6 - 1　大气稳定度等级

地面风速（距地面10 m 处）/（m · s^{-1}）	白天太阳辐射			阴天的白天或夜间	有云的夜间	
	强	中	弱		薄云遮天或低云≥5/10	云量≤4/10
<2	A	A ~ B	B	D		
2 ~ 3	A ~ B	B	C	D	E	F
3 ~ 5	B	B ~ C	C	D	D	E
5 ~ 6	C	C ~ D	D	D	D	D
>6	D	D	D	D	D	D

帕斯奎尔法虽然可以利用常规气象资料确定大气稳定度等级，简单易行，应用方便，但这种方法没有确切地描述太阳的辐射强度，云量的确定也不准确，较为粗略，为此特纳尔作了改进与补充。

特纳尔方法首先根据某地、某时及太阳倾角的太阳高度 θ_h 和云量（全天空为十分制），确定太阳辐射等级，再由太阳的辐射等级和距地面高度 10 m 的平均风速确定大气稳定度的级别。我国采用特纳尔方法，太阳高度角 θ_h 可按下式计算：

$$\theta_h = \arcsin[\sin\varphi\sin\delta + \cos\varphi\cos\delta\cos(15t + \lambda - 300)] \tag{6-14}$$

式中　φ、λ——当地地理纬度、经度，（°）；

t——观测时的北京时间，h；

δ——太阳倾角（赤纬），（°），其概略值见表 6 - 2。

表 6 - 2　太阳倾角（赤纬）概略值 δ/(°)

月份	1	2	3	4	5	6	7	8	9	10	11	12
上旬	-22	-15	-5	6	17	22	22	17	7	-5	-15	-22
中旬	-21	-12	-2	10	19	23	21	14	3	-8	-18	-23
下旬	-19	-9	2	13	23	23	19	11	-1	-12	-21	-23

我国提出的太阳辐射等级见表 6 - 3，表中总云量和低云量由地方气象观测资料确定。大气稳定度等级见表 6 - 4，表中地面平均风速指离地面 10 m 高度处 10 min 的平均风速。

（二）湍流与湍流扩散理论

1. 湍流

低层大气中的风向是不断变化的，上下左右出现摆动；同时，风速也是时强时弱，形成迅速的阵风起伏。风的这种强度与方向随时间不规则的变化形成的空气运动称为大气湍流。湍流运动是由无数结构紧密的流体微团——湍涡组成，其特征量的时间与空间分布都具有随机性，但它们的统计平均值仍然遵循一定的规律。大气湍流的流动特征尺度一般取

表6-3 我国太阳辐射等级

总云量/低云量	夜间	太阳高度角 θ_h			
		$\theta_h \leq 15°$	$15° < \theta_h \leq 35°$	$35° < \theta_h \leq 65°$	$\theta_h > 65°$
≤4/≤4	-2	-1	+1	+2	+3
5~7/≤4	-1	0	+1	+2	+3
≥8/≤4	-1	0	0	+1	+1
≥5/5~7	0	0	0	0	+1
≥8/≥8	0	0	0	0	0

表6-4 大气稳定度等级

地面平均风速/(m·s^{-1})	太阳辐射等级					
	+3	+2	+1	0	-1	-2
≤1.9	A	A~B	B	D	E	F
2~2.9	A~B	B	C	D	E	F
3~4.9	B	B~C	C	D	D	E
5~5.9	C	C~D	D	D	D	D
≥6	C	D	D	D	D	D

离地面的高度，比流体在管道内流动时要大得多，湍涡的大小及其发展基本不受空间的限制，因此在较小的平均风速下就能有很高的雷诺数，从而达到湍流状态。所以近地层的大气始终处于湍流状态，尤其在大气边界层内，气流受下垫面影响，湍流运动更为剧烈。大气湍流造成流场各部分强烈混合，能使局部的污染气体或微粒迅速扩散。烟团在大气的湍流混合作用下，由湍涡不断把烟气推向周围空气中，同时又将周围的空气卷入烟团，从而形成烟气的快速扩散稀释过程。

烟气在大气中的扩散特征取决于是否存在湍流以及湍涡的尺度（直径），如图6-6所示。图6-6a为无湍流时，烟团仅仅依靠分子扩散使烟团长大，烟团的扩散速率非常缓慢，其扩散速率比湍流扩散小5~6个数量级；图6-6b为烟团在远小于其尺度的湍涡中扩散，由于烟团边缘受到小湍涡的扰动，逐渐与周边空气混合而缓慢膨胀，浓度逐渐降低，烟流几乎呈直线向下风运动；图6-6c为烟团在与其尺度接近的湍涡中扩散，在湍涡的切入卷出作用下烟团被迅速撕裂，大幅度变形，横截面快速膨胀，因而扩散较快，烟流呈小摆幅曲线向下风运动；图6-6d为烟团在远大于其尺度的湍涡中扩散，烟团受大湍涡的卷吸扰动影响较弱，其本身膨胀有限，烟团在大湍涡的夹带下做较大摆幅的蛇形曲线运动。实际上烟云的扩散过程通常不是仅由上述单一情况所完成，因为大气中同时并存的湍涡具有各种不同的尺度。

根据湍流的形成与发展趋势，大气湍流可分为机械湍流和热力湍流两种形式。机械湍流是因地面的摩擦力使风在垂直方向产生速度梯度，或者由于地面障碍物（如山丘、树木与建筑物等）导致风向与风速的突然改变而造成的。热力湍流主要是由于地表受热不均匀，或因大气温度层结不稳定，在垂直方向产生温度梯度而造成的。一般近地面的大气

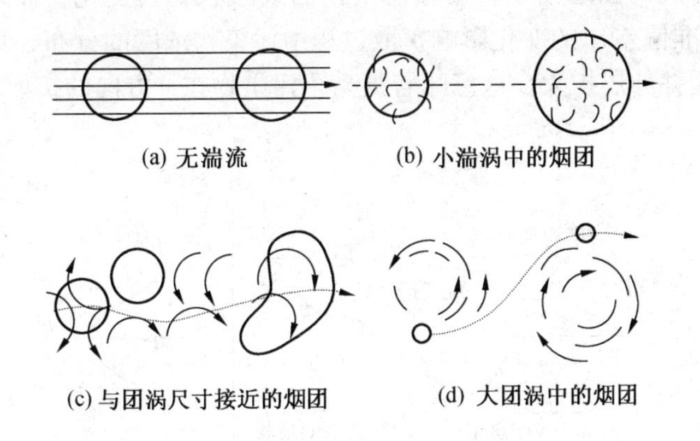

图 6-6 烟气在大气中的扩散特征图

湍流总是机械湍流和热力湍流的共同作用，其发展、结构特征及强弱取决于风速的大小、地面障碍物形成的粗糙度和低层大气的温度层结状况。

2. 湍流扩散与正态分布的基本理论

气体污染物进入大气后，一面随大气整体飘移，同时由于湍流混合，使污染物从高浓度区向低浓度区扩散稀释，其扩散程度取决于大气湍流的强度。大气污染的形成及其危害程度在于有害物质的浓度及其持续时间，大气扩散理论就是用数理方法来模拟各种大气污染源在一定条件下的扩散稀释过程，用数学模型计算和预报大气污染物浓度的时空变化规律。

研究物质在大气湍流场中的扩散理论主要有 3 种：梯度输送理论、相似理论和统计理论。针对不同的原理和研究对象，形成了不同形式的大气扩散数学模型。由于数学模型建立时作了一些假设，以及考虑气象条件和地形地貌对污染物在大气中扩散的影响而引入的经验系数，目前的各种数学模式都有较大的局限性，应用较多的是采用湍流统计理论体系的高斯扩散模式。

图 6-7 所示为采用统计学方法研究污染物在湍流大气中的扩散模型。假定从原点释放出一个粒子在稳定均匀的湍流大气中飘移扩散，平均风向与 x 轴同向。湍流统计理论认为，由于存在湍流脉动作用，粒子在各方向（如图中 y 方向）的脉动速度随时间而变化，因而粒子的运动轨迹也随之变化。若平均时间间隔足够长，则速度脉动值的代数和为零。如果从原点释放出许多粒子，经过一段时间 T 之后，这些粒子的浓度趋于一个稳定的统计分布。湍流扩散理论（K 理论）和统计理论的分析均表明，粒子浓度沿 y 轴符合正态分布。正态分布的密度函数 $f(y)$ 的一般形式为：

$$f(y)=\frac{1}{\sqrt{2\pi}\sigma}\exp\left[\frac{-(y-\mu)^2}{2\sigma^2}\right]\quad(-\infty<x<+\infty,\sigma>0)\tag{6-15}$$

式中 σ 为标准偏差，是曲线任一侧拐点位置的尺度；μ 为任何实数。

图 6-7 中的 $f(y)$ 曲线即为 $\mu=0$ 时的高斯分布密度曲线。它有两个性质，一是曲线关于 $y=\mu$ 的轴对称；二是当 $y=\mu$ 时，有最大值 $f(\mu)=1/\sqrt{2\pi}\sigma$，即：这些粒子在 $y=\mu$ 轴上的浓度最高。如果 μ 值固定而改变 σ 值，曲线形状将变尖或变得平缓；如果 σ 值固

定而改变μ值，$f(y)$的图形沿y轴平移。不论曲线形状如何变化，曲线下的面积恒等于1。分析可见，标准偏差σ的变化影响扩散过程中污染物浓度的分布，增加σ值将使浓度分布函数趋于平缓并伸展扩大，这意味着提高了污染物在y方向的扩散速度。

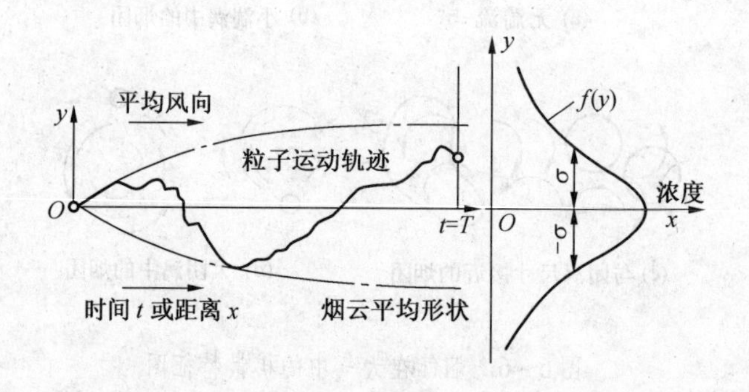

图6-7　污染物在湍流大气中的扩散模型图

高斯在大量实测资料的基础上，应用湍流统计理论得出了污染物在大气中的高斯扩散模式。虽然污染物浓度在实际大气扩散中不能严格符合正态分布的前提条件，但大量小尺度扩散试验证明，正态分布是一种可以接受的近似情况。

1）连续点源的扩散

连续点源一般指排放大量污染物的烟囱、放散管、通风口等。排放口安置在地面的称为地面点源，处于高空位置的称为高架点源。

(1) 大空间点源扩散

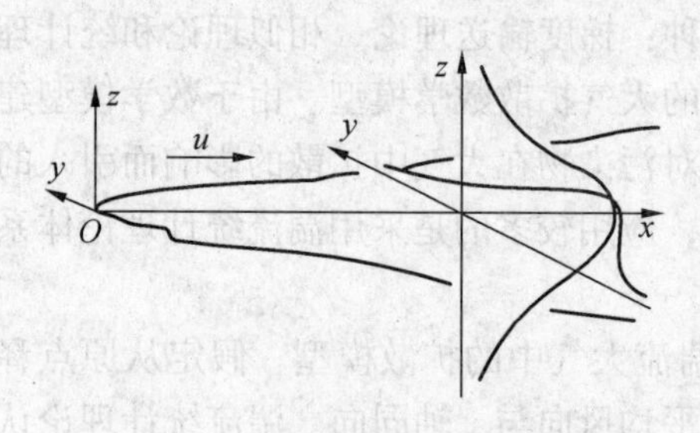

图6-8　点源的高斯扩散模式示意图

高斯扩散公式的建立有如下假设：①风的平均流场稳定，风速均匀，风向平直；②污染物的浓度在y、z轴方向符合正态分布；③污染物在输送扩散中质量守恒；④污染源的源强均匀、连续。图6-8所示为点源的高斯扩散模式示意图。

有效源位于坐标原点O处，平均风向与x轴平行，并与x轴正向同向。假设点源在没有任何障碍物的自由空间扩散，不考虑下垫面的存在。大气中的扩散是具有y与z两个坐标方向的二维正态分布，当两坐标方向的随机变量独立时，分布密度为每个坐标方向的一维正态分布密度函数的乘积。由正态分布的假设条件②，参照正态分布函数的一般形式式（6-15），取$\mu=0$，则在点源下风向任一点的浓度分布函数为：

$$C(x,y,z)=A(x)\exp\left[-\frac{1}{2}\left(\frac{y^2}{\sigma_y^2}+\frac{z^2}{\sigma_z^2}\right)\right] \tag{6-16}$$

式中　C——空间点（x，y，z）的污染物的浓度，mg/m^3；

$A(x)$——待定函数；

σ_y、σ_z——水平、垂直方向的标准差，即y、z方向的扩散参数，m。

由守恒和连续假设条件③和④，在任一垂直于 x 轴的烟流截面上有：

$$q = \int_{-\infty}^{+\infty}\int_{-\infty}^{+\infty} uC\mathrm{d}y\mathrm{d}z \tag{6-17}$$

式中　q——源强，即单位时间内排放的污染物，μg/s；

u——平均风速，m/s。

将式（6-16）代入式（6-17），由风速稳定假设条件①，A 与 y、z 无关，考虑到 $\int_{-\infty}^{+\infty}\exp(-t^2/2)\mathrm{d}t = \sqrt{2\pi}$、③和④，积分可得待定函数 $A(x)$：

$$A(x) = \frac{q}{2\pi u\sigma_y\sigma_z} \tag{6-18}$$

将式（6-18）代入式（6-16），得大空间连续点源的高斯扩散模式

$$C(x,y,z) = \frac{q}{2\pi u\sigma_y\sigma_z}\exp\left[-\frac{1}{2}\left(\frac{y^2}{\sigma_y^2}+\frac{z^2}{\sigma_z^2}\right)\right] \tag{6-19}$$

式中，扩散系数 σ_y、σ_z 与大气稳定度和水平距离 x 有关，并随 x 的增大而增加。当 $y=0$，$z=0$ 时，$A(x)=C(x,0,0)$，即 $A(x)$ 为 x 轴上的浓度，也是垂直于 x 轴截面上污染物的最大浓度点 $C_{\max}$。当 $x\to\infty$，σ_y 及 $\sigma_z\to\infty$，则 $C\to 0$，表明污染物以在大气中得以完全扩散。

（2）高架点源扩散

在点源的实际扩散中，污染物可能受到地面障碍物的阻挡，因此应当考虑地面对扩散的影响，处理的方法是：或者假定污染物在扩散过程中的质量不变，到达地面时不发生沉降或化学反应而全部反射；或者污染物在没有反射而被全部吸收，实际情况应在这两者之间。

点源在地面上的投影点 O 作为坐标原点，有效源位于 z 轴上某点，$z=H$。高架有效源的高度由两部分组成，即 $H=h+\Delta h$，其中 h 为排放口的有效高度，Δh 是热烟流的浮升力和烟气以一定速度竖直离开排放口的冲力使烟流抬升的一个附加高度，如图6-9所示。

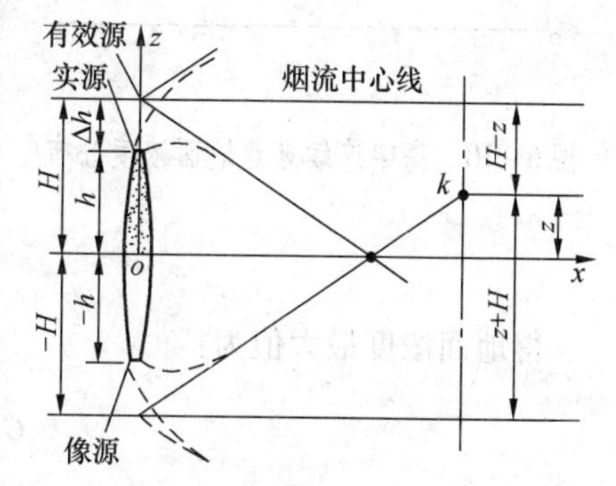

图6-9　地面全反射的高架连续点源扩散图

当污染物到达地面后被全部反射时，可以按照全反射原理，用像源法来求解空间某点 k 的浓度。图6-9中 k 点的浓度显然比大空间点源扩散式（6-19）计算值大，它是位于（0，0，H）的实源在 k 点扩散的浓度和反射回来的浓度的叠加。反射浓度可视为由一与实源对称的位于（0，0，$-H$）的像源（假想源）扩散到 k 点的浓度。由图6-9可见，k 点在以实源为原点的坐标系中的垂直坐标为（$z-H$），则实源在 k 点扩散的浓度为式（6-19）的坐标沿 z 轴向下平移距离 H：

$$C_s = \frac{q}{2\pi u\sigma_y\sigma_z}\exp\left\{-\frac{1}{2}\left[\frac{y^2}{\sigma_y^2}+\frac{(z-H)^2}{\sigma_z^2}\right]\right\} \tag{6-20}$$

k 点在以像源为原点的坐标系中的垂直坐标为（$z+H$），则像源在 k 点扩散的浓度为

式（6－19）的坐标沿 z 轴向上平移距离 H：

$$C_x=\frac{q}{2\pi u\sigma_y\sigma_z}\exp\left\{-\frac{1}{2}\left[\frac{y^2}{\sigma_y^2}+\frac{(z+H)^2}{\sigma_z^2}\right]\right\} \tag{6-21}$$

由此，实源 C_s 与像源 C_x 之和即为 k 点的实际污染物浓度：

$$C(x,y,z,H)=\frac{q}{2\pi\bar{u}\sigma_y\sigma_z}\exp\left(\frac{-y^2}{2\sigma_y^2}\right)\left\{\exp\left[\frac{-(z-H)^2}{2\sigma_z^2}\right]+\exp\left[\frac{-(z+H)^2}{2\sigma_z^2}\right]\right\} \tag{6-22}$$

若污染物到达地面后被完全吸收，则 $C_x=0$，污染物浓度 C（x，y，z，H）$=C_s$，即式（6－20）。

实际中，高架点源扩散问题中最关心的是地面浓度的分布状况，尤其是地面最大浓度值和它离源头的距离。在式（6－22）中，令 $z=0$，可得高架点源的地面浓度公式：

$$C(x,y,0,H)=\frac{q}{\pi u\sigma_y\sigma_z}\exp\left[-\frac{1}{2}\left(\frac{y^2}{\sigma_y^2}+\frac{H^2}{\sigma_z^2}\right)\right] \tag{6-23}$$

上式中进一步令 $y=0$ 则可得到沿 x 轴线上的浓度分布：

$$C(x,0,0,H)=\frac{q}{\pi u\sigma_y\sigma_z}\exp\left(-\frac{H^2}{2\sigma_z^2}\right) \tag{6-24}$$

地面浓度分布如图 6－10 所示。

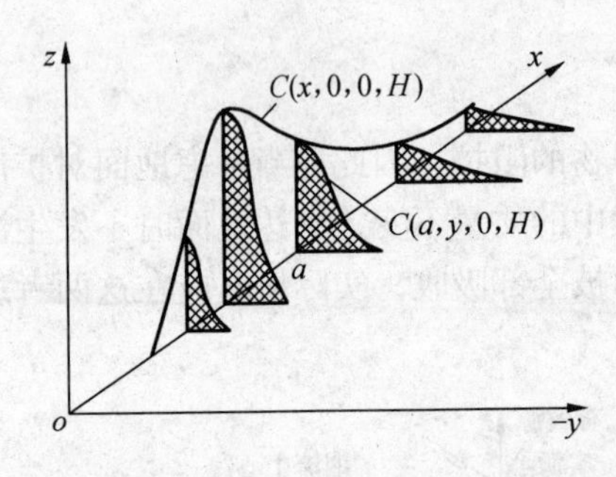

图 6－10　高架连续点源地面浓度分布

由图可知，y 方向的浓度以 x 轴为对称轴按正态分布；沿 x 轴线上，在污染物排放源附近地面浓度接近于零，然后顺风向不断增大，在离源一定距离时的某处，地面轴线上的浓度达到最大值，以后又逐渐减小。

地面最大浓度值 $C_{\max}$ 及其离源的距离 $x_{\max}$ 可以由式（6－24）求导并取极值得到。令 $\partial C/\partial x=0$，由于 σ_y、σ_z 均为 x 的未知函数，最简单的情况可假定 $\sigma_y/\sigma_z=$ 常数，则当

$$\sigma_z\bigg|_{x=x_{\max}}=\frac{H}{\sqrt{2}} \tag{6-25}$$

得地面浓度最大值为：

$$C_{\max}=\frac{2q}{\pi euH^2}=\frac{\sigma_z}{\sigma_y} \tag{6-26}$$

由式（6－25）可以看出，有效源 H 越高，$x_{\max}$ 处的 σ_z 值越大，而 $\sigma_z\propto x_{\max}$，则 $C_{\max}$ 出现的位置离污染源的距离越远。式（6－26）表明，地面上最大浓度 $C_{\max}$ 与有效源高度的平方及平均风速成反比，增加 H 可以有效地防止污染物在地面某一局部区域的聚积。

式（6－25）和式（6－26）是在估算大气污染时经常选用的计算公式。由于它们是在 σ_y/σ_z 为常数的假定下得到的，应用于小尺度湍流扩散更合适。除了极稳定或极不稳定的大气条件，通常可设 $\sigma_y/\sigma_z=2$ 估算最大地面浓度，其估算值与孤立高架点源（如电厂烟囱）附近的环境监测数据比较一致。通过理论或经验的方法可得 $\sigma_z=f(x)$ 的具体表达式，代入式（6－25）可求出最大浓度点离源的距离 $x_{\max}$，具体可查阅《制定地方大气污染物排放标准的技术方法》（GB/T 3840—1991）。

(3) 地面点源扩散

对于地面点源，则有效源高度 $H=0$。当污染物到达地面后被全部反射时，可令式（6－22）中 $H=0$，即得出地面连续点源的高斯扩散公式：

$$C(x,y,z,0)=\frac{q}{\pi u\sigma_y\sigma_z}\exp\left[-\frac{1}{2}\left(\frac{y^2}{\sigma_y^2}+\frac{z^2}{\sigma_z^2}\right)\right] \tag{6-27}$$

其浓度是大空间连续点源扩散式（6－19）或地面无反射高架点源扩散式（6－20）在 $H=0$ 时的两倍，说明烟流的下半部分完全对称反射到上部分，使得浓度加倍。若取 y 与 z 等于零，则可得到沿 x 轴线上的浓度分布：

$$C(x,0,0,0)=\frac{q}{\pi u\sigma_y\sigma_z} \tag{6-28}$$

如果污染物到达地面后被完全吸收，其浓度即为地面无反射高架点源扩散式（6－20）在 $H=0$ 时的浓度，也即大空间连续点源扩散式（6－19）。

高斯扩散模式的一般适用条件是：①地面开阔平坦，性质均匀，下垫面以上大气湍流稳定；②扩散处于同一大气温度层结中，扩散范围小于 10 km；③扩散物质随空气一起运动，在扩散输送过程中不产生化学反应，地面也不吸收污染物而全反射；④平均风向和风速平直稳定，且 $u>1\sim2$ m/s。

高斯扩散模式适应大气湍流的性质，物理概念明确，估算污染浓度的结果基本上能与实验资料相吻合，且只需利用常规气象资料即可进行简单的数学运算，因此使用最为普遍。

2）连续线源的扩散

当污染物沿一水平方向连续排放时，可将其视为一线源，如汽车行驶在平坦开阔的公路上。线源在横风向排放的污染物浓度相等，这样，可将点源扩散的高斯模式对变量 y 积分，即可获得线源的高斯扩散模式。但由于线源排放路径相对固定，具有方向性，若取平均风向为 x 轴，则线源与平均风向未必同向。所以线源的情况较复杂，应当考虑线源与风向夹角以及线源的长度等问题。

如果风向和线源的夹角 $\beta>45°$，无限长连续线源下风向地面浓度分布为：

$$C(x,0,H)=\frac{\sqrt{2}q}{\sqrt{\pi}u\sigma_z\sin\beta}\exp\left(-\frac{H^2}{2\sigma_z^2}\right) \tag{6-29}$$

当 $\beta<45°$ 时，以上模式不能应用。如果风向和线源的夹角垂直，即 $\beta=90°$，可得：

$$C(x,0,H)=\frac{\sqrt{2}q}{\sqrt{\pi}u\sigma_z}\exp\left(-\frac{H^2}{2\sigma_z^2}\right) \tag{6-30}$$

对于有限长的线源，线源末端引起的“边缘效应”将对污染物的浓度分布有很大影响。随着污染物接受点距线源的距离增加，“边源效应”将在横风向距离的更远处起作用。因此在估算有限长污染源形成的浓度分布时，“边源效应”不能忽视。对于横风向的有限长线源，应以污染物接受点的平均风向为 x 轴。若线源的范围是从 y_1 到 y_2，且 $y_1<y_2$，则有限长线源地面浓度分布为：

$$C(x,0,H)=\frac{\sqrt{2}q}{\sqrt{\pi}u\sigma_z}\exp\left(-\frac{H^2}{2\sigma_z^2}\right)\int_{s_1}^{s_2}\frac{1}{\sqrt{2\pi}}\exp\left(-\frac{s^2}{2}\right)\mathrm{d}y \tag{6-31}$$

式中，$s_1=y_1/\sigma_y$，$s_2=y_2/\sigma_y$，积分值可从正态概率表中查出。

3）连续面源的扩散

当众多的污染源在一地区内排放时，如城市中家庭炉灶的排放，可将它们作为面源来处理。因为这些污染源排放量很小但数量很大，若依点源来处理，将是非常繁杂的计算工作。

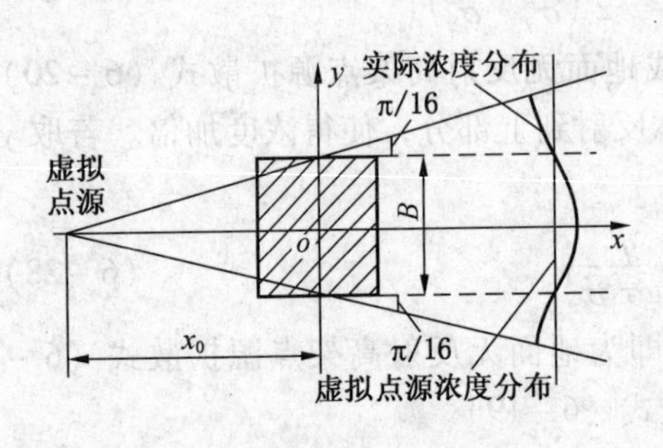

图 6－11　虚拟点源模型

常用的面源扩散模式为虚拟点源法，即将城市按污染源的分布和高低不同划分为若干个正方形，每一正方形视为一个面源单元，边长一般在 0.5～10 km 选取。这种方法假设：①有一距离为 x_0 的虚拟点源位于面源单元形心的上风处；②面源单元向下风向扩散的浓度可用虚拟点源在下风向造成的同样的浓度所代替，如图 6－11 所示。

由图 6－11 可知，虚拟点源在面源单元中心线处产生的烟流宽度为 $2y_0=4.3\sigma_{y_0}$，等于面源单元宽度 B。根据污染物在面源范围内的分布状况，可分为以下两种虚拟点源扩散模式：

第一种扩散模式假定污染物排放量集中在各面源单元的形心上。由假设①可得：

$$\sigma_{y_0}=\frac{B}{4.3} \tag{6－32}$$

由确定的大气稳定度级别和上式求出的 σ_{y_0}，应用 $P-G$ 曲线图（见下节）可查取 x_0。再由（x_0+x）分布查出 σ_y 和 σ_z，则面源下风向任一处的地面浓度由下式确定：

$$C=\frac{q}{\pi u\sigma_y\sigma_z}\exp\left(-\frac{H^2}{2\sigma_z^2}\right) \tag{6－33}$$

上式即为点源扩散的高斯模式（6－24），式中 H 取面源的平均高度，单位为 m。

如果排放源相对较高，而且高度相差较大，也可假定 z 方向上有一虚拟点源，由源的最初垂直分布的标准差确定 σ_{z_0}，再由 σ_{z_0} 求出 X_{z_0}，由 $X_{z_0}+X$ 求出 σ_z，由（x_0+x）求出 σ_y，最后代入式（6－33）求出地面浓度。

第二种扩散模式假定污染物浓度均匀分布在面源的 y 方向，且扩散后的污染物全都均匀分布在长为 $\pi(x_0+x)/8$ 的弧上，如图 6－11 所示。因此，利用式（6－32）求 σ_y 后，由稳定度级别应用 $P-G$ 曲线图查出 x_0，再由（x_0+x）查出 σ_z，则面源下风向任一点的地面浓度由下式确定：

$$C=\sqrt{\frac{2}{\pi}}\frac{q}{u\sigma_z\pi(x_0+x)/8}\exp\left(-\frac{H^2}{2\sigma_z^2}\right) \tag{6－34}$$

3. 扩散参数及烟流抬升高度的确定

高斯扩散公式的应用效果依赖于公式中的各个参数的准确程度，尤其是扩散参数 σ_y、σ_z 及烟流抬升高度 Δh 的估算。其中，平均风速 u 取多年观测的常规气象数据；源强 q 可以计算或测定，而 σ_y、σ_z 及 Δh 与气象条件和地面状况密切相关。

1）扩散参数 σ_y、σ_z 的估算

扩散参数 σ_y、σ_z 是表示扩散范围及速率大小的特征量，也即正态分布函数的标准差。为了能较符合实际地确定这些扩散参数，许多研究工作致力于把浓度场和气象条件结合起

来，提出了各种符合实验条件的扩散参数估计方法。其中应用较多的是由帕斯奎尔（Pasquill）和吉福特（Gifford）提出的扩散参数估算方法，也称为 $P-G$ 扩散曲线，如图 6－12 和图 6－13 所示。由图可见，只要利用当地常规气象观测资料，由表 6－1 查取帕斯奎尔大气稳定度等级，即可确定扩散参数。扩散参数 σ 具有如下规律：①σ 随着离源距离增加而增大；②不稳定大气状态时的 σ 值大于稳定大气状态，因此大气湍流运动越强，σ 值越大；③以上两种条件相同时，粗糙地面上的 σ 值大于平坦地面。

由于利用常规气象资料便能确定帕斯奎尔大气稳定度，因此 $P-G$ 扩散曲线简便实用。但是，$P-G$ 扩散曲线是利用观测资料统计结合理论分析得到的，其应用具有一定的经验性和局限性。σ_y 是利用风向脉动资料和有限的扩散观测资料作出的推测估计，σ_z 是在近距离应用了地面源在中性层结时的竖直扩散理论结果，也参照一些扩散试验资料后的推算，而稳定和强不稳定两种情况的数据纯系推测结果。一般，$P-G$ 扩散曲线较适用于近地源的小尺度扩散和开阔平坦的地形。实践表明，σ_y 的近似估计与实际状况比较符合，但要对地面粗糙度和取样时间进行修正；σ_z 的估计值与温度层结的关系很大，适用于近地源的 1 km 以内的扩散。因此，大气扩散参数的准确定量描述仍是深入研究的课题。

估算地面最大浓度值 C_{max} 及其离源的距离 x_{max} 时，可先按式（6－25）计算出 σ_z，并由图 6－13 查取对应的 x 值，此值即为当时大气稳定度下的 x_{max}。然后从图 6－12 查取与 x_{max} 对应的 σ_y 值，代入式（6－26）即可求出 C_{max} 值。用该方法计算，在 E、F 级稳定度下误差较大，在 D、C 级时误差较小。H 越高，误差越小。

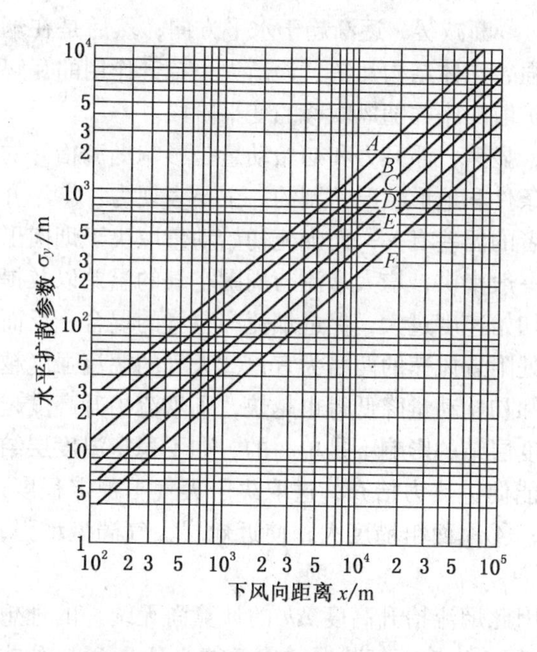

图 6－12　$P-G$ 扩散曲线 σ_y

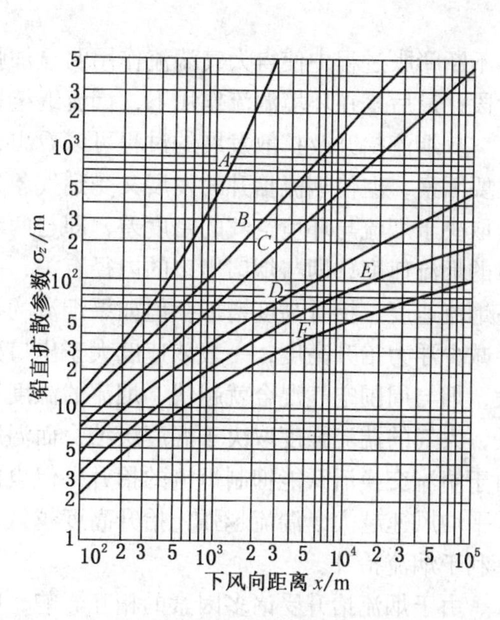

图 6－13　$P-G$ 扩散曲线 σ_z

《制定地方大气污染物排放标准的技术方法》(GB/T 3840—1991）采用如下经验公式确定扩散参数 σ_y、σ_z：

$$\sigma_y = \gamma_1 x^{\alpha_1} \quad 及 \quad \sigma_z = \gamma_2 x^{\alpha_2} \tag{6-35}$$

式中，γ_1、α_1、γ_2 及 α_2 称为扩散系数。这些系数由实验确定，在一个相当长的 x 距离内为常数，可从《制定地方大气污染物排放标准的技术方法》(GB/T 3840—1991）的表中查取。

2）烟流抬升高度 Δh 的计算

烟流抬升高度是确定高架源的位置，准确判断大气污染扩散及估计地面污染浓度的重要参数之一。从烟囱里排出的烟气，通常会继续上升，上升的原因一是热力抬升，即当烟气温度高于周围空气温度时，密度比较小，浮升力的作用而使其上升；二是动力抬升，即离开烟囱的烟气本身具有的动量，促使烟气继续向上运动。在大气湍流和风的作用下，漂移一段距离后逐渐变为水平运动，因此有效源的高度高于烟囱实际高度。

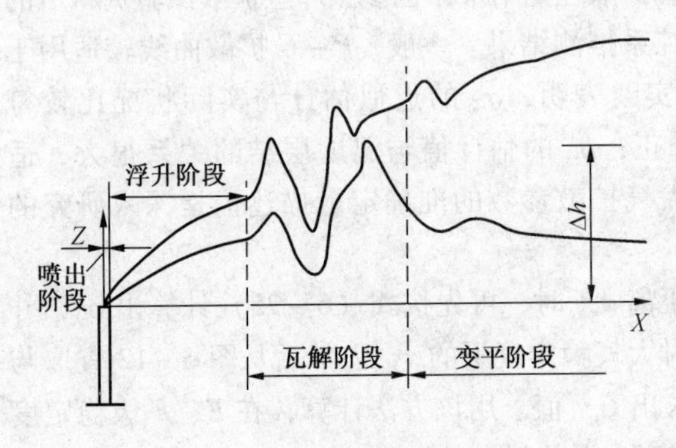

图 6-14　烟流抬升过程

热烟流从烟囱中喷出直至变平是一个连续的逐渐缓变过程，一般可分为 4 个阶段，如图 6-14 所示。首先是烟气依靠本身的初始动量垂直向上喷射的喷出阶段，该阶段的距离约为几至十几倍烟囱的直径；其次是由于烟气和周围空气之间温差而产生的密度差所形成的浮力而使烟流上升的浮升阶段，上升烟流与水平气流之间的速度差异而产生的小尺度湍涡使得两者混合后的温差不断减小，烟流上升趋势不断减缓，逐渐趋于水平方向；然后是在烟体不断膨胀过程中使得大气湍流作用明显加强，烟体结构瓦解，逐渐失去抬升作用的瓦解阶段；最后是在环境湍流作用下，烟流继续扩散膨胀并随风飘移的变平阶段。

从烟流抬升及扩散发展的过程可以看出，显然，浮升力和初始动量是影响烟流抬升的主要因素，但使烟流抬升的发展又受到气象条件和地形状况的制约。主要表现为：①浮升力取决于烟流与环境空气的密度差，即与两者的温差有关；而烟流初始动量取决于烟囱出口的烟流速度，即与烟囱出口的内径有关，一般来讲，增大烟流与周围空气的温差以及提高烟流速度，抬升高度增加，但如果烟流的初始速度过大，促进烟流与空气的混合，反而会减少浮力抬升高度，一般该速度大于出口处附近风速的两倍为宜；②大气的湍流强度越大，烟与周围空气混合就越快，烟流的温度和初始动量降低得也越快，则烟流抬升高度越低，大气的湍流强度取决于温度层结，而温度层结的影响不是单一的，如不稳定温度层结由于湍流交换活跃能抑制烟流的抬升，但也能促进热力抬升，这取决于大气不稳定程度；③平均风速越大，湍流越强，抬升高度越低；④地面粗糙度大，使近地层大气湍流增强，不利于烟流抬升。

由于烟流抬升受诸多因素的相互影响，因此烟流抬升高度 Δh 的计算尚无统一的理想的结果。在 30 多种计算公式中，应用较广适用于中性大气状况的霍兰德（Holland）公式如下：

$$\Delta h = \frac{v_s D}{u}\left(1.5 + 2.7\frac{T_s - T_a}{T_s}D\right) = \frac{1.5 v_s D + 0.01 Q_h}{u} \tag{6-36}$$

式中 v_s——烟流出口速度，m/s；

D——烟囱出口内径，m；

u——烟囱出口的环境平均风速，m/s；

T_s——烟气出口温度，K；

T_a——环境平均气温度，K；

Q_h——烟囱的热排放率，kW。

上式计算结果对很强的热源（如大型火电站）估计比较适中甚至偏高，而对中小型热源（Q_h<60~80 MW）的估计偏低。当大气处于不稳定或稳定状态时，可在上式计算的基础上分别增加或减少10%~20%。

根据《制定地方大气污染物排放标准的技术方法》(GB/T 3840—1991）和《火电厂大气污染物排放标准》(GB 13223—2011)，按照烟气的热释放率 Q_h、烟囱出口烟气温度与环境温度的温差（T_s-T_a）及地面状况，我国分别采用下列抬升计算式。

（1）当 $Q_h \geqslant 2100$ kW 并且（T_s-T_a）$\geqslant 35$ K 时：

$$\Delta h=\frac{n_0 Q_k^{n_1} h^{n_2}}{u} \tag{6-37}$$

$$Q_h=C_p V_0(T_s-T_a) \tag{6-38}$$

式中 n_0、n_1、n_2——地表状况系数；

V_0——标准状态下的烟气排放量，m^3/s；

C_p——标准状态下的烟气平均定压比热，$C_p=1.38$ kJ/($m^3\cdot$K)；

T_a——取当地最近5年平均气温值，K。

烟囱出口的环境平均风速 u 按下式计算：

$$u=u_0(z/z_0)^n \tag{6-39}$$

式中 u_0——烟囱所在地近5年平均风速，m/s，测量值；

z_0、z——相同基准高度时气象台（站）测风仪位置及烟囱出口高度，m；

n——风廓线幂指数，在中性层结条件下，且地形开阔平坦只有少量地表覆盖物时，$n=1/7$。

（2）当 Q_h<2100 kW 或（T_s-T_a）<35 K 时：

$$\Delta h=2\left(\frac{1.5v_s D+0.01Q_h}{u}\right) \tag{6-40}$$

上式为霍兰德公式式（6-36）的两倍。

4. 影响大气扩散的因素

大气污染物在大气湍流混合作用下被扩散稀释。大气污染扩散主要受到气象条件、地貌状况及污染物的特征的影响。

1）气象因子影响

影响污染物扩散的气象因子主要是大气稳定度和风。

（1）大气稳定度。大气稳定度随着气温层结的分布而变化，是直接影响大气污染物扩散的极重要因素。大气越不稳定，污染物的扩散速率就越快；反之，则越慢。当近地面的大气处于不稳定状态时，由于上部气温低而密度大，下部气温高而密度小，两者之间形成的密度差导致空气在竖直方向产生强烈的对流，使得烟流迅速扩散。大气处于逆温层结的稳定状态时，将抑制空气的上下扩散，使得排向大气的各种污染物质因此而在局部地区大量聚积。当污染物的浓度增大到一定程度并在局部地区停留足够长的时间，就可能造成大气污染。烟流在不同气温层结及稳定度状态的大气中运动，具有不同的扩散型态。图 6－15 为烟流在 5 种不同条件下形成的典型烟云。

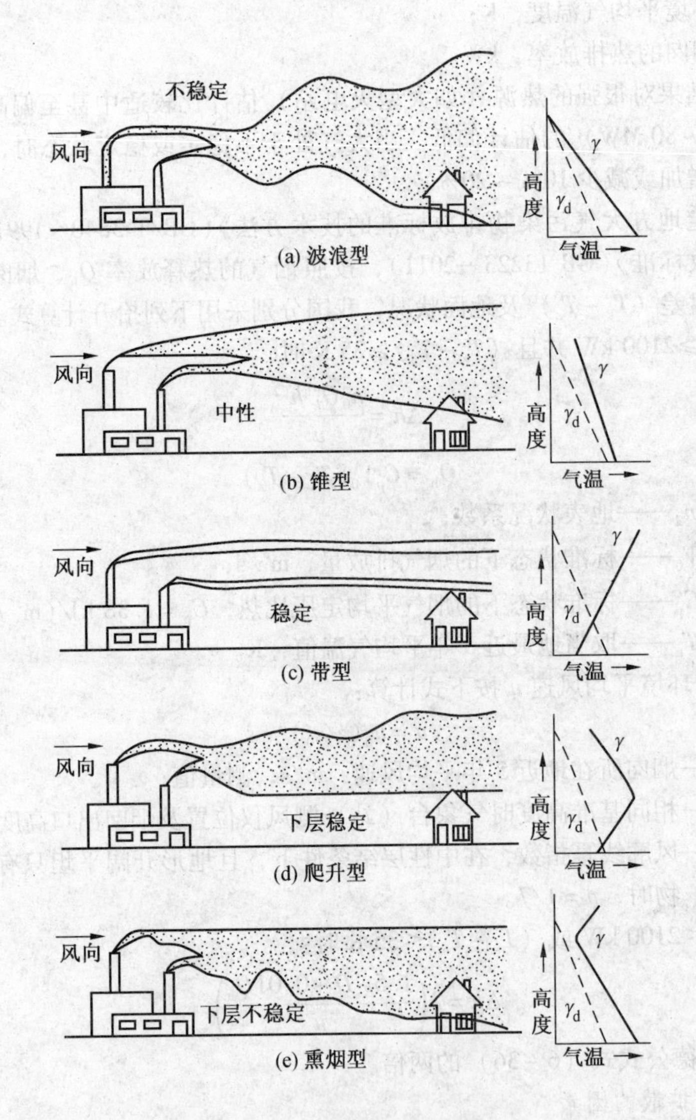

图 6－15　典型烟云与大气稳定度关系

（2）风。进入大气的污染物的漂移方向主要受风向的影响，依靠风的输送作用顺风而下在下风向地区稀释。因此污染物排放源的上风向地区基本不会形成大气污染，而下风向区域的污染程度就比较严重。风速是决定大气污染物稀释程度的重要因素之一。由高斯扩散模式的表达式可以看出，风速和大气稀释扩散能力之间存在着直接对应关系，当其他条件相同时，下风向上的任一点污染物浓度与风速成反比关系。风速越高，扩散稀释能力越强，则大气中污染物的浓度也就越低，对排放源附近区域造成的污染程度就比较轻。

2）地理环境状况的影响

影响污染物在大气中扩散的地理环境包括地形状况和地面物体。

（1）地形状况

陆地和海洋，以及陆地上广阔的平地和高低起伏的山地及丘陵都可能对污染物的扩散稀释产生不同的影响。

局部地区由于地形的热力作用，会改变近地面气温的分布规律，从而形成前述的地方风，最终影响到污染物的输送与扩散。

海陆风会形成局部区域的环流，抑制了大气污染物向远处的扩散。例如，白天海岸附近的污染物从高空向海洋扩散出去，可能会随着海风的环流回到内地，这样去而复返的循环使该地区的污染物迟迟不能扩散，造成空气污染加重。此外，在日出和日落后，当海风与陆风交替时大气处于相对稳定甚至逆温状态，不利于污染物的扩散。还有，大陆盛行的季风与海陆风交汇，两者相遇处的污染物浓度也较高，如我国东南沿海夏季风夜间与陆风相遇。有时，大陆上气温较高的风与气温较低的海风相遇时，会形成锋面逆温。

山谷风也会形成局部区域的封闭性环流，不利于大气污染物的扩散。当夜间出现山风时，由于冷空气下沉谷底，而高空容易滞留由山谷中部上升的暖空气，因此时常出现使污染物难以扩散稀释的逆温层。若山谷有大气污染物卷入山谷风形成的环流中，则会长时间滞留在山谷中难以扩散。

如果在山谷内或上风峡谷口建有排放大气污染物的工厂，则峡谷风不利于污染物的扩散，并且污染物随峡谷风流动，从而造成峡谷下游地区的污染。

当烟流越过横挡于烟流途经的山坡时，在其迎风面上会发生下沉现象，使附近区域污染物浓度增高而形成污染，如背靠山地的城市和乡村。烟流越过山坡后，又会在背风面产生旋转涡流，使得高空烟流污染物在漩涡作用下重新回到地面，可能使背风面地区遭到较严重污染。

（2）地面物体

城市是人口密集和工业集中的地区。由于人类的活动和工业生产中大量消耗燃料，使城市成为一大热源。此外，城市建筑物的材料多为热容量较高的砖石水泥，白天吸收较多的热量，夜间因建筑群体拥挤而不宜冷却，成为一巨大的蓄热体。因此，城市比周围郊区气温高，年平均气温一般高于乡村 1～1.5 ℃，冬季可高出 6～8 ℃。由于城市气温高，热气流不断上升，乡村低层冷空气向市区侵入，从而形成封闭的城乡环流。这种现象与夏日海洋中的孤岛上空形成海风环流一样，所以称之为城市热岛效应，如图 6－16 所示。

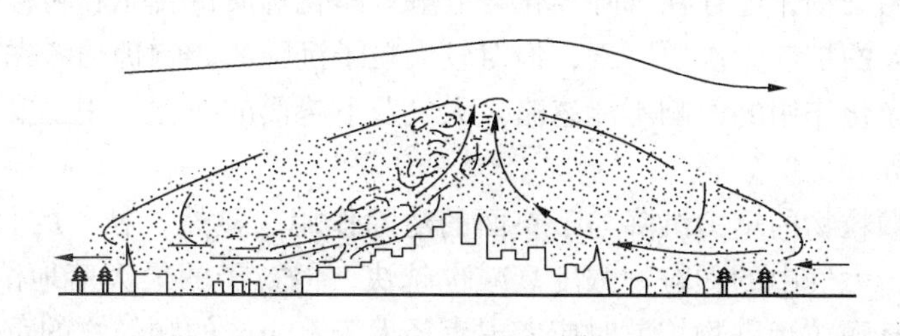

图 6－16　城市热岛效应示意图

城市热岛效应的形成与盛行风和城乡间的温差有关。夜晚城乡温差比白天大，热岛效应在无风时最为明显，从乡村吹来的风速可达 2 m/s。虽然热岛效应加强了大气的湍流，有助于污染物在排放源附近的扩散。但是这种热力效应构成的局部大气环流，一方面，使得城市排放的大气污染物会随着乡村风流返回城市；另一方面，城市周围工业区的大气污染物也会被环流卷吸而涌向市区，这样，市区的污染物浓度反而高于工业区，并久久不易散去。

城市内街道和建筑物的吸热和放热的不均匀性，还会在群体空间形成类似山谷风的小型环流或涡流。这些热力环流使得不同方位街道的扩散能力受到影响，尤其对汽车尾气污染物扩散的影响最为突出。如建筑物与在其之间的东西走向街道，白天屋顶吸热强而街道受热弱，屋顶上方的热空气上升，街道上空的冷空气下降，构成谷风式环流。晚上屋顶冷却速度比街面快，使得街道内的热空气上升而屋顶上空的冷空气下沉，反向形成山风式环流。由于建筑物一般为锐边形状，环流在靠近建筑物处还会生成涡流。当污染物被环流卷吸后就不利于向高空的扩散。

排放源附近的高大密集的建筑物对烟流的扩散有明显影响。地面上的建筑物除了阻碍了气流运动而使风速减小，有时还会引起局部环流，这些都不利于烟流的扩散。例如，当烟流掠过高大建筑物时，建筑物的背面会出现气流下沉现象，并在接近地面处形成返回气流，从而产生涡流。结果，建筑物背风侧的烟流很容易卷入涡流之中，使靠近建筑物背风侧的污染物浓度增大，明显高于迎风侧，如图 6－17 所示。如果建筑物高于排放源，这种情况将更加严重。通常，当排放源的高度超过附近建筑物高度 2. 5 倍或 5 倍以上时，建筑物背面的涡流才不对烟流的扩散产生影响。

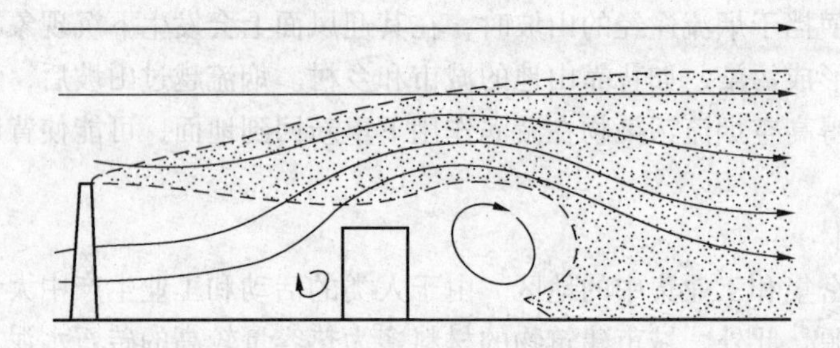

图 6－17　建筑物对烟流扩散的影响

3）污染物特征的影响

实际上，大气污染物在扩散过程中，除了在湍流及平流输送的主要作用下被稀释外，对于不同性质的污染物，还存在沉降、化合分解、净化等质量转化和转移作用。虽然这些作用对中、小尺度的扩散为次要因素，但对较大粒子沉降的影响仍须考虑，而对较大区域进行环境评价时净化作用的影响不能忽略。大气及下垫面的净化作用主要有干沉积、湿沉积和放射性衰变等。

干沉积包括颗粒物的重力沉降与下垫面的清除作用。显然，粒子的直径和密度越大，其沉降速度越快，大气中的颗粒物浓度衰减也越快，但粒子的最大落地浓度靠近排放源。所以，一般在计算颗粒污染物扩散时应考虑直径大于 10 μm 的颗粒物的重力沉降速度。当粒径小于 10 μm 的大气污染物及其尘埃扩散时，碰到下垫面的地面、水面、植物与建筑物等，会因碰撞、吸附、静电吸引或动物呼吸等作用而被逐渐从烟流中清除出来，也能降低大气中污染物浓度。但是，这种清除速度很慢，在计算短时扩散时可不考虑。

湿沉积包括大气中的水汽凝结物（云或雾）与降水（雨或雪）对污染物的净化作用。放射性衰变是指大气中含有的放射物质可能产生的衰变现象。这些大气的自净化作用可能减少某种污染物的浓度，但也可能增加新的污染物。由于问题的复杂性，目前尚未掌握它们对污染物浓度变化的规律性。若假定有粒子重力沉降时污染物的扩散规律与无沉降时相同，且地面对粒子全吸收，并假定污染物浓度在湿沉积、放射性衰变和化学反应净化作用下随时间按指数规律衰减，则高架源扩散时的浓度分布可以用下式粗略估算：

$$C(x,y,z,H)=\frac{q}{2\pi u\sigma_y\sigma_z}\exp\left(-\frac{y^2}{2\sigma_y^2}\right)$$

$$\left\{\exp\left[-\frac{\left(z-H+\frac{u_s x}{u}\right)^2}{2\sigma_z^2}\right]+\exp\left[\frac{-\left(z+H-\frac{u_s x}{u}\right)^2}{2\sigma_z^2}\right]\right\}\exp\left(-\frac{0.693x}{Tu}\right) \quad (6-41)$$

式中　u_s——粒子群的平均粒子直径在静止介质中的沉降速度，m/s，按式（6－9）计算；

T——污染物浓度的半衰周期，即浓度衰减到原来一半时所需的时间，s。

第二节　大气环境影响评价工作等级及范围

一、大气环境影响评价主要任务

大气环境评价的基本任务是从对环境空气影响的角度对建设项目或开发活动进行可行性论证，通过调查、预测等手段，分析、判断建设项目或开发活动在建设施工期和建成后生产期所排放的大气污染物对大气环境质量影响的程度和范围，为建设项目的厂址选择、污染源设置、制定大气污染防治措施以及其他有关的工程设计提供科学依据或指导性意见。大气环境影响评价的工作程序如图6－18所示。

二、大气环境影响评价工作等级划分

1. 等级划分

划分评价等级的目的是区分出不同的评价对象，以便在保证评价质量的前提下尽可能节约经费和时间。

《环境影响评价技术导则　大气环境》（HJ 2.2—2008）规定，根据评价项目主要污染物排放量、周围地形的复杂程度以及当地应执行的大气环境质量标准等因素，将大气环境影响评价工作划分为3级，见表6－5。

表6－5　大气环境影响评价工作等级划分

评价工作等级	评价工作分级判据
一级	$P_{max}\geqslant 80\%$，且 $D_{10\%}\geqslant 5$ km
二级	其他
三级	$P_{max}\leqslant 10\%$ 或 $D_{10\%}$ <污染源距厂界最近距离

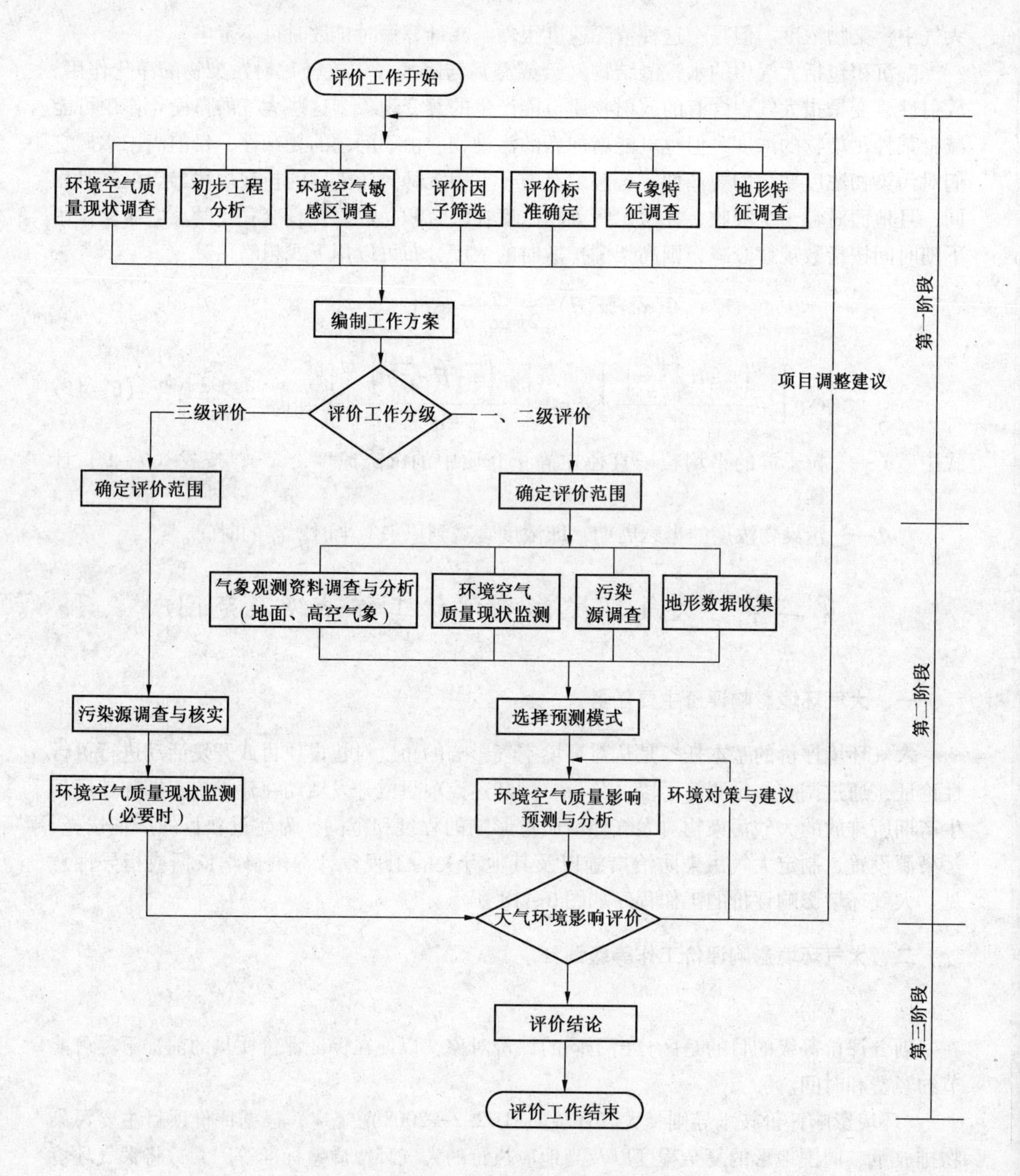

图6-18　大气环境影响评价工作程序图

评价工作等级划分是在工程分析的基础上，选择建设项目可能排放的1~3种主要污染物，分别计算每一种污染物的最大地面质量浓度占标率 P_i（第 i 个污染物），及第 i 个污染物的地面质量浓度达标准限值10%时所对应的最远距离 $D_{10\%}$。其中 P_i 定义为

$$P_i = \frac{C_i}{C_{oi}} \times 100\% \tag{6-42}$$

式中 P_i——第 i 个污染物的最大地面质量浓度占标率,%；

C_i——采用估算模式计算出的第 i 个污染物的最大地面质量浓度，mg/m^3；

C_{oi}——第 i 个污染物的环境空气质量浓度标准，mg/m^3。

C_{oi}一般选用《环境空气质量标准》(GB 3905—2012）中 1 小时平均取样时间的二级标准的质量浓度限值；对于没有小时浓度限值的污染物，可取日平均浓度限值的 3 倍；对该标准中未包含的污染物，可参照《工业企业设计卫生标准》(GBZ 1—2010）中的居住区大气中有害物质的最高容许浓度的一次浓度限值。如已有地方标准，应选用地方标准中的相应值。对某些上述标准中都未包含的污染物，可参照国外有关标准选用，但应作出说明，报环保主管部门批准后执行。评价工作等级的确定还应符合以下规定：

（1）同一个项目有多个（两个以上，含两个）污染源排放同一种污染物时，则按各污染源分别确定其评价等级，并取评价级别最高者作为项目的评价等级。

（2）对于高耗能行业的多源（两个以上，含两个）项目，评价等级应不低于二级。

（3）对于建成后全厂的主要污染物排放总量都有明显减少的改、扩建项目，评价等级可低于一级。

（4）如果评价范围内包含一类环境空气质量功能区、评价范围内主要评价因子的环境质量已接近或超过环境质量标准、项目排放的污染物对人体健康或生态环境有严重危害的特殊项目，评价等级一般不低于二级。

（5）对于以城市快速路、主干路等城市道路为主的新建、扩建项目，应考虑交通线源对道路两侧的环境保护目标的影响，评价等级应不低于二级。

（6）对于公路、铁路等项目，应分别按项目沿线主要集中式排放源（如服务区、车站等大气污染源）排放的污染物计算其评价等级。

2. 评价工作等级确定的必备条件

（1）在研究有关文件和进行建设项目初步工程分析的基础上，确定正常排放的主要污染物及排放参数；判断项目是否属于高耗能行业，判别项目建成后全厂的主要污染物排放总量是否都有明显减少，判断项目是否属于排放的污染物对人体健康或生态环境有严重危害的特殊项目等。

（2）在现场踏勘的基础上，给出环境空气质量现状调查、环境空气敏感区调查、气象特征调查、地形特征调查等的初步结果；判别项目评价范围内是否包含一类环境空气质量功能区，判断评价范围内主要评价因子的环境质量是否已接近或超过环境质量标准，判别项目所在区域属于乡村还是城市等。

（3）在进行大气环境影响因素识别的基础上，筛选出建设项目的大气环境影响评价因子，包括常规污染物和特征污染物。

（4）确定各评价因子所执行的环境保护标准，包括环境空气质量标准、大气污染物排放标准、大气污染控制技术标准及其他有关标准及具体限值等。

（5）调查确定《环境影响评价技术导则　大气环境》(HJ 2. 2—2008）规定的用于评价工作等级划分的估算模式所需要的各种参数，包括要评价项目的点源、面源、体源各参数，项目位置及地形特征（乡村、城市），预测计算点的离地高度，风速计的测风高度，环境气温等。

三、大气环境影响评价工作范围确定

评价范围的确定的原则如下：

根据项目排放污染物的最远影响范围确定项目的大气环境影响评价范围，即以排放源为中心点，以 $D_{10\%}$ 为半径的圆或 $2 \times D_{10\%}$ 为边长的矩形作为大气环境影响评价范围。当最远距离超过 25 km 时，确定评价范围为半径 25 km 的圆形区域，或边长 50 km 矩形区域。评价范围的直径或边长一般不应小于 5 km。对于以线源为主的城市道路等项目，评价范围可设定为线源中心两侧各 200 m 的范围。如果界外区域包含有环境保护敏感区，则应将评价区扩大到界外区域。如果评价区包含有荒山、沙漠等非大气环境保护敏感区，则可适当缩小评价区的范围。核设施的大气环境影响评价范围一般是以核设施为中心、半径为 80 km 的圆形地区。空气质量预测范围可根据烟囱高度对计算范围做适当的调整。

第三节　大气污染源调查与分析

一、大气污染源调查与分析对象

对于一、二级评价项目，应调查分析项目的所有污染源（对于改、扩建项目应包括新、老污染源）、评价范围内与项目排放污染物有关的其他在建项目、已批复环境影响评价文件的拟建项目等污染源。如有区域替代方案，还应调查评价范围内所有的拟替代的污染源。对于三级评价项目可只调查分析项目污染源。

二、大气污染源调查与分析方法

对于新建项目可通过类比调查、物料衡算或设计资料确定；对于评价范围内的在建和未建项目的污染源调查，可使用已批准的环境影响报告书中的资料；对于现有项目和改、扩建项目的现状污染调查，可利用已有有效数据或进行实测；对于分期实施的工程项目，可利用前期工程最近 5 年的验收监测资料、年度例行监测资料或进行实测。

评价范围内拟替代的污染源调查方法参考项目的污染源调查方法。

三、一级评价项目污染源调查内容

1. 污染源排污概况调查

（1）在满负荷排放下，按分厂或车间逐一统计各有组织排放源和无组织排放源的主要污染物排放量。

（2）对改、扩建项目应给出：现有工程排放量、扩建工程排放量，以及现有工程经改造后的污染物预测削减量，并按上述 3 个量计算最终排放量。

（3）对于毒性较大的污染物还应估计其非正常排放量。

（4）对于周期性排放的污染源，还应给出周期性排放系数。周期性排放系数取值为 0~1，一般可按季节、月份、星期、日、小时等给出周期性排放系数。

2. 点源调查内容

（1）排气筒底部中心坐标及排气筒底部的海拔高度（m）。

（2）排气筒几何高度（m）及排气筒出口内径（m）。

（3）烟气出口速度（m/s）。

（4）排气筒出口处烟气温度（K）。

（5）各主要污染物正常排放速率（g/s）、排放工况、年排放小时数（h）。

（6）毒性较大物质的非正常排放速率（g/s）、排放工况、年排放小时数（h）。

（7）点源（包括正常排放和非正常排放）参数调查清单。

3. 面源调查内容

（1）面源起始点坐标，以及面源所在位置的海拔高度（m）。

（2）面源初始排放高度（m）。

（3）各主要污染物正常排放速率［g/(s·m²)］，排放工况，年排放小时数（h）。

（4）矩形面源：初始点坐标，面源的长度（m），面源的宽度（m），与正北方向逆时针的夹角，如图6－19所示。

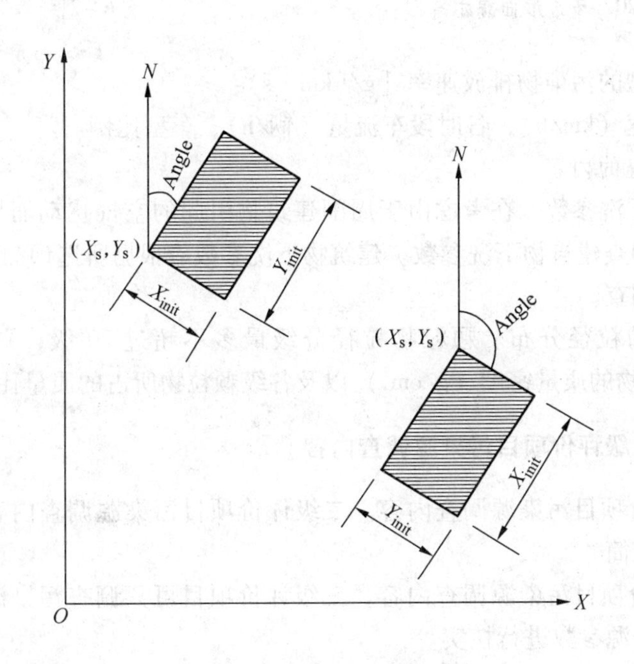

注：$(X_s，Y_s)$ 为面源的起始点坐标，Angle为面源 Y 方向的边长与正北方向的夹角（逆时针方向），X_{init} 为面源 X 方向的边长，Y_{init} 为面源 Y 方向的边长

图6－19　矩形面源示意图

（5）多边形面源：多边形面源的顶点数或边数（3～20）以及各顶点坐标，如图6－20所示。

（6）近圆形面源：中心点坐标，近圆形半径（m），近圆形顶点数或边数，如图6－21所示。

4. 线源调查内容

（1）线源几何尺寸(分段坐标),线源距地面高度(m)、道路宽度(m)、街道街谷高度(m)。

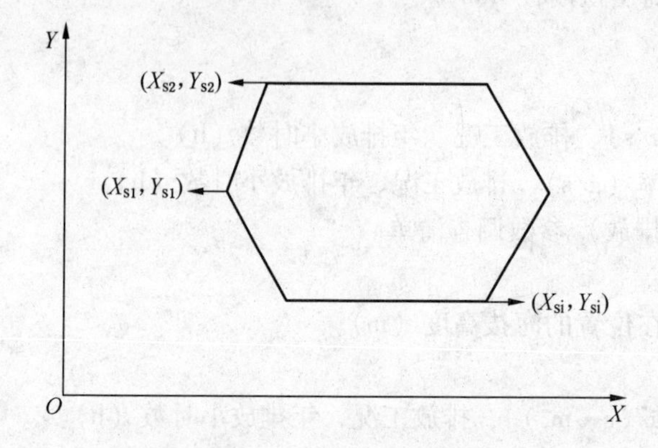

注：(X_{S1}, Y_{S1})、(X_{S2}, Y_{S2})、(X_{Si}, Y_{Si})为多边形面源顶点坐标

图6-20　多边形面源示意图

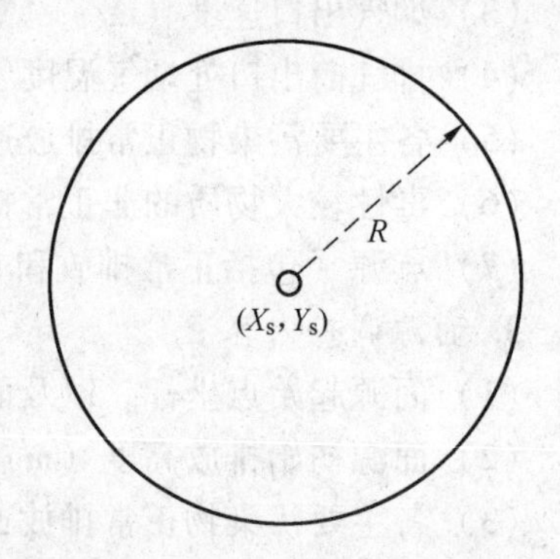

注：(X_S, Y_S)为圆弧弧心坐标，R为圆弧半径

图6-21　近圆形面源示意图

（2）各种车型的污染物排放速率［g/(km·s)］。

（3）平均车速（km/h），各时段车流量（辆/h）、车型比例。

5. 其他需调查的内容

（1）建筑物下洗参数。在考虑由于周围建筑物引起的空气扰动而导致地面局部高浓度的现象时，需调查建筑物下洗参数。建筑物下洗参数应根据所选预测模式的需要，按相应要求内容进行调查。

（2）颗粒物的粒径分布。颗粒物粒径分级最多不超过20级，颗粒物的分级粒径（μm）、各级颗粒物的质量密度（g/cm^3）以及各级颗粒物所占的质量比（0～1）。

四、二级和三级评价项目污染源调查内容

（1）二级评价项目污染源调查内容。二级评价项目污染源调查内容参照一级评价项目执行，可适当从简。

（2）三级评价项目污染源调查内容。三级评价项目可只调查污染源排污概况，并对估算模式中的污染源参数进行核实。

第四节　大气环境现状调查与评价

一、大气环境质量现状调查

1. 环境空气质量现状调查原则

（1）现状调查资料来源分3种途径，可视不同评价等级对数据的要求结合进行：评价范围内及邻近评价范围的各例行空气质量监测点的近3年与项目有关的监测资料；收集近3年与项目有关的历史监测资料；进行现场监测。

（2）监测资料统计内容与要求。凡涉及《环境空气质量标准》(GB 3095—2012）中污染物的各类监测资料的统计内容与要求，均应满足该标准中各项污染物数据统计的有效

性规定。

（3）监测方法涉及的各项污染物的分析方法应符合《环境空气质量标准》(GB 3095—2012）对分析方法的规定。应首先选用国家环保主管部门发布的标准监测方法；对尚未制定环境标准的非常规大气污染物，应尽可能参考 ISO 等国际组织和国内外相应的监测方法，在环评文件中详细列出监测方法、适用性及其引用依据，并报请环保主管部门批准；监测方法的选择，应满足项目的监测目的，并注意其适用范围、检出限、有效检测范围等监测要求。

2. 气象资料调查基本内容

气象观测资料的调查要求与项目的评价等级有关，还与评价范围内地形复杂程度、水平流场是否均匀一致、污染物排放是否连续稳定有关。常规气象观测资料包括常规地面气象观测资料和常规高空气象探测资料。

对于各级评价项目，均应调查评价范围 20 年以上的主要气候统计资料，包括年平均风速和风向玫瑰图、最大风速与月平均风速、年平均气温、极端气温与月平均气温、年平均相对湿度、年均降水量、降水量极值、日照等。对于一级、二级评价项目，还应调查逐日、逐次的常规气象观测资料及其他气象观测资料。

1）一级评价项目气象观测资料调查要求

对于一级评价项目，气象观测资料调查基本要求分两种情况。

（1）评价范围小于 50 km 条件下，须调查地面气象观测资料，并按选取的模式要求和地形条件，补充调查必需的常规高空气象探测资料。

（2）评价范围大于 50 km 条件下，须调查地面气象观测资料和常规高空气象探测资料。

地面气象观测资料调查要求：调查距离项目最近的地面气象观测站，近 5 年内的至少连续 3 年的常规地面气象观测资料。如果地面气象观测站与项目的距离超过 50 km，并且地面站与评价范围的地理特征不一致，还需要进行补充地面气象观测。

常规高空气象探测资料调查要求：调查距离项目最近的高空气象探测站，近 5 年内的至少连续 3 年的常规高空气象探测资料。如果高空气象探测站与项目的距离超过 50 km，高空气象资料可采用中尺度气象模式模拟的 50 km 内的格点气象资料。

2）二级评价项目气象观测资料调查要求

对于二级评价项目，气象观测资料调查基本要求同一级评价项目。

地面气象观测资料调查要求：调查距离项目最近的地面气象观测站，近 3 年内的至少连续 1 年的常规地面气象观测资料。如果地面气象观测站与项目的距离超过 50 km，并且地面站与评价范围的地理特征不一致，还需要进行补充地面气象观测。

常规高空气象探测资料调查要求：调查距离项目最近的常规高空气象探测站，近 3 年内的至少连续 1 年的常规高空气象探测资料。如果高空气象探测站与项目的距离超过 50 km，高空气象资料可采用中尺度气象模式模拟的 50 km 内的格点气象资料。

二、大气环境质量现状评价

（一）大气环境质量现状评价的作用

大气环境现状评价是环境大气影响评价的重要组成部分，通过环境大气质量现状的调查与监测，了解评价区环境质量的背景值，为拟建的建设项目或区域开发建设起到以下作用：

（1）确定有关大气污染物的排放目标。

（2）为大气环境质量预测、评价提供背景依据。

（3）为分析污染潜势、污染成因提供依据。

（4）有时也配合污染源调查结果为验证扩散模式的可靠性提供依据。

（二）大气环境质量现状评价的内容

大气环境质量评价一般包括以下内容：

（1）污染源的调查与分析，从而确定主要的污染源和污染物，找出污染物的排放方式、途径、特点和规律。

（2）大气污染现状的评价。根据污染源调查结果和环境监测数据的分析，确定大气污染的程度。

（3）自净能力的评价。研究主要污染物的大气扩散、变化规律，阐明在不同气象条件下对环境污染的分布范围与强度。

（4）生态系统及人体健康影响的评价。通过环境流行病学调查，分析大气污染对生态系统和人体健康已产生的效应。

（5）环境经济学的评价。通过因大气污染所造成的直接或间接的经济损失，进行调查与统计分析。

（三）质量现状监测与评价

1. 监测因子

（1）凡项目排放的污染物属于常规污染物的应筛选为监测因子。

（2）凡项目排放的特征污染物有国家或地方环境质量标准的应筛选为监测因子；对于没有相应环境质量标准的污染物，且属于毒性较大的，应按照实际情况，选取有代表性的污染物作为监测因子，同时应给出参考标准值和出处。

2. 监测制度

（1）一级评价项目应进行二期（冬季、夏季）监测；二级评价项目可取一期不利季节进行监测，必要时应作二期监测；三级评价项目必要时可作一期监测。

（2）每期监测时间，至少应取得有季节代表性的 7 天有效数据，采样时间应符合监测资料的统计要求。对于评价范围内没有排放同种特征污染物的项目，可减少监测天数。

（3）监测时间的安排和采用的监测手段，应能同时满足环境空气质量现状调查、污染源资料验证及预测模式的需要。监测时应使用空气自动监测设备，在不具备自动连续监测条件时，1 小时质量浓度监测值应遵循下列原则：一级评价项目每天监测时段，应至少获取当地时间 02、05、08、11、14、17、20、23 时的质量浓度值，二级和三级评价项目每天监测时段，至少获取当地时间 02、08、14、20 时 4 个质量浓度值。

（4）对于部分无法进行连续监测的特殊污染物，可监测其一次质量浓度值，监测时间须满足所用评价标准值的取值时间要求。

3. 监测布点

1）监测点设置

（1）应根据项目的规模和性质，结合地形复杂性、污染源及环境空气保护目标的布局，综合考虑监测点设置数量。

（2）一级评价项目，监测点应包括评价范围内有代表性的环境空气保护目标，点位不少于10个；二级评价项目，监测点应包括评价范围内有代表性的环境空气保护目标，点位不少于6个。对于地形复杂、污染程度空间分布差异较大，环境空气保护目标较多的区域，可酌情增加监测点数目。三级评价项目，若评价范围内已有例行监测点位，或评价范围内有近3年的监测资料，且其监测数据有效性符合本导则有关规定，并能满足项目评价要求的，可不再进行现状监测，否则，应设置2~4个监测点。若评价范围内没有其他污染源排放同种特征污染物的，可适当减少监测点位。

（3）对于公路、铁路等项目，应分别在各主要集中式排放源（如服务区、车站等大气污染源）评价范围内，选择有代表性的环境空气保护目标设置监测点位，监测点设置数目参考（2）中规定。

（4）城市道路项目，可不受上述监测点设置数目限制，根据道路布局和车流量状况，并结合环境空气保护目标的分布情况，选择有代表性的环境空气保护目标设置监测点位。

（5）监测点位。监测点的布设，应尽量全面、客观、真实反映评价范围内的环境空气质量。

2）监测点位置的周边环境条件

（1）环境空气质量监测点位置的周边环境应符合相关环境监测技术规范的规定。监测点周围空间应开阔，采样口水平线与周围建筑物的高度夹角小于30°；监测点周围应有270°采样捕集空间，空气流动不受任何影响；避开局地污染源的影响，原则上20 m范围内应没有局地排放源；避开树木和吸附力较强的建筑物，一般在15~20 m范围内没有绿色乔木、灌木等。

（2）应注意监测点的可到达性和电力保证。

4. 监测采样

环境空气监测中的采样点、采样环境、采样高度及采样频率的要求，按相关环境监测技术规范执行。

5. 同步气象资料要求

应同步收集项目位置附近有代表性的，且与各环境空气质量现状监测时间相对应的常规地面气象观测资料。

6. 监测结果统计分析

（1）以列表的方式给出各监测点大气污染物的不同取值时间的质量浓度变化范围，计算并列表给出各取值时间最大质量浓度值占相应标准质量浓度限值的百分比和超标率，并评价达标情况。

（2）分析大气污染物质量浓度的日变化规律以及大气污染物质量浓度与地面风向、风速等气象因素及污染源排放的关系。

（3）分析重污染时间分布情况及其影响因素。

第五节 大气环境影响预测与评价

一、大气环境影响预测评价方法与技术要点

大气环境影响预测评价方法包括现场扩散试验、实验室风洞试验和模式计算。3种方法各有其特点和长短处，对于复杂下垫面地区的不同性质项目的预测，往往要相互配合使用，以便相互补充，取长补短（表6-6）。

表6-6 不同评价对象时3种方法的配合工作内容建议表

评价区	地形	平坦地形				复杂地形				作用
	已污与否	已污		未污		已污		未污		
	范围大小	小	大	小	大	小	大	小	大	
污染气象调查	地面	0	0	0	0	0	0	0	0	
	大气边界层		△		△	0	0	0	0	
现场扩散试验	示踪试验				△		△	△	0	提供预测气象资料
	标记粒子法（定高气球）			△	△	△	△	0	0	
	光学轮廓法							△		
风洞试验						△		0	0	
模式计算	烟羽、烟团模式	0	0	0	0	0		0		
	复杂地形模式					△	0	△	0	

注：表中O为必测项目；△为尽可能作的项目。对每个评价项目，要按实际需要和可能确定。

1. 现场扩散试验

现场扩散试验主要内容包括：收集当地地貌、地形、地物资料，并分析其特征；统计分析当地常规气象特征资料；适当补充测试局地大气边界层状况，如不同稳定度下不同时空的风向、风速、气温分布，统计分析风场和温度场特征；测定当地大气边界层湍流结构，统计分析扩散参数特征。现场实测方法较多，且各有特点和适用对象，对于垂直风场、局地环流、垂直温度场的常用观测方法和特点见表6-7、表6-8、表6-9。现场扩散试验的主要作用是：为项目选址、总图布置的评价提供依据，为实验室内风洞模拟试验提供依据，为污染分析和扩散模式的数值计算提供参数。

2. 实验室风洞试验

实验室风洞试验主要设备有大气扩散风洞（又称大气边界层风洞）和水槽。大气扩散风洞是在专门设计的风道内人工模拟大气边界层，将现场实物（地形、建筑物、构筑物、污染源等）按比例缩小的模型布置在风洞边界层中，进行模拟试验的装置。这种模拟试验方法具有直观性，可以人为改变试验条件，在三维空间随意布置测试点，使流态观察、湍流特征量和浓度空间分布的测定易于实现，而且可重复进行试验。对于复杂地形的大气环境质量评价是个重要的补充手段，特别是对于厂址选择、总图布置方案的确定，烟

羽抬升规律试验，复杂地形、山后背风涡流区及建筑群内污染物浓度分布等问题的解决更有实用价值。但是，由于大气湍流的复杂性，风洞模拟只能做到近似模拟，试验结果还需有一定的现场试验结果进行验证才能应用。

表6-7 垂直风场观测方法和特点

方法	高度	常用仪器	观测特点	适用对象
铁塔	≤200 m	遥测自记型仪器、杯型风速仪、微风仪、热线风速仪、超声风速仪、双向风标等	定点观测，6~8层，可长期连续观测。连续一年或各季一个月，每天24次或8次，可采用循环读数，每次采样20 min，以小时平均值处理数据	厂房无组织排放可观或不可忽视，污染物毒性强的项目
系留气球	400 m左右，大型的可达1000 m	遥测自记型仪器、热线风速仪、超声风速仪等		适用于小风地区
双经纬仪追踪测风气球	≤2000 m	测风气球、双测风经纬仪等		对接地层不可靠

表6-8 局地环流观测常用方法和特点

方法	特点
多站同步测风法	至少要有3个测风站，通过同时刻不同高度风向作出空间流线描绘和分析，结果直接可信，但由于测风站难以设置过多，环流描绘难以过细
施放烟幕照相法	照相图像要拍摄角度和当时风向进行角度订正处理，方法直观，但范围不大
等容气球或平衡气球法	通过等容（平衡）气球运行轨迹，描绘局地环流，方法直观，范围也大，但无法描绘局地环流整体结构，只能用于出现环流特例及其气候气象背景分析
风洞试验法	在地形模型中放烟拍照或流场测定描绘环流，直观、范围大，可以细致研究，但主要针对地形造成的环流较可靠，而热力造成的环流只能近似描述

表6-9 垂直温度场观测方法和特点

方法	高度	常用仪器	观测特点
铁塔	<200 m	遥测自记型仪器、热电偶、热敏电阻、热线风速仪、超声风速仪等要采取防太阳辐射措施	同铁塔测风
系留气球	≈400 m 大型≈1000 m		同系留气球测风
低空探空仪	≈2000 m	TK-2型低空探空仪	接收机在室内，发射板由20号测风气球携带，观测方法同测风气球，每天观测4~6次，雨天有困难
超声波雷达	≈2000 m	超声波雷达测温仪	定点观测，可长时间连续观测气温随高度的相对变化值，适应各种天气

3. 模式计算

模式计算是大气污染预测的必要手段。根据选用的大气扩散模式，可以分别对单个污染源、多个污染源叠加预测出不同排烟方案、不同气象条件下的污染物浓度时空分布。大气扩散模式有多种，各有其特点和适用条件（表6－10）。模式计算的关键是建立或选取合适的扩散模式及获取或选择适当的扩散参数。由于大气湍流的复杂性，所应用的扩散模式都带有一定的经验性，所以预测结果也有一定的局限性和较大的误差。

表6－10 大气扩散模式名称

模式名称	概要	优点	缺点
烟羽模式（烟流模式）	用烟羽（烟流）表现扩散现象	计算比较容易，适用于长时间平均浓度的预测，适用于定常场的浓度空间分布	难以处理风的变化，不能用于静风状态
烟团模式（烟块模式）	用烟团（烟块）表现扩散现象	可近似处理气象条件的时间空间变化，适用于非定常场或静风时的浓度空间分布计算	当烟团释放间隔密时计算费时间
箱模式	将空间用不同大小的立方体表示，认为立方体内浓度分布是均匀的，计算污染物流入和支出	可处理气象资料不很完整的情况；适用于大范围的污染预测；用多重箱时，也能以某种程度表现空间的变化	不能表现箱内的浓度分布，难以表现高烟流的影响
差分模式	用差分法对扩散方程、流体运动方程、流线公式求解	可以进行地形、地物影响的预测，适用于非定常场的浓度预测，有可能考虑物质反应	对气象要素场要求较高，计算麻烦、费时

大气污染影响分析和评价包括定性分析和定量评价两部分。定性分析主要服务于厂址、总图评价、烟气控制途径和环境管理建议等方面。它是基于对当地污染潜势认识的基础上进行的，如根据风向频率分布或污染系数分布以及风向年变化、日变化特征，对厂址、总图布置的合理性进行评价；通过对当地不利扩散条件的分析，提出烟气控制的合理途径和环境管理的建议；通过当地重污染气象背景的分析，提出防患措施等。污染影响的定量评价，主要以扩散模式的计算结果为依据，通过对多种设计方案在不同气象条件下的计算结果进行分析比较，了解不同污染源各自影响和叠加影响的程度和范围，超标范围和程度，从而评价不同设计方案的合理性和可行性，提出污染源治理重点、治理目标和治理的环境效益、经济效益。

二、大气环境影响预测模式

1. 高斯点源烟流扩散模式

1）最基本的烟流扩散公式（不考虑地面与混合层顶的反射）

以烟团初始空间坐标为原点，下风向为 x 轴，横风向为 y 轴，指向天顶为 z 轴。假设 u 为常值，$u=w=0$，σ_x、σ_y、σ_z 都是 x 的函数，将对 t_0 从 $-\infty$ 到 t 积分可得

$$\rho(x,y,z)=\frac{Q}{2\pi u\sigma_y\sigma_z}\exp\left(-\frac{y^2}{2\sigma_y^2}\right)\exp\left(-\frac{z^2}{2\sigma_z^2}\right) \tag{6-43}$$

式中 $\rho(x,y,z)$——预测点 (x,y,z) 处的污染物浓度。

2）考虑地面反射的连续排放源烟流扩散公式

设地面为全反射体，采用像源法，即假设地平线为一镜面，在其下方有一与真实源完

全对称的虚源，则这两个源叠加后的效果和真实源考虑到地面反射的结果是等价的。以烟囱地面位置的中心点为坐标原点，污染源下风向任一点的污染物浓度为

$$\rho(x,y,z)=\frac{Q}{2\pi u\sigma_y\sigma_z}\exp\left(-\frac{y^2}{2\sigma_y^2}\right)\left\{\exp\left[-\frac{(z-H_e)^2}{2\sigma_z^2}\right]+\exp\left[-\frac{(z+H_e)^2}{2\sigma_z^2}\right]\right\} \tag{6-44}$$

式中 H_e——烟囱（排气筒）有效源高，为烟囱几何高度 H_s 与烟气抬升高度 ΔH 之和；

u——取烟囱出口处的平均风速。

3）考虑混合层顶反射的连续排放源烟流扩散公式

对高架点源，需考虑混合层顶的反射作用。设地面与混合层顶全反射，用像源法修正后可得

$$\rho(x,y,z)=\frac{Q}{2\pi u\sigma_y\sigma_z}\exp\left(-\frac{y^2}{2\sigma_y^2}\right)\cdot\sum_{n=-k}^{k}\left\{\exp\left[-\frac{(z-H_e+2nh)^2}{2\sigma_z^2}\right]+\exp\left[-\frac{(z+H_e+2nh)^2}{2\sigma_z^2}\right]\right\} \tag{6-45}$$

式中 h——混合层厚度；

n——反射次数，一般取 $k=4\sim5$ 即可满足精度要求。

若 $\sigma_z\geqslant1.6h$，可认为浓度在铅直方向已接近均匀分布，有

$$\rho(x,y)=\frac{Q}{\sqrt{2\pi}u\sigma_y h}\exp\left(-\frac{y^2}{2\sigma_y^2}\right) \tag{6-46}$$

2. 小风和静风扩散模式

1）小风扩散模式

当风速较小（$U_{10}\leqslant1.5$ m/s）时，实验结果表明：扩散参数与 T 基本上为一次方的关系。可假设 $\sigma_x=\gamma_{01}T$，$\sigma_y=\gamma_{01}T$，$\sigma_z=\gamma_{02}T$。再假设：Q 为常值，u 为常值，$u=w=0$。以烟囱地面位置中心点为坐标原点，将 t_0 从 $-\infty$ 到 t 积分可得到小风扩散模式的解析解。污染物的地面浓度为

$$\rho_L(x,y,0)=\frac{2Q}{(2\pi)^{3/2}\gamma_{02}\eta^2}\cdot G \tag{6-47}$$

式中 $\eta^2=x^2+y^2+\frac{\gamma_{01}^2}{\gamma_{02}^2}\cdot H_e^2$；

$G=e^{-u^2/2\gamma_{01}^2}\cdot\left[1+\sqrt{2\pi}\cdot s\cdot e^{s^2/2}\cdot\Phi(s)\right]$；

$\Phi(s)=\frac{1}{\sqrt{2\pi}}\int_{-\infty}^{s}e^{-t^2/2}\mathrm{d}t,s=\frac{ux}{\gamma_{01}\eta}$。

2）静风扩散模式

（1）令 $U=0$，则 $G=1$，得静风扩散模式为

$$\rho_L(x,y,0)=\frac{2Q}{(2\pi)^{3/2}}\cdot\frac{\gamma_{02}}{\gamma_{02}^2(x^2+y^2)+\gamma_{01}^2H_e^2} \tag{6-48}$$

（2）假设污染物浓度沿垂直方向为高斯分布，水平方向是按以污染源为圆心的同心圆均匀分布，可推导得到污染物的地面浓度模式为

$$\rho_L(x,y,0)=\frac{2Q}{(2\pi^3)^{1/2}rV^*\sigma_z}\cdot\exp\left(-\frac{H_e^2}{2\sigma_z^2}\right) \tag{6-49}$$

式中　$r=\sqrt{x^2+y^2}$；

V^* —— 平均水平散布速率，可取0.3～0.7 m/s，计算静风条件下的有效源高时，取1.5 m/s。

3. 熏烟模式

熏烟模式主要用以计算日出以后，贴地逆温从下而上消失，逐渐形成的混合层（厚度为 h_f）到达烟流时，污染物向下扩散所造成的高浓度污染。假定熏烟发生后，污染物浓度在垂直方向为均匀分布，对 z 从 $-\infty$ 到 $+\infty$ 积分，并除以混合层厚度 h_f，可得到地面浓度 ρ_f 为

$$\rho_f(x,y,0)=\frac{Q}{\sqrt{2\pi}u\sigma_{yf}h_f}\cdot\exp\left(-\frac{y^2}{2\sigma_{yf}^2}\right)\cdot\Phi(p) \tag{6-50}$$

式中　$p=(h_f-H_e)/\sigma_z$；

$\Phi(p)=\frac{1}{\sqrt{2}\pi}\int_{-\infty}^{p}e^{-p^2/2}\mathrm{d}p$；

$\sigma_{yf}=\sigma_y+H_e/8$。

混合层高度 h_f、熏烟区的起始坐标 x_f（下风距离）、混合层高出烟囱的距离 Δh_f 等之间的关系及计算式为

$$h_f=H_s+\Delta h_f \tag{6-51}$$

$$x_f=\frac{u\rho_a c_p}{4k_h}(\Delta h_f^2+2H_s\Delta h_f)=\frac{u\rho_a c_p}{4k_h}(h_f^2-H_s^2) \tag{6-52}$$

$$\Delta h_f=\Delta H+p\sigma_z \tag{6-53}$$

$$k_h=4.186\exp[-0.99(\mathrm{d}\theta/\mathrm{d}z)+3.22]\times10^3 \tag{6-54}$$

式中　ρ_a——大气密度，g/m³；

c_p——大气定压比热，J/(g·K)；

k_h——湍流热传导系数；

$\mathrm{d}\theta/\mathrm{d}z$——位温梯度，K/m。如无实测值，可在0.005～0.015 K/m选取。

一般无特殊要求时，只计算 ρ_f 的最大值 ρ_{fm} 及其对应时刻 t_m 的浓度分布。

4. 连续线源公式

连续线源等于连续点源在线源长度 L 上的积分，浓度公式为

$$\rho(x,y,z)=\frac{Q_l}{u}\int_0^L f\mathrm{d}l \tag{6-55}$$

式中　Q_l——线源源强，（恒定）；

f——表示连续点源浓度连续变化的函数，应根据具体情况选择适当的表达式。

1）风向与线源垂直的直线型线源

取 x 轴与风向一致，坐标原点为线源中点。设线源的长度为 $2y_0$，f 选择考虑地面反射的扩散模式的相应函数式，积分后可得到浓度公式为

$$\rho(x,y,z)=\frac{Q_l}{2\sqrt{2\pi}u\sigma_z}\left\{\exp\left[-\frac{(z-H_e)^2}{2\sigma_z^2}\right]+\exp\left[-\frac{(z+H_e)^2}{2\sigma_z^2}\right]\right\}\cdot\left[\mathrm{erf}\left(\frac{y+y_0}{\sqrt{2}\sigma_y}\right)-\mathrm{erf}\left(\frac{y-y_0}{\sqrt{2}\sigma_y}\right)\right] \tag{6-56}$$

$$\mathrm{erf}(\zeta)=\frac{2}{\sqrt{\pi}}\int_0^{\zeta}e^{-t^2}\mathrm{d}t$$

令 $y_0\to\infty$，得到无限长线源的浓度公式

$$\rho(x,z)=\frac{Q_l}{\sqrt{2\pi}u\sigma_z}\left\{\exp\left[-\frac{(z-H_e)^2}{2\sigma_z^2}\right]+\exp\left[-\frac{(z+H_e)^2}{2\sigma_z^2}\right]\right\} \tag{6-57}$$

相应的地面浓度公式（$z=0$）为

$$\rho(x,0)=\frac{2Q_l}{\sqrt{2\pi}u\sigma_z}\cdot\exp\left(-\frac{H_e^2}{2\sigma_z^2}\right) \tag{6-58}$$

2）风向与线源平行的直线型线源

取 x 轴与线源一致，坐标原点为线源中点。设线源的长度为 $2x_0$，f 选择考虑地面反射的扩散模式的相应函数式，积分后可得到地面浓度公式为

$$\rho(x,y,0)=\frac{Q_l}{\sqrt{2\pi}u\sigma_z(Y)}\cdot\left\{\mathrm{erf}\left[\frac{r}{\sqrt{2}\sigma_y(x-x_0)}\right]-\mathrm{erf}\left[\frac{r}{\sqrt{2}\sigma_y(x+x_0)}\right]\right\} \tag{6-59}$$

$$r^2=y^2+\frac{H_e^2}{b^2}\qquad b=\frac{\sigma_z}{\sigma_y}$$

令 $x_0\to\infty$，得到无限长线源的地面浓度公式

$$\rho(y,0)=\frac{Q_l}{\sqrt{2\pi}u\sigma_z(r)} \tag{6-60}$$

3）风向与线源成任意交角的情况

风向与线源的夹角为 $\varphi(\varphi\leqslant 900)$，浓度计算公式为

$$\rho(\varphi)=\rho_{垂}\sin^2\varphi+\rho_{平}\cos^2\varphi \tag{6-61}$$

式中 $\rho_{垂}$、$\rho_{平}$ 由前述方法计算。

5. 连续面源公式

1）常用模式

点源修正法（直接修正法、虚点源法）；点源积分法。

2）虚点源法连续面源公式

设想面源上风方有一个“虚点源”，其烟羽扩散到面源中心时，烟羽的宽度与高度分别为 L、H'_e，L 为面源在 y 方向的长度，H'_e 是面源的平均排放高度。

“虚点源”后退的距离为 x_y（对 σ_y 而言）和 x_z（对 σ_z 而言），根据已知的 $\sigma_y(x)$ 和 $\sigma_z(x)$ 关系式通过经验式 $\sigma_y(x_y)=L/4.3$、$\sigma_z(x_z)=H'_e/2.15$ 可推算出 x_y、x_z。

具体计算时，利用前述的点源模式，只需将 $\sigma_y(x)$ 和 $\sigma_z(x)$ 的自变量 x 分别代以 $(x+x_y)$ 和 $(x+x_z)$ 即可。

三、预测模式参数的确定

大气环境影响预测步骤主要包括确定预测因子、确定预测范围、确定计算点、确定污染源计算清单、确定气象条件、确定地形数据、确定预测内容和设定预测情景、选择预测模式、确定模式中的相关参数、进行大气环境影响预测与评价。

1. 预测因子

预测因子应根据评价因子而定，选取有环境空气质量标准的评价因子作为预测因子。

2. 预测范围

预测范围应覆盖评价范围，同时还应考虑污染源的排放高度、评价范围的主导风向、地形和周围环境敏感区的位置等进行适当调整。

计算污染源对评价范围的影响时，一般取东西向为 x 坐标轴、南北向为 y 坐标轴，项目位于预测范围的中心区域。

3. 计算点

计算点可分3类：环境空气敏感区、预测范围内的网格点以及区域最大地面浓度点。应选择所有的环境空气敏感区中的环境空气保护目标作为计算点。

预测网格点的分布应进行足够的分辨以尽可能精确预测污染源对评价范围的最大影响，预测网格可以根据具体情况采用直角坐标网格或极坐标网格，并应覆盖整个评价范围。预测网格点设置方法见表6-11。

表6-11 预测网格点设置方法

预测网格方法	直角坐标网格	极坐标网格	
布点原则	网格等间距或近密远疏法	径向等间距或距源中心近密远疏法	
预测网格点网格距	距离源中心≤1000 m	50～100 m	50～100 m
	距离源中心>1000 m	100～500 m	100～500 m

区域最大地面浓度点的预测网格设置，应依据计算出的网格点浓度分布而定，在高浓度分布区，计算点间距应不大于50 m。对于临近污染源的高层住宅楼，应适当考虑不同代表高度上的预测受体。

4. 污染源计算清单

大气污染源按预测模式的模拟形式分为点源、面源、线源、体源4种类型。

颗粒污染物还应按不同粒径分布计算出相应的沉降速度。如果符合建筑物下洗的情况，还应调查建筑物下洗的参数，建筑物下洗的参数应根据所选预测模式的需要按相应要求内容进行调查。

点源计算清单包括：①点源排放速率（g/s）；②排气筒几何高度（m）；③排气筒出口内径（m）；④排气筒出口处烟气排放速度（m/s）；⑤排气筒出口处的烟气温度（K）。

面源计算清单按矩形面源、多边形面源和近圆形面源进行分类。其参数包括：①面源排放速率［$g/(s\cdot m^2)$］；②排放高度（m）；③长度（m）（矩形面源较长的一边），宽度（m）（矩形面源较短的一边）。

体源参数包括：①体源排放速率（g/s）；②排放高度（m）；③初始横向扩散参数（m），初始垂直扩散参数（m）。

5. 气象条件

计算小时平均质量浓度需采用长期气象条件，进行逐时或逐次计算。选择污染最严重的（针对所有计算点）小时气象条件和对各环境空气保护目标影响最大的若干个小时气象条件（可视对各环境空气敏感区的影响程度而定）作为典型小时气象条件。

计算日平均质量浓度需采用长期气象条件，进行逐日平均计算。选择污染最严重的

（针对所有计算点）日气象条件和对各环境空气保护目标影响最大的若干个日气象条件（可视对各环境空气敏感区的影响程度而定）作为典型日气象条件。

6. 地形数据

非平坦的评价范围内，地形的起伏对污染物的传输、扩散会有一定的影响。对于复杂地形下的污染物扩散模拟需要输入地形数据。地形数据的来源应予以说明，地形数据的精度应结合评价范围及预测网格点的设置进行合理选择。

7. 确定预测内容和设定预测情景

大气环境影响预测内容依据评价工作等级和项目的特点而定。

一级评价项目预测内容一般包括：①全年逐时或逐次小时气象条件下，环境空气保护目标、网格点处的地面质量浓度和评价范围内的最大地面小时质量浓度；②全年逐日气象条件下，环境空气保护目标、网格点处的地面质量浓度和评价范围内的最大地面日平均质量浓度；③长期气象条件下，环境空气保护目标、网格点处的地面质量浓度和评价范围内的最大地面年平均质量浓度；④非正常排放情况，全年逐时或逐次小时气象条件下，环境空气保护目标的最大地面小时质量浓度和评价范围内的最大地面小时质量浓度；⑤对于施工期超过一年，并且施工期排放的污染物影响较大的项目，还应预测施工期间的大气环境质量。二级评价项目预测内容为一级评价内容中的前4项内容。三级评价项目可不进行上述预测。

根据预测内容设定预测情景，一般考虑5个方面的内容：污染源类别、排放方案、预测因子、气象条件、计算点。常规预测情景组合见表6－12。

表6－12 常规预测情景组合

序号	污染源类别	排放方案	预测因子	计算点	常规预测内容
1	新增污染源（正常排放）	现有方案/推荐方案	所有预测因子	环境空气保护目标 网格点 区域最大地面浓度点	小时浓度 日平均浓度 年均浓度
2	新增污染源（非正常排放）	现有方案/推荐方案	主要预测因子	环境空气保护目标 区域最大地面浓度点	小时浓度
3	削减污染源（若有）	现有方案/推荐方案	主要预测因子	环境空气保护目标	日平均浓度 年均浓度
4	被取代污染源（若有）	现有方案/推荐方案	主要预测因子	环境空气保护目标	日平均浓度 年均浓度
5	其他在建、拟建项目相关污染源（若有）		主要预测因子	环境空气保护目标	日平均浓度 年均浓度

四、大气环境影响评价

大气环境影响预测分析与评价的主要内容包括以下方面：

（1）大气敏感区的环境影响分析，应考虑其预测值和同点位处的现状背景值的最大值的叠加影响；对最大地面质量浓度点的环境影响分析可考虑预测值和所有现状背景值的平均值的叠加影响。

（2）叠加现状背景值，分析项目建成后最终的区域环境质量状况，即：新增污染源预测值+现状监测值-削减污染源计算值（如果有）-被取代污染源计算值（如果有）=项目建成后最终的环境影响。

（3）若评价范围内还有其他在建项目、已批复环境影响评价文件的拟建项目，也应考虑其建成后对评价范围的共同影响。

（4）分析典型小时气象条件下，项目对环境空气敏感区和评价范围的最大环境影响，分析是否超标、超标程度、超标位置，分析小时质量浓度超标概率和最大持续发生时间，并绘制评价范围内出现区域小时平均质量浓度最大值时所对应的质量浓度等值线分布图。

（5）分析典型日气象条件下，项目对环境空气敏感区和评价范围的最大环境影响，分析是否超标、超标程度、超标位置，分析日平均质量浓度超标概率和最大持续发生时间，并绘制评价范围内出现区域日平均质量浓度最大值时所对应的质量浓度等值线分布图。

（6）分析长期气象条件下，项目对环境空气敏感区和评价范围的环境影响，分析是否超标、超标程度、超标范围及位置，并绘制预测范围内的质量浓度等值线分布图。

（7）分析评价不同排放方案对环境的影响，即从项目的选址、污染源的排放强度与排放方式、污染控制措施等方面评价排放方案的优劣，并针对存在的问题（如果有）提出解决方案。

（8）对解决方案进行进一步预测和评价，并给出最终的推荐方案。

五、防治大气污染的措施和建议

1. 防治大气污染的措施

（1）合理安排工业布局和城镇功能分区。应结合城镇规划，全面考虑工业的合理布局。工业区一般应配置在城市的边缘或郊区，位置应当在当地最大频率风向的下风侧，使得废气吹向居住区的次数最少。居住区不得修建有害工业企业。

（2）加强绿化。植物除美化环境外，还具有调节气候，阻挡、滤除和吸附灰尘，吸收大气中的有害气体等功能。

（3）加强对居住区内局部污染源的管理。如饭馆、公共浴室等的烟囱、废品堆放处、垃圾箱等均可散发有害气体污染大气并影响室内空气，卫生部门应与有关部门配合、加强管理。

（4）控制燃煤污染。①采用原煤脱硫技术，可以除去燃煤中40%～60%的无机硫。优先使用低硫燃料，如含硫较低的低硫煤和天然气等；②改进燃煤技术，减少燃煤过程中二氧化硫和氮氧化物的排放量，如液态化燃煤技术主要是利用加进石灰石和白云石，与二氧化硫发生反应，生成硫酸钙随灰渣排出，对煤燃烧后形成的烟气在排放到大气中之前进行烟气脱硫；③开发新能源，如太阳能、风能、核能、可燃冰等，但是目前技术不够成熟，如果使用会造成新污染，且消耗费用十分高。

（5）加强工艺措施。①加强工艺过程，采取以无毒或低毒原料代替毒性大的原料，采取闭路循环以减少污染物的排放等；②加强生产管理，防止一切可能排放废气污染大气的情况发生；③综合利用变废为宝，如电厂排出的大量粉煤灰可制成水泥、砖等建筑材料。

（6）区域集中供暖供热设立大的电热厂和供热站，实行区域集中供暖供热，尤其是将热电厂、供热站设在郊外，对于矮烟囱密集、冬天供暖的北方城市来说，是消除烟尘十分有效的措施。

（7）交通运输工具废气的治理。减少汽车尾气排放，主要是改进发动机的燃烧设计和提高油的燃烧质量，加强交通管理。解决汽车尾气问题一般常采用安装汽车催化转化器，使燃料充分燃烧，减少有害物质的排放。转化器中催化剂用高温多孔陶瓷载体，上涂微细分散的钯和铂，可将 NO_x、HC、CO 等转化为氮气、水和二氧化碳等无害物质。另外，也可以开发新型燃料，如甲醇、乙醇等含氧有机物、植物油和气体燃料，降低汽车尾气污染排放量。采用有效控制私人轿车的发展、扩大地铁的运输范围和能力、使用绿色公共汽车（采用液化石油气和压缩燃气）等环保车辆，也是解决环境污染的有效途径。

（8）烟囱除尘。烟气中二氧化硫控制技术分干法（以固体粉末或颗粒为吸收剂）和湿法（以液体为吸收剂）两大类。排烟烟囱越高越有利于烟气的扩散和稀释，一般烟囱高度超过 100 m 效果就已十分明显，过高造价急剧上升是不经济的。应当指出这是一种以扩大污染范围为代价减少局部地面污染的办法。

2. 大气环境影响评价结论与建议

（1）项目选址及总图布置的合理性和可行性。根据大气环境影响预测结果及大气环境防护距离计算结果，评价项目选址及总图布置的合理性和可行性，并给出优化调整的建议及方案。

（2）污染源的排放强度与排放方式。根据大气环境影响预测结果，比较污染源的不同排放强度和排放方式（包括排气筒高度）对区域环境的影响，并给出优化调整的建议。

（3）大气污染控制措施。大气污染控制措施必须保证污染源的排放符合排放标准的有关规定，同时最终环境影响也应符合环境功能区划要求。根据大气环境影响预测结果评价大气污染防治措施的可行性，并提出对项目实施环境监测的建议，给出大气污染控制措施优化调整的建议及方案。

（4）大气环境防护距离设置。根据大气环境防护距离计算结果，结合厂区平面布置图，确定项目大气环境防护区域。若大气环境防护区域内存在长期居住的人群，应给出相应的搬迁建议或优化调整项目布局的建议。

（5）污染物排放总量控制指标的落实情况。评价项目完成后污染物排放总量控制指标能否满足环境管理要求，并明确总量控制指标的来源。

（6）大气环境影响评价结论。结合项目选址、污染源的排放强度与排放方式、大气污染控制措施以及总量控制等方面综合进行评价，明确给出大气环境影响可行性结论。

第七章　地表水环境影响评价

第一节　地表水体污染与自净

一、地表水资源状况

地球水97%的水是海水，2.977%是以冰川或冰盖的形式存在，只有0.003%的淡水是可为人类直接利用的，包括土壤水、可开采地下水、水蒸气、江河和湖泊水等。

地表水资源则是指地表水中可以逐年更新的淡水量，是水资源的重要组成部分，包括冰雪水、河川水和湖沼水等，通常以还原后的天然河川径流量表示其数量。由于地表水和地下水之间存在着一定的联系，因此，在水资源评价中必须扣除地下水补给河流的那部分水量。地表水由分布于地球表面的各种水体，如海洋、江河、湖泊、沼泽、冰川、积雪等组成。作为水资源的地表水，一般是指陆地上可实施人为控制、水量调度分配和科学管理的水。据理论估算，全球地表水总量为14亿立方千米。其中，海洋13.7亿立方千米、河流1700立方千米、淡水湖及水库12.5万立方千米、冰川和永久积雪水0.3亿立方千米。

二、水体污染

人类活动和自然过程的影响可使水的感官性状（色、嗅、味、透明度等）、物理化学性质（温度、氧化还原电位、电导率、放射性、有机和无机物质组分等）、水生物组成（种类、数量、形态等），以及底部沉积物的数量和组分发生恶化、破坏水体原有的功能。

一定量的污水、废水、各种废弃物等污染物质进入水域，超出了水体的自净和纳污能力，从而导致水体及其底泥的物理、化学性质和生物群落组成发生不良变化，破坏了水中固有的生态系统和水体的功能，从而降低水体使用价值的现象，即为水体污染。自然界中的水体污染，从不同的角度可以划分为各种污染类别。

从污染成因上划分，可以分为自然污染和人为污染。自然污染是指由于特殊的地质或自然条件，使一些化学元素大量富集，或天然植物腐烂时产生的某些有毒物质或生物病原体进入水体，从而污染了水质。人为污染则是指由于人类活动（包括生产性的和生活性的）引起地表水水体污染。

从污染源（环境污染物的来源）划分，可分为点污染源和面污染源。点污染是指污染物质从集中的地点（如工业废水及生活污水的排放口）排入水体。面污染则是指污染物质来源于大面积的地面上（或地下），如农田施用化肥和农药，灌排后常含有农药和化肥的成分；城市、矿山在雨水冲刷地面污染物形成的地面径流等。面源污染的排放是以扩散方式进行的，时断时续，并与气象因素有联系。

从污染的性质划分，可分为物理性污染、化学性污染和生物性污染。物理性污染是指水的浑浊度、温度和水的颜色发生改变，水面的漂浮油膜、泡沫以及水中含有的放射性物质增加等；化学性污染包括有机化合物和无机化合物的污染，如水中溶解氧减少，溶解盐类增加，水的硬度变大，酸碱度发生变化或水中含有某种有毒化学物质等；生物性污染是指水体中进入了细菌和污水微生物等。

在进行地表水环境影响评价预测时经常将水体污染物分成4种类型：持久性污染物、非持久性污染物、酸碱和废热。

（1）持久性污染物是指在水环境中很难通过物理、化学、生物作用而分解、沉淀和挥发的污染物，通常包括在水环境中难降解、毒性大、易长期积累的有毒物质，如金属、无机盐和许多高分子有机化合物等。如果水体的$BOD_5/COD < 0.3$，通常认为其可生化性差，其中所含的污染物可视为持久性污染物。

（2）非持久性污染物是指在水环境中某些因素作用下，由于发生化学或生物反应而不断衰减的污染物，如好氧有机物。通常表征水质状况的COD、BOD_5等指标均视为非持久性污染物。

（3）酸碱污染物是指各种废酸、废碱等，通常以pH值表征。

（4）废热主要指排放热废水，由水温表征。

三、水体自净

水体可以在其环境容量范围内，经过自身的物理、化学和生物作用，使受纳的污染物浓度不断降低，逐渐恢复原有的水质，这种过程叫水体自净。水体自净可以看作是污染物在水体中迁移、转化和衰减的过程。迁移和转化作用包括：推流迁移、分散稀释、吸附沉降等方面；衰减变化包括：污染物的好氧生化衰减过程、有机污染物的好氧生化降解、硝化作用、温度影响、脱氮作用、硫化物的反应、细菌衰减作用、重金属和有机毒物的衰减作用。

废水或污染物一旦进入水体后，就开始了自净过程。该过程由弱到强，直到趋于恒定，使水质逐渐恢复到正常水平。全过程的特征是：①进入水体中的污染物，在连续的自净过程中，总的趋势是浓度逐渐下降；②大多数有毒污染物经各种物理、化学和生物作用，转变为低毒或无毒化合物；③重金属类污染物，从溶解状态被吸附或转变为不溶性化合物，沉淀后进入底泥；④复杂的有机物，如碳水化合物，脂肪和蛋白质等，不论在溶解氧富裕还是在缺氧条件下，都能被微生物利用和分解，先降解为较简单的有机物，再进一步分解为二氧化碳和水；⑤不稳定的污染物在自净过程中转变为稳定的化合物，如氨转变为亚硝酸盐，再氧化为硝酸盐；⑥在自净过程的初期，水中溶解氧数量急剧下降，到达最低点后又缓慢上升，逐渐恢复到正常水平；⑦进入水体的大量污染物，如果是有毒的，则生物不能栖息，如不逃避就要死亡，水中生物种类和个体数量就要随之大量减少，随着自净过程的进行，有毒物质浓度或数量下降，生物种类和个体数量也逐渐随之回升，最终趋于正常的生物分布。进入水体的大量污染物中，如果含有机物过高，那么微生物就可以利用丰富的有机物为食料而迅速的繁殖，溶解氧随之减少。

四、水体耗氧与复氧

水体耗氧与复氧过程是指在水中有机物不断降解的同时，水中的溶解氧不断被消耗，水体氧平衡被破坏，空气中的氧不断溶入水中的过程。

1. 耗氧过程

水体的耗氧过程包括有机物降解耗氧、水生植物呼吸耗氧、水体底泥好氧等。有机污染物的降解一般分为两个阶段：第一阶段为碳氧化阶段，主要是不含氮有机物的氧化，同时也包含部分含氮有机物的氨化及氨化后生成的含氮有机物的继续氧化，这一阶段一般要持续7～8 d，氧化的最终产物为水和CO_2，该阶段的BOD被称为碳化耗氧量（BOD_1）；第二阶段为氨氮硝化阶段，此阶段的BOD被称为硝化耗氧量（BOD_2）。这两个阶段不是完全独立的，对于污染较轻的水体，两个阶段往往同时进行，而污染较重的水体一般是先进行碳氧化阶段再进行氨氮硝化阶段。

一般而言，上述耗氧过程所导致的溶解氧浓度变化均可用一级反应动力学方程表示。

（1）碳化耗氧量（BOD_1）。有机污染物生化降解，使碳化耗氧量衰减，其耗氧量为

$$\rho_{BOD_1}=\rho_{BOD_C}(1-e^{-K_1t}) \tag{7-1}$$

式中 ρ_{BOD_C}——总碳化耗氧量，mg/L；

K_1——碳化好氧系数，d^{-1}；

t——污染物在水体中的停留时间，d。

（2）含氮化合物硝化耗氧（BOD_2）。

$$\rho_{BOD_2}=\rho_{BOD_N}(1-e^{-K_Nt}) \tag{7-2}$$

式中 ρ_{BOD_N}——总硝化耗氧量，mg/L；

K_N——硝化好氧系数，d^{-1}。

由于含氮化合物硝化作用滞后于碳化耗氧，故式（7-2）可写成

$$\rho_{BOD_2}=\rho_{BOD_N}[1-e^{-K_N(t-a)}] \tag{7-3}$$

式中 a——硝化比碳化滞后的时间，d。

（3）水生植物呼吸耗氧（BOD_3）。水体中的藻类和其他水生植物由于呼吸作用而耗氧，其耗氧量为

$$\rho_{BOD_3}=-Rt \tag{7-4}$$

式中 ρ_{BOD_3}——水生植物耗氧量，mg/L；

R——水生植物呼吸消耗水体中溶解氧的速率系数，mg/(L·d)；

t——水生植物呼吸时间，d。

（4）水体底泥耗氧（BOD_4）。底泥耗氧的主要原因是由于底泥中返回到水中的耗氧物质和底泥顶层耗氧物质的氧化分解。目前底泥耗氧的机理尚未完全阐明。

2. 复氧过程

水体复氧过程包括大气复氧和水生植物的光合作用复氧。

（1）大气复氧。大气中氧气进入水体的速率和水体的氧亏量成正比。氧亏量$\rho_D=\rho_{DO_S}-\rho_{DO}$，$\rho_{DO_S}$为水温$T$下水体的饱和溶解氧浓度，$\rho_{DO}$为水体中的溶解氧浓度。

$$\frac{d\rho_D}{dt}=-K_2\rho_D \tag{7-5}$$

式中 K_2——大气复氧速率系数，d^{-1}。

饱和溶解氧浓度是温度、盐度和大气压力的函数，在标准大气压力下，淡水中的饱和溶解氧浓度可以用式（7-6）计算。

$$\rho_{DO_S} = 468/(31.6 + T) \tag{7-6}$$

式中 ρ_{DO_S}——饱和溶解氧浓度，mg/L；

T——水温，℃。

在河口，饱和溶解氧浓度还会受到水的含盐量的影响，这时可以用海尔（Hyer，1971）经验式计算：

$$\rho_{DO_S} = 14.6244 - 0.367134T + 0.0044972T^2 - 0.0966S + 0.00205ST + 0.0002739S^2 \tag{7-7}$$

式中 S——水中含盐量，‰；

T——水温，℃。

（2）光合作用复氧。水生植物的光合作用是水体复氧的另一个重要来源。奥康纳（O'Conner，1965）假定光合作用的速率随着光线照射强度的变化而变化，中午光照最强时，产氧速率最快，夜晚没有光照时，产氧速率为零。

五、水环境容量与总量控制

水环境容量是指水体在环境功能不受损害的前提下所能接纳的污染物的最大允许排放量。水体一般分为河流、湖泊和海洋，受纳水体不同，其消纳污染物的能力也不同。需要说明的是，环境容量所指“环境”是一个较大的范围，如果范围很小，由于边界与外界的物质、能量交换量相对于自身所占比例较大，此时通常改称为环境承载能力。

水环境容量的主要作用是对排污进行控制，利用水体自净能力进行环境规划。

根据水环境质量目标，水环境容量可分为自然容量和管理容量，前者是以水体的自然基准值作为水质目标；后者是以满足一定的水环境质量标准作为环境目标。

根据水环境容量产生机制和污染物迁移降解机理，水环境容量可分为迁移容量、稀释容量和自净容量。

根据污染物排放口分布特征，水环境容量可分为面源环境容量和点源环境容量等。

水环境容量建立在水质目标和水体稀释自净规律的基础上，与水环境的空间特性、运动特性、功能、本底值、自净能力以及污染物特性、排放数量及排放方式等多种因素有关。因此对于水环境容量的确定，目前仍然存在着模型选择、参数识别、模型计算中不确定因素难以量化等困难，尤其是对于面源环境容量。

1. 水环境容量估算方法

（1）对于拟接纳开发区污水的水体，如常年径流的河流、湖泊、近海水域应估算其环境容量。

（2）污染因子应包括国家和地方规定的重点污染物、开发区可能产生的特征污染物和受纳水体敏感的污染物。

（3）根据水环境功能区划明确受纳水体不同断（界）面的水质标准要求，通过现有资料或现场监测分析清楚受纳水体的环境质量状况，分析受纳水体水质达标程度。

（4）在对受纳水体动力特性进行深入研究的基础上，利用水质模型建立污染物排放和受纳水体水质之间的输入响应关系。

（5）确定合理的混合区，根据受纳水体水质达标程度，考虑相关区域排污的叠加影响，应用输入响应关系，以受纳水体水质按功能达标为前提，估算相关污染物的环境容量

(即最大允许排放量或排放强度)。

2. 水污染物排放总量控制目标的确定

要确定建设项目总量控制目标，应进行以下工作：

(1) 确定总量控制因子。建设项目向水环境排放的污染物种类繁多，不能对其全部实施总量控制，确定对哪几种水污染物实施总量控制是一个非常重要的问题，要根据地区的具体水质要求和项目性质合理选择总量控制因子。

(2) 计算建设项目不同排污方案的允许排污量。根据区域环境目标和不同的排污方案，计算建设项目的允许排污量。

(3) 分配建设项目总量控制目标。根据各个不同排污方案，通过经济和环境效益的综合分析，确定项目总量控制目标。

3. 水环境容量和水污染物排放总量控制主要内容

(1) 选择总量控制指标因子：COD、氨氮、总氰化物、石油类等因子以及受纳水体最敏感的特征因子。

(2) 分析基于环境容量约束的允许排放总量和基于技术经济条件约束的允许排放总量。

(3) 对于拟接纳开发区污水的水体，如常年径流的河流、湖泊、近海水域，应根据环境功能区划所规定的水质标准要求，选择适当的水质模型分析确定水环境容量［河流/湖泊：水环境容量；河口/海湾：水环境容量/最小初始稀释度；（开敞的）近海水域：最小初始稀释度］；对季节性河流，原则上不要求确定水环境容量。

(4) 对于现状水污染物实现达标排放，水体无足够的环境容量可以利用的情形，应在制定基于水环境功能的区域水污染控制计划的基础上确定开发区水污染物排放总量。

(5) 如预测的各项总量值均低于上述基于技术水平约束下的总量控制和基于水环境容量的总量控制指标，可选择最小的指标提出总量控制方案。如预测总量大于上述两类指标中的某一类指标，则需调整规划，降低污染物总量。

第二节 地表水环境影响评价等级与范围

一、地表水环境影响评价主要内容

地表水环境影响评价是从环境保护的目标出发，采用适当的评价手段确定拟开发行动或建设项目排放的主要污染物对水环境可能带来的影响范围和程度，提出避免、消除或减轻负面影响的对策，为开发行动或建设项目方案的优化决策提供依据。

1. 地表水环境影响评价基本思路

(1) 根据地表水环境影响评价技术导则和区域可持续发展的要求，明确包括水质要求和环境效益在内的环境质量目标。

(2) 根据国家排污控制标准（排放标准），分析和界定建设项目可能产生的特征污染物和污染源强（水质和水量指标）。

(3) 选择合理的水质模型，建立污染源与环境质量目标的关系，根据各种工况下不同的污染源强进行水环境影响预测评价。

（4）采取社会、环境、经济协调统一的分析方法，优化污染源控制方案，实现建设项目水污染源的"达标排放，总量控制"。

（5）通过综合分析、评价，得出项目建设的环境可行性结论。

2. 地表水环境影响评价的主要任务

（1）明确工程项目性质。全面了解建设项目的背景、进度和规模，调查其生产工艺和可能造成的环境影响因素，明确工程及环境影响性质，主要包括以下3个方面：①拟建工程是否符合产业政策与区域规划；②划分拟建工程的环境影响属性，是环境污染型还是生态破坏型；③界定新、改、扩建项目，明确是否有"以新带老"的问题。

（2）划定评价工作等级。依据《环境影响评价技术导则　地面水环境》，结合建设项目外排水污染源的特点和当地水环境的特征，对地表水环境影响评价工作进行分级。

（3）地表水环境现状调查和评价。通过水质和水文调查、现有污染源调查，弄清水环境现状，确定水环境问题的性质和类型，并对水质现状进行评价。

（4）建设项目工程（水污染源）分析。根据建设项目的生产工艺流程、原辅材料消耗及用水量，通过工程分析及物料平衡和水平衡分析，弄清建设项目所产生的各类水污染源强（水质和水量指标），分析确定工程项目采用的废（污）水处理方案的有效性及可靠性，确定不同工况下的水污染负荷量（主要是特征污染物的水质和数量指标）。

（5）建设项目的水环境影响预测与评价。利用现状调查和工程分析的有关数据，确定水质参数和计算条件，选择合适的水质模型，建立水质输入响应关系。针对不同工况下的外排污染负荷量预测建设项目对地表水环境的影响范围及程度。根据环境影响预测结果，依据国家污染物排放标准和环境质量标准，对建设项目的水环境影响进行综合分析评价。

（6）提出控制水污染的方案和保护水环境的措施。根据上述的项目环境影响预测和评价，比较优化建设方案，评定与估计建设项目对地表水影响的范围和程度，预测受影响水体的环境质量变化和达标率，为了实现水环境质量保护目标，提出水环境保护的建议和措施。

二、地表水环境影响评价工作等级划分与范围确定

1. 地表水环境影响评价等级的划分

我国《环境影响评价法》中规定，对于建设项目的环境影响评价实行分类管理，即根据建设项目对环境影响的程度，把建设项目分为编制环境影响评价报告书的、编制环境影响报告表的和填写环境影响评价登记表的。对于编制环境影响评价报告书的项目，根据环境特征、建设项目的特征、规模及其对环境影响的程度等，又划分了3个评价等级，不同等级的评价工作要求不同，一级评价项目要求最高，二级次之，三级最低。在编制环评大纲时，即要通过初步的工程分析和环境调查，确定水环境的评价等级。

在《环境影响评价技术导则　地面水环境》（HJ/T 2.3—1993）中，根据拟建项目排放的废水量、废水组分复杂程度、废水中污染物迁移、转化和衰变特点以及受纳水体规模和类别，将地表水环境影响评价分为三级。地表水环境影响评价的判据见表7－1和表7－2。

表7-1　地表水环境影响评价分级判据

建设项目污水排放量/（$m^3 \cdot d^{-1}$）	建设项目污水水质的复杂程度	一级		二级		三级	
		地面水域规模（大小规模）	地面水水质要求（水质类别）	地面水域规模（大小规模）	地面水水质要求（水质类别）	地面水域规模（大小规模）	地面水水质要求（水质类别）
≥20000	复杂	大	Ⅰ~Ⅲ	大	Ⅳ、Ⅴ		
		中、小	Ⅰ~Ⅳ	中、小	Ⅴ		
	中等	大	Ⅰ~Ⅲ	大	Ⅳ、Ⅴ		
		中、小	Ⅰ~Ⅳ	中、小	Ⅴ		
	简单	大	Ⅰ、Ⅱ	大	Ⅲ~Ⅴ		
		中、小	Ⅰ~Ⅲ	中、小	Ⅳ、Ⅴ		
<20000且≥10000	复杂	大	Ⅰ~Ⅲ	大	Ⅳ、Ⅴ		
		中、小	Ⅰ~Ⅳ	中、小	Ⅴ		
	中等	大	Ⅰ、Ⅱ	大	Ⅲ、Ⅳ	大	Ⅴ
		中、小	Ⅰ、Ⅱ	中、小	Ⅲ~Ⅴ		
	简单			大	Ⅰ~Ⅲ	大	Ⅳ
		中、小	Ⅰ	中、小	Ⅱ~Ⅳ	中、小	Ⅴ
<10000且≥5000	复杂	大、中	Ⅰ、Ⅱ	大、中	Ⅲ、Ⅳ	大、中	Ⅴ
		小	Ⅰ、Ⅱ	小	Ⅲ、Ⅳ	小	Ⅴ
	中等			大、中		大、中	Ⅳ、Ⅴ
		小	Ⅰ	小		小	Ⅴ
	简单			大、中		大、中	Ⅲ~Ⅴ
				小		小	Ⅳ、Ⅴ

表7-2　海湾环境影响评价分级判据

污水排放量/（$m^3 \cdot d^{-1}$）	污水水质的复杂程度	一级	二级	三级
≥20000	复杂	各类海湾		
	中等	各类海湾		
	简单	小型封闭海湾	其他各类海湾	
<20000且≥5000	复杂	小型封闭海湾	其他各类海湾	
	中等		小型封闭海湾	其他各类海湾
	简单		小型封闭海湾	其他各类海湾
<5000且≥1000	复杂		小型封闭海湾	其他各类海湾
	中等或简单			各类海湾
<1000且≥500	复杂			各类海湾

就地表水环境影响评价的等级划分而言，其基本原则可归纳为：污水排放量越大，水质越复杂，则建设项目对地表水的污染影响越大；要求环境影响评价做得越仔细，评价等级就越高；地表水规模越小，水质要求越严，则对外界污染影响的承受能力越小，相应的对环境影响评价工作的要求越高，评价等级也相应越高。

低于三级地面水环境影响评价条件的建设项目，无须进行地面水环境影响评价，只需按照环境影响评价报告表的有关规定，简要说明所排放的污染物的类型和数量、给排水状况、排水去向等，并进行一些简要的环境影响分析。

2. 地表水环境影响评价范围

地表水环境评价范围应能包括建设项目对周围地表水环境影响较显著的区域。在此区域内进行的评价，能全面说明与地表水环境相联系的环境基础状况，并能充分满足地表水环境影响评价的要求。

评估评价范围确定的合理性，可考虑如下几个方面：

（1）评价范围边界在受保护水体或水域内，应扩大评价范围至受保护水体或水域边界。

（2）正常或非正常工况、事故条件下可能受到影响的水域均应划入评价范围。

（3）因地面水环境影响可能带来的生态退化、地下水污染等地区，应适当扩大评价范围。

三、地表水环境影响评价工作程序

地表水环境影响评价的工作程序一般包括 3 个阶段。

（1）前期准备阶段。具体内容为进行详细的工程分析，确定污染源强和特征污染物，选择确定预测因子，进行详细的环境现状调查，包括水文调查，必要时进行水文测量，调查纳污水体的功能区域，在预测范围内有无需要特别注意的环境敏感目标，如取水口、居民区、学校、医院、党政机关集中办公区、文物保护单位、养殖场、鱼类的“三场”（越冬场、产卵场、索饵场）等，并根据这些情况查阅国家和地方关于设置排污口或排污要求的法律法规和标准，在纳污水体合适的地方设置监测断面（点）进行水质监测，根据监测结果评价水质情况，对引起不达标的原因进行分析调查，在预测范围内进行污染源调查。根据纳污水体的类型（非感潮河流、感潮河流、湖泊、海域）、水文情况（流速、流量、河宽、河深、坡降、河床粗糙程度、弯曲程度、岛屿等）、排污条件（岸边排放、中心排放）及污染物类型（持久性污染物、非持久性污染物）等选择合理的预测模型及参数。

（2）预测计算阶段。根据准备阶段的工作成果，选择合适的参数进行预测计算，成果以表或图的方式反映出来，应特别注意环境敏感目标处的预测结果。

（3）分析评价阶段。对整个地表水环境影响评价得出结论，如果不能满足水体使用功能要求，应采取何种措施才能达到环保要求，如减小污染源强、改变排污口的位置或方式等。

地表水环境影响评价工作程序如图 7－1 所示。

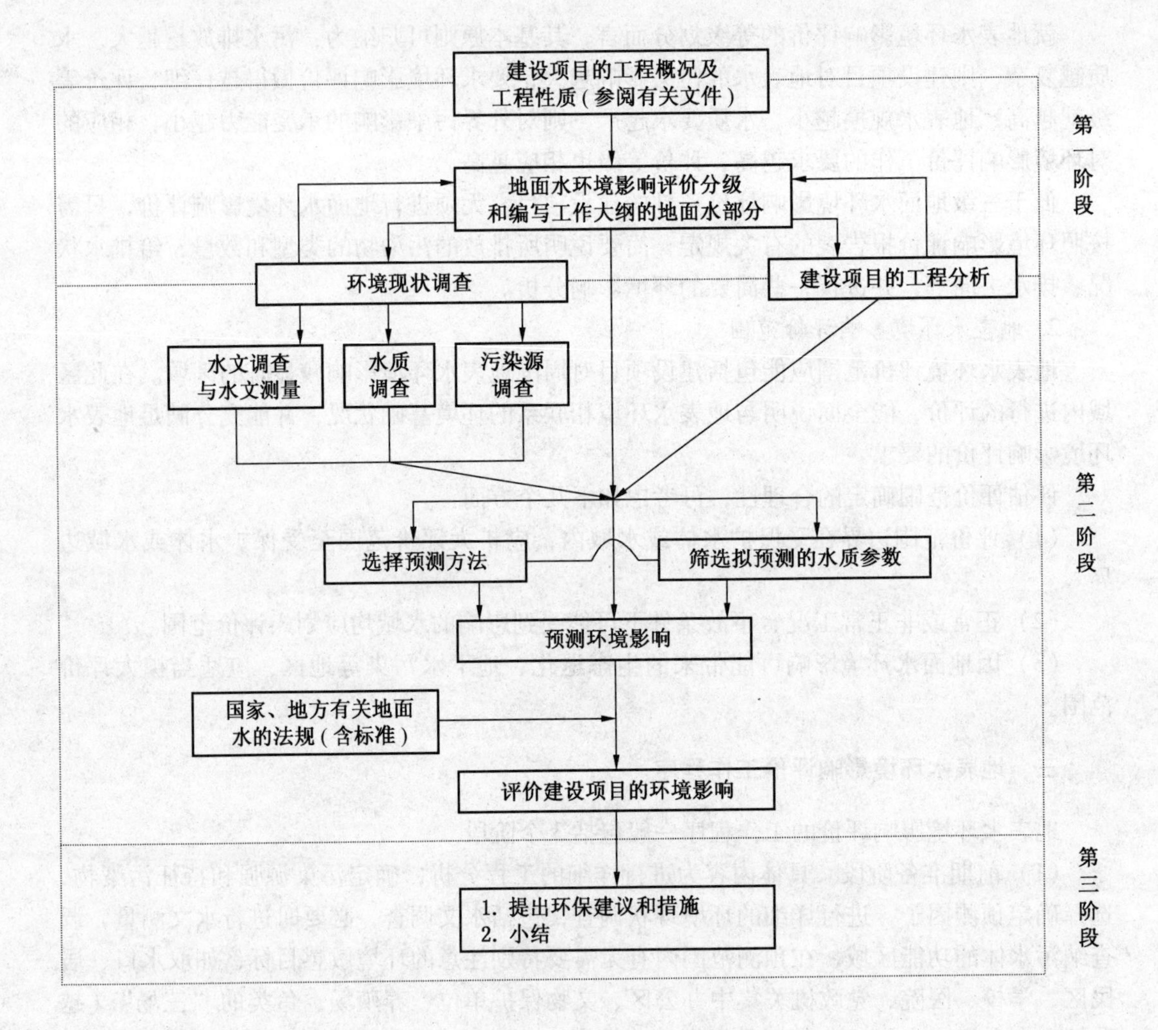

图7-1　地表水环境影响评价工作程序

第三节　地表水环境现状调查与评价

一、地表水环境现状调查内容与方法

进行地表水环境现状调查的目的是了解评价范围内的水环境质量，是否满足水体功能使用要求，取得必要的背景资料，以此为基础进行计算预测，比较项目建设前后水质指标的变化情况。地表水环境现状调查应尽量利用现有数据，如资料不足时需进行实测。地表水环境现状调查方法一般常采用搜集资料法、现场实测法和遥感遥测法，且应根据调查对象的不同选取相应的调查方法。主要调查的内容包括水文调查与测量、水污染源和水环境质量。

1. 水文调查与测量

一般情况，水文调查与测量在枯水期进行，必要时，其他水期（丰水期、平水期、冰封期等）应进行补充调查，调查范围应尽量按照将来污染物排入水体后可能达到地表水环境质量标准的范围确定。

与水质调查同步进行的水文测量，原则上只在一个水期内进行（此时的水质资料应尽量采用水团追踪调查法取得）。水文测量与水质调查的次数和天数不要求完全相同，在能准确求得所需水文特征值及环境水力学参数的前提下，尽量精简水文测量的次数和天数。

水文测量的内容与拟采用的水环境影响预测方法密切相关。在采用数学模式时，应根据所选用的预测模式及应输入的参数的需要决定其内容。在采用物理模型时，水文测量主要应取得足够的制作模型及模型试验所需的水文特征值。

（1）河流。河流水文调查与水文测量的内容应根据评价等级、河流的规模决定，其中主要有：丰水期、平水期、枯水期的划分；河流平直及弯曲情况（如平直段长度或弯曲段的弯曲半径等）；横断面、纵断面（坡度）、水位、水深、河宽、流量、流速及其分布、水温、糙率及泥沙含量等；丰水期有无分流漫滩，枯水期有无浅滩、沙洲和断流；北方河流还应了解结冰、封冻、解冻等现象。如采用数学模式预测时，其具体调查内容应根据评价等级及河流规模按照模式和参数的需要决定。河网地区应调查各河段的流向、流速、流量的关系，了解流向、流速、流量的变化特点。

（2）感潮河口。感潮河口的水文调查与水文测量的内容应根据评价等级、河流的规模决定，其中除与河流相同的内容外，还有感潮河段的范围，涨潮、落潮及平潮时的水位、水深、流向、流速及其分布、横断面、水面坡度以及潮间隙、潮差和历时等。如采用数学模式预测时，其具体调查内容应根据评价等级及河流规模按照模式及参数的需要决定。

（3）湖泊、水库。湖泊和水库的水文调查与水文测量的内容应根据评价等级、湖泊和水库的规模决定，其中主要有湖泊、水库的面积和形状（附平面图），丰水期、平水期、枯水期的划分，流入、流出的水量，停留时间，水量的调度和储量，湖泊、水库的水深，水温分层情况及水流状况（湖流的流向和流速，环流的流向、流速及稳定时间）等。如采用数学模式预测时，其具体调查内容应根据评价等级及湖泊、水库的规模按照参数的需要来决定。

（4）海湾。海湾水文调查与水文测量的内容应根据评价等级及海湾的特点选择下列全部或部分内容：海岸形状，海底地形，潮位及水深变化，潮流状况（小潮和大潮循环期间的水流变化、平行于海岸线流动的落潮和涨潮），流入的河水流量、盐度和温度造成的分层情况，水温、波浪的情况以及内海水与外海水的交换周期等。如采用数学模式预测时，其具体调查内容应根据评价等级及海湾特点按照参数的需要来决定。

（5）降雨资料。需要预测建设项目的面源污染时，应调查历年的降雨资料，并根据预测的需要对资料进行统计分析。

2. 污染源调查

在调查范围内能对地表水环境产生污染影响的主要污染源均应进行调查。水污染源包括两类：点污染源（简称点源）和非点污染源（简称非点源或者面源）。

1）点源调查内容

根据评价工作的需要选择下述全部或部分内容进行调查。有些调查内容可以列成表格。

（1）点源的排放。排放口的平面位置（附污染源平面位置图）及排放去向；排放口在断面上的位置；排放形式（分散排放还是集中排放）。

（2）排放数据。根据现有实测数据、统计报表以及各厂矿的工艺路线等选定的主要水质参数，并调查其现有的排放量、排放速度、排放浓度及变化等数据。

（3）用排水状况。主要调查取水量、用水量、循环水量及排水总量等。

（4）厂矿企业、事业单位的废、污水处理状况。主要调查废、污水的处理设备、处理效率、处理水量及事故状况等。

2）非点源调查内容

（1）非点源的排放。原料、燃料、废料、废弃物的堆放位置（即主要污染源，要求附污染源平面位置图）、堆放面积、堆放形式（几何形状、堆放厚度）、堆放点的地面铺装及其保洁程度、堆放物的遮盖方式等。

（2）排放方式、排放去向与处理情况。应说明非点源污染物是有组织的汇集还是无组织的漫流；是集中后直接排放还是处理后排放；是单独排放还是与生产废水或生活污水共同排放等。

（3）排放数据。根据现有实测数据、统计报表以及根据引起非点源污染的原料、燃料、废料、废弃物的物理、化学、生物化学性质选定调查的主要水质参数，并调查有关排放季节、排放时期、排放量、排放浓度及其变化等数据。

3）其他非点污染源

对于山林、草原、农地非点污染源，应调查有机肥、化肥、农药的施用量，以及流失率、流失规律、不同季节的流失量等。对于城市非点源污染，应调查雨水径流特点、初期城市暴雨径流的污染物数量。

3. 水环境质量调查

水质调查时应尽量用现有数据资料，如资料不足时应实测。在选择水质参数时，应考虑能反映水域水质一般状况的常规水质参数和能代表建设项目将来排放的水质的特征水质参数。常规水质参数以《地表水环境质量标准》(GB 3838—2002）中所提出的 pH 值、溶解氧值、高锰酸盐指数、五日生化需氧量、凯氏氮或非离子氨、酚、氰化物、砷、汞、铬（六价)、总磷以及水温为基础，根据水域类别、评价等级、污染源状况适当删减。特征水质参数根据建设项目特点、水域类别及评价等级选定。

高等级评价可考虑水生生物和底质方面指标。为使评价具有一定的代表性，检测项目一般不应少于 8~10 个。

二、地表水环境现状调查范围

建设项目地表水环境现状调查的范围与地表水环境影响评价范围相同或略大（特殊情况可略小)，确定环境现状调查范围（预测范围）的原则和要求为：

（1）环境现状调查的范围应能包括建设项目对周围地表水环境影响较显著的区域，在此区域内进行调查，能全面说明与地表水环境相联系的环境基本情况，并能充分满足环境影响预测的要求。

（2）在确定某项目具体工程的地表水环境调查范围时，应尽量按照将来污染物排放后可能的达标范围的，可参考表7－3、表7－4和表7－5并考虑评价等级高低（评价等级高时可取调查范围略大，反之可略小）后决定。

表7－3　不同污水排放量时河流环境现状调查范围（排污口下游）　km

污水排放量/($m^3 \cdot d^{-1}$)	大　河	中　河	小　河
＞50000	15～30	20～40	30～50
50000～20000	10～20	15～30	25～40
20000～10000	5～10	10～20	15～30
10000～5000	2～5	5～10	10～25
＜5000	＜3	＜5	5～15

表7－4　不同污水排放量时湖泊（水库）环境现状调查范围（排污口下游）

污水排放量/($m^3 \cdot d^{-1}$)	调查半径/km	调查面积/km^2
＞50000	4～7	25～80
50000～20000	2.5～4	10～25
20000～10000	1.5～2.5	3.5～10
10000～5000	1～1.5	2～3.5
＜5000	≤1	≤2

注：调查面积为以排污口为圆心，以调查半径为半径的半圆面积。

表7－5　不同污水排放量时海湾环境现状调查范围（排污口下游）

污水排放量/($m^3 \cdot d^{-1}$)	调查半径/km	调查面积/km^2
＞50000	5～8	40～100
50000～20000	3～5	15～40
20000～10000	1.5～3	3.5～15
＜5000	≤1	≤3.5

注：调查面积为以排污口为圆心，以调查半径为半径的半圆面积。

三、断面和采样点的布设

1. 河流

1）断面布设

根据河流的水文特征、功能要求与排污口的分布，按水力学原理与法规要求，布设在评价河段上的断面应包括对照断面、削减断面和控制断面，如图7－2所示。

（1）对照断面。应设在排污口上游100～500 m处，基本不受建设项目排水影响的位置，以掌握评价河段的背景水质情况。

（2）削减断面。应设在排污口下游污染物浓度变化不显著的完全混合段，以了解河流中污染物的稀释、净化和衰减情况。

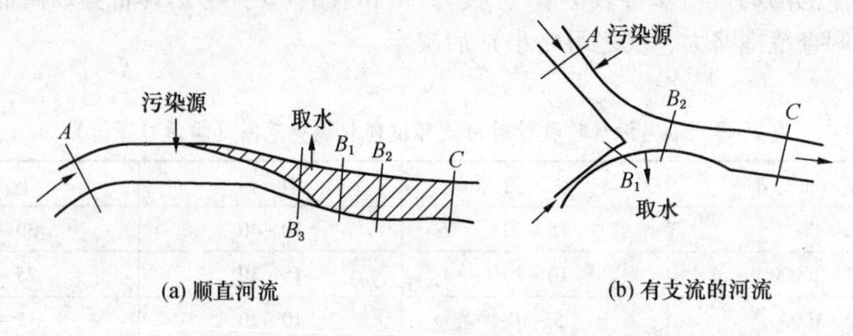

A—对照断面；B_1、B_2、B_3—控制断面；C—削减断面

图7-2　河流监测断面示意图

（3）控制断面。应设在评价河段的末端或评价河段内有控制意义的位置，诸如支流汇入点、建设项目以外的其他污水排放口、工农业用水取水点、地球化学异常的水土流失区域、水工构成物和水文站所在的位置。

削减断面和控制断面的数量可根据评价等级和污染物的迁移、转化规律和河流流量、水力特征和河流的环境条件等情况确定。大的江河在沿岸排污往往会形成岸边污染带，对评价不同水文条件下岸边污染带的状况与规律具有特殊的现实意义。为此必要时可设新的断面，以描述岸边污染带的状况并分析其规律，为科学决策提供依据。

以上断面应尽可能设在河流顺直、河床稳定、无急流浅滩处，非滞水区，并且是污水与河水比较均匀混合的河段。

2）断面垂线的布设

当河流形状为矩形或近似矩形时，可按下列原则布设。

（1）小河。在取样断面的主流线上设一条取样垂线。

（2）大、中河。河宽不大于50 m者，在取样断面上各距岸边1/3水面宽处，设一条取样垂线（垂线应设在有较明显水流处），共设两条取样垂线；河宽大于50 m者，在取样断面的主流线上及距两岸不小于5 m，并有明显水流的地方，各设一条取样垂线即共设3条取样垂线。

（3）特大河。由于河流过宽，取样断面上的取样垂线数应适当增加，而且主流线两侧的垂线数目不必相等，拟设置排污口一侧可以多一些。如断面形状十分不规则时，应结合主流线的位置，适当调整取样垂线的位置和数目。

3）垂线上取样水深的确定

在一条垂线上，水深大于5 m时，在水面下0.5 m水深处及在距河底0.5 m处，各取样一个；水深为1～5 m时，只在水面下0.5 m处取一个样；在水深不足1 m时，取样点距水面不小于0.3 m，距河底也应不小于0.3 m。对于三级评价的小河不论河水深浅，只在一条垂线上一个点取一个样，一般情况下取样点应在水面下0.5 m处，距河底不小于0.3 m。

4）水样的处理

对于二、三级评价，需要预测混合过程段水质的场合，每次应将该段内各取样断面中每条垂线上的水样混合成一个水样。其他情况每个取样断面每次只取一个混合水样，即在该断面上将各处所取的水样混匀成一个水样。对于一级评价，每个取样点的水样均应分析，不取混合样。

2. 湖泊和水库

1）取样位置的布设原则

在湖泊、水库中取样位置的布设原则上应尽量覆盖整个调查范围，并能切实反映湖泊、水库的水质和水文特点。取样位置可以采用以建设项目的排放口为中心，沿放射线布设的方法。每个取样位置的间隔可参考表7－6。

表7－6 湖泊（水库）中每个取样位置的间隔

<table>
<tr><th rowspan="2">湖泊（水库）规模</th><th rowspan="2">污水排放量/（$m^3 \cdot d^{-1}$）</th><th colspan="3">每个垂线平均控制面积/km^2</th></tr>
<tr><th>一级评价</th><th>二级评价</th><th>三级评价</th></tr>
<tr><td rowspan="2">大中型</td><td>＜50000</td><td>1～2.5</td><td>1.5～3.5</td><td>2～4</td></tr>
<tr><td>＞50000</td><td>3～6</td><td colspan="2">4～7</td></tr>
<tr><td rowspan="2">小型</td><td>＜50000</td><td>0.5～1.5</td><td colspan="2">1～2</td></tr>
<tr><td>＞50000</td><td colspan="3">0.5～1.5</td></tr>
</table>

2）取样位置上取样点的设置

（1）大、中型湖泊与水库。平均水深小于10 m时，取样点设在水面下0.5 m处，但距湖库底应不小于0.5 m；平均水深不大于10 m时，首先应找到斜温层。在水面下0.5 m及斜温层以下，距湖库底0.5 m以上处各取一个水样。

（2）小型湖泊与水库。平均水深小于10 m时，水面下0.5 m，并距湖库底不小于0.5 m处设一取样点；平均水深不大于10 m时，水面下0.5 m处和水深10 m，并在距底不大于0.5 m处各取一个水样。

3）水样的处理

（1）小型湖泊与水库。水深小于10 m时，每个取样位置取一个水样；水深大于10 m时，则一般只取一个混合样，在上下层水质差距较大时，可不进行混合。

（2）大、中型湖泊与水库，各取样位置上不同深度的水样均不混合。

3. 海湾

1）取样位置的布设原则

海湾水质取样位置的设置主要考虑污水排放量、评价工作等级，一般按照一定的水域面积布设水质取样位置。在海湾中取样位置的布设原则上应尽量覆盖相应评价等级的调查范围，并能切实反映海湾的水质和水文特点；取样位置可以采用以建设项目的排放口为中心，沿放射线布设的方法或方格网布点的方法。

2）取样位置上取样点

每个位置按照水深布设水质取样点。水深不大于10 m时，只在水面下0.5 m处取一个水样，此点距海底应不小于0.5 m；水深大于10 m时，在水面下0.5 m处和水深10 m，且距海底不小于0.5 m处，分别设取样点。

3）水样的处理

每个取样位置一般只有一个水样，即在水深大于 10 m 时，将两个水深所取的水样混合成一个水样，在上下层水质差距较大时，可以不进行混合。

四、调查时期与频次

1. 调查时期

（1）根据当地水文资料初步确定河流、湖泊、水库的丰水期、平水期、枯水期，同时确定最能代表这 3 个时期的季节或月份。遇气候异常年份，要根据水量实际变化情况确定。对有水库调节的河流，要注意水库放水或不放水时的流量变化情况。

（2）评价等级不同对调查时间的要求亦有所不同。表 7－7 列出了不同评价等级时各类水域的水质调查时期。

表 7－7　各类水域不同评价等级时水质的调查时期

水域	一　级	二　级	三　级
河流	一般情况下为一个水文年的丰水期、平水期、枯水期；若评价时间不够，至少应调查平水期和枯水期	条件许可，可调查一个水文年的丰水期、枯水期和平水期；一般情况下可只调查平水期和枯水期；若评价时间不够，可只调查枯水期	一般情况下，可只在枯水期调查
河口	一般情况下为一个潮汐年的丰水期、平水期、枯水期；若评价时间不够，至少应调查平水期和枯水期	一般情况下可只调查平水期和枯水期；若评价时间不够，可只调查枯水期	一般情况下，可只在枯水期调查
湖泊（水库）	一般情况下为一个水文年的丰水期、平水期、枯水期；若评价时间不够，至少应调查平水期和枯水期	条件许可，可调查一个水文年的丰水期、枯水期和平水期；一般情况下可只调查平水期和枯水期；若评价时间不够，可只调查枯水期	一般情况下，可只在枯水期调查

（3）当被调查的范围内面源污染严重，丰水期水质劣于枯水期时，一、二级评价的各类水域须调查丰水期，若时间允许，三级评价也应调查丰水期。

（4）冰封期较长的水域，且作为生活饮用水、食品加工用水的水源、渔业用水的水域时，应调查冰封期的水质、水文情况。

2. 调查频次

在所规定的不同规模河流、不同评价等级的调查时期中每期调查一次，每次调查 3～4 天，至少有一天对所有已选定的水质参数取样分析，其他天数根据需求，配合水文测量对拟预测的水质参数取样。

不预测水温时，只在采样时测水温；预测水温时，要测日平均水温，一般可采用每隔 6 h 测一次水温的方法求平均水温。

一般情况，每天每个水质参数只取一个样，在水质变化很大时，应采用每间隔一定时间采样一次的方法。

五、地表水环境质量现状评价

地表水水质现状评价是水质调查的继续。评价水质现状主要采用文字分析与描述，并辅之以数学表达式。在文字分析与描述中，有时可采用检出率、超标率等统计值。数学表达式分两种：一种用于单项水质参数评价，另一种用于多项水质参数综合评价。单项水质参数评价简单明了，可以直接了解该水质参数现状与标准的关系，一般均可采用。多项水质参数综合评价只在调查的水质参数较多时方可应用。此方法只能了解多个水质参数的综合现状与相应标准的综合情况之间的某种相对关系。水质现状评价常采用指数法。具体方法如下：

1. 评价依据

地表水环境质量标准和有关法规及当地的环保要求是评价的基本依据。地表水环境质量标准应采用《地表水环境质量标准》(GB 3838—2002）或相应的地方标准；海湾水质标准应采用《海水水质标准》(GB 3097—1997)；有些水质参数国内尚无标准，可参照国外标准或建立临时标准；所采用的国外标准和建立的临时标准应按国家环保部规定的程序报有关部门批准。评价区内不同功能的水域应采用不同类别的水质标准。综合水质的分级应与《地表水环境质量标准》(GB 3838—2002）中水域功能的分类一致，其分级判据与所采用的多项水质参数综合评价方法有关。

2. 选择水质评价因子

水质评价因子从所调查收集的水质参数中选择，其选择遵循的一般原则为：①根据现状评价目的选择评价因子；②根据被评价水体的功能（饮用、渔业、公共娱乐等）选择评价因子；③根据污染源评价结果得出的评价区域主要污染物选择评价因子；④根据水环境评价标准选择评价因子；⑤根据监测条件和测试条件选择评价因子。

通常可供选择的评价因子类别有：感官因子，味、色、SS 等；氧平衡因子，DO、BOD_5、COD 等；营养因子，硝酸盐、磷酸盐等；毒性因子，Cr、As、酚、氰化物等；微生物因子，粪大肠菌群等；重金属因子，Cu、Pb、Hg、Cd 等。

3. 评价因子参数的确定

在单项水质参数评价中，一般情况，某水质因子的参数可采用多次监测的平均值，但如该水质因子监测数据变幅甚大，为了突出高值的影响可采用内梅罗值，或其他计入高值影响的方法。下式为内梅罗值的表达式：

$$C_{内} = \sqrt{\frac{C_{极}^2 + C_{均}^2}{2}} \tag{7-8}$$

式中 $C_{内}$——某水质因子监测数据的内梅罗值，mg/L；

$C_{极}$——某水质因子监测数据的极值，mg/L；

$C_{均}$——某水质因子监测数据的算术平均值，mg/L。

4. 评价方法

水质评价方法主要采用单项水质参数评价法。单项水质参数评价法是将每个污染因子单独进行评价，利用统计得出各自的达标率或超标率、超标倍数、统计代表值等结果。单项水质参数评价能客观地反映水体的污染程度，可清晰地判断出主要污染因子、主要污染时段和水体的主要污染区域，能较完整地提供监测水域的时空污染变化。

单项水质参数评价建议采用标准指数法，其计算公式如下

$$S_{ij} = C_{ij}/C_{si} \tag{7-9}$$

式中 S_{ij}——单项水质参数 i 在第 j 点的标准指数；

C_{ij}——i 污染物在第 j 点的浓度，mg/L；

C_{si}——i 污染物的水质评价标准，mg/L。

1）溶解氧的标准指数

$$S_{DO,j}=\frac{|DO_f-DO_j|}{DO_f-DO_s}\quad (DO_j \geqslant DO_s) \tag{7-10}$$

$$S_{DO,j}=10-9\frac{DO_j}{DO_s}\quad (DO_j < DO_s) \tag{7-11}$$

式中 $S_{DO,j}$——溶解氧在第 j 点的标准指数；

DO_j——溶解氧在第 j 点的浓度，mg/L；

DO_f——饱和溶解氧浓度，mg/L；

DO_s——溶解氧的水质评价标准限值，mg/L。

2）pH 值的标准指数

$$S_{pH,j}=\frac{7.0-pH_j}{7.0-pH_{sd}}\quad (pH_j \leqslant 7.0) \tag{7-12}$$

$$S_{pH,j}=\frac{pH_j-7.0}{pH_{su}-7.0}\quad (pH_j > 7.0) \tag{7-13}$$

式中 pH_j——实测值；

pH_{sd}——评价标准规定的 pH 值下限；

pH_{su}——评级标准规定的 pH 值上限。

水质评价因子的标准指数大于 1，表明该评价因子的水质超过了规定的水质标准，已经不能满足使用功能要求。

在单项水质参数评价中，一般情况下某水质参数的数值可采用多次监测的平均值，但如该水质参数变化甚大，为了突出高值的影响可采用内梅罗平均值或其他计算高值影响的平均值。内梅罗平均值的表达式为

$$C=\left(\frac{C_{max}^2-\overline{C}^2}{2}\right)^{\frac{1}{2}} \tag{7-14}$$

式中 C——内梅罗平均值，mg/L；

C_{max}——水质参数 i 的最大监测值，mg/L；

$\overline{C}$——水质参数 i 的平均监测值，mg/L。

第四节 地表水环境影响预测

一、地表水环境影响预测

建设项目地表水环境影响预测是地表水环境影响评价的中心环节，它的任务是通过一定的技术方法，预测建设项目在不同实施阶段（建设期、运行期、服务期满后）对地表水的环境影响，为采取相应的环保措施及环境管理方案提供依据。

1. 预测原则

（1）对于已确定的评价项目，都应预测建设项目对受纳水域水环境产生的影响，预测的范围、时段、内容及方法均应根据其评价工作等级、工程与水环境特性、当地的环保

要求而定。同时应尽量考虑预测范围内，规划的建设项目可能产生的叠加性水环境影响。

(2）对于季节性河流，应依据当地环保部门所定的水体功能，结合建设项目的污水排放特性，确定其预测的原则、范围、时段、内容及方法。

(3）当水生生物保护对地表水环境要求较高时（如珍贵水生生物保护区、经济鱼类养殖区等)，应简要分析建设项目对水生生物的影响。分析时一般可采用类比调查法或专业判断法。

2. 预测方法

建设项目地面水环境影响常用的预测方法有以下几种：

(1）数学模式法。此方法是利用表达水体净化机制的数学方程预测建设项目引起的水体水质变化。该法能给出定量的预测结果，在许多水域有成功应用水质模型的范例。一般情况此法比较简便，应首先考虑。但这种方法需一定的计算条件和输入必要的参数，而且污染物在水中的净化机制，很多方面尚难用数学模式表达。

(2）物理模型法。此方法是依据相似理论，在一定比例缩小的环境模型上进行水质模拟实验，以预测由建设项目引起的水体水质变化。此方法能反映比较复杂的水环境特点，且定量化程度较高，再现性好，但需要有相应的试验条件和较多的基础数据，且制作模型要耗费大量的人力、物力和时间。在无法利用数学模式法预测，而评价级别较高，对预测结果要求较严时，应选用此法。但污染物在水中的化学、生物净化过程难以在实验中模拟。

(3）类比分析（调查）法。调查与建设项目性质相似，且其纳污水体的规模、水文特征、水质状况也相似的工程。根据调查结果，分析预估拟建设项目的水环境影响。此种预测属于定性或半定量性质。已建的相似工程有可能找到，但此工程与拟建项目有相似的水环境状况则不易找到。所以类比分析（调查）法所得结果往往比较粗略，一般多在评价工作级别较低，且评价时间较短，无法取得足够的参数、数据时，用类比求得数学模式中所需的若干参数、数据。

(4）专业判断法。定性地反映建设项目的环境影响。当水生生物保护对地表水环境要求较高（如珍贵水生生物保护区、经济鱼类养殖区等）或由于评价时间过短等原因无法采用上述3种方法时，可选用此方法。

3. 预测范围和预测点位

1）预测范围

一般来说，地表水影响预测的范围应与现状调查范围相同或略小（特殊情况下也可略大)，确定原则与地表水现状调查相同。

2）预测点位

在预测范围内应选择适当的预测点位，通过预测这些点位所受的水环境影响来全面反映建设项目对该范围内地表水环境的影响。预测点位的数量和预测点位的选择，应根据受纳水体和建设项目的特点、评价等级以及当地的环保要求确定。虽然在预测范围以外，但估计有可能受到影响的重要用水地点，也应选作水质预测点位。

地表水环境现状监测点位应作为预测点位。水文特征突然变化和水质突然变化处的上、下游，重要水工建筑物附近，水文站附近等应选择作为预测点位。当需要预测河流混合过程段的水质时，应在该段河流中选择若干预测点位。

当拟预测水中溶解氧时，应预测最大亏氧点的位置及该点位的浓度，但是分段预测的河段不需要预测最大亏氧点。排放口附近常有局部超标水域，如有必要应在适当水域加密预测点位，以便确定超标水域的范围。

4. 预测阶段与时期

1）地面水环境影响预测时期的划分

预测阶段一般分为建设期、营运期及服务期满后 3 个阶段。所有建设项目均应预测营运期对地面水环境的影响。该阶段的地面水环境影响应按正常排放和不正常排放两种情况进行预测。大型建设项目应根据该项目建设过程阶段的特点和评价等级、受纳水体特点以及当地环保要求决定是否预测该阶段的环境影响。同时具备如下 3 个特点的大型建设项目应预测建设过程阶段的环境影响。

（1）地面水水质要求较高，如要求达到Ⅲ类以上。

（2）可能进入地面水环境的堆积物较多或土方量较大。

（3）建设阶段时间较长，如超过一年。

建设过程阶段对水环境的影响主要来自水土流失和堆积物的流失。根据建设项目的特点、评价等级、地面水环境特点和当地环保要求，个别建设项目应预测服务期满后对地面水环境的影响。矿山开发项目一般应预测此种环境影响。服务期满后地面水环境影响主要来源于水土流失所产生的悬浮物和以各种形式存在于废渣、废矿中的污染物。

2）地面水环境影响的预测时段

地面水环境预测应考虑水体自净能力不同的各个时段。通常可将其划分为自净能力最小、一般、最大 3 个时段。自净能力最小的时段通常在枯水期（结合建设项目设计的要求考虑水量的保证率），个别水域由于面源污染严重也可能在丰水期。自净能力一般的时段通常在平水期。冰封期的自净能力很小，情况特殊，如果冰封期较长可单独考虑。海湾的自净能力与时期的关系不明显，可以不分时段。

评价等级为一、二级时应分别预测建设项目在水体自净能力最小和一般两个时段的环境影响。冰封期较长的水域，当其水体功能为生活饮用水、食品工业用水水源或渔业用水时，还应预测此时段的环境影响。评价等级为三级或评价等级为二级但评价时间较短时，可以只预测自净能力最小时段的环境影响。

5. 预测因子筛选

在选用预测方法之后，还应从工程和环境两方面确定必需的预测条件，方可实施预测工作。建设项目实施过程各阶段拟预测的水质参数应根据建设项目的工程分析和环境现状、评价等级、当地的环保要求筛选和确定。拟预测的水质参数的数目既要说明问题又不能过多，一般应少于环境现状调查水质参数的数目。建设过程、生产运行（包括正常和不正常排放两种情况）、服务期满后各阶段均应根据各自的具体情况决定其拟预测水质参数，彼此不一定相同。

在环境现状调查水质参数中选择拟预测水质参数。对河流，可按下式将水质参数排序后从中选取：

$$\mathrm{ISE}=\frac{C_{\mathrm{p}}Q_{\mathrm{p}}}{(C_{\mathrm{s}}-C_{\mathrm{h}})Q_{\mathrm{h}}} \tag{7-15}$$

式中　ISE——污染物排序指标；

C_p——污染物排放浓度，mg/L；

Q_p——废水排放量，m^3/s；

C_s——污染物排放标准，mg/L；

C_h——河流上游污染物浓度，mg/L；

Q_h——河流流量，m^3/s。

ISE 越大说明建设项目对河流中该项水质参数的影响越大。

二、地表水环境影响预测模型

（一）水质模型预测一般原则

地表水环境影响预测模型是指用于描述水体的水质要素在各种因素作用下随时间和空间变化关系的数学模式。水质预测模式有多种，分类方法也多种多样。按水体类型分为河流模式、河口模式、湖泊模式、海洋模式；按组份多少分为单组份模式、耦合模式、生态综合模式等；按时间变化分为动态模式和稳态模式；按研究对象分为水质模式、pH 值模式、温度模式、水土流失模式等；按空间尺度分为零维、一维、二维、三维模式。本书以空间尺度划分为依据，重点讲述零维、一维及二维水质预测模式在河流水质预测上的应用。

就河流而言，预测范围内的河段可以分为充分混合段、混合过程段和上游河段。充分混合段是指污染物浓度在断面上均匀分布的河段。当断面上任意一点的浓度与断面平均浓度之差小于平均浓度的 5% 时，可以认为达到均匀分布。混合过程段是指排放口下游达到充分混合以前的河段。上游河段是指排放口上游的河段。混合过程段的长度可由下式估算：

$$L=\frac{(0.4B-0.6a)Bu}{(0.058H+0.0065B)(gHI)^{1/2}} \tag{7-16}$$

式中 L——混合过程段长度，m；

B——河流宽度，m；

a——排放口距岸边的距离，m；

u——河流断面平均流速，m/s；

H——平均水深，m；

g——重力加速度，9.81 m/s^2；

I——河流坡度。

采用水质模型进行地表水环境预测时，所遵循的一般原则可归纳为以下几点：

（1）利用数学模式预测河流水质时，充分混合段可以采用一维模式或零维模式预测断面平均水质。大、中河流一、二级评价，且排放口下游 3～5 km 以内有集中取水点或其他特别重要的环保目标时，均应采用二维模式（或弗－罗模式）预测混合过程段水质。其他情况可根据工程、环境特点、评价工作等级及当地环保要求，决定是否采用二维模式。

（2）弗－罗模式适用于预测混合过程段以内的断面平均水质。其使用条件为：大、中河流，$B/H\geqslant 20$，预测水质断面至排放口的距离不小于 3000 m。

（3）河流水温可以采用一维模式预测断面平均值或其他预测方法。pH 值视具体情况可以只采用零维模式预测。

(4) 除个别要求很高的情况（如评价等级为一级）外，感潮河段一般可以按潮周平均、高潮平均和低潮平均3种情况预测水质。感潮河段下游可能出现上溯流动，此时可按上溯流动期间的平均情况预测水质。感潮河段的水文要素和环境水力学参数（主要指水体混合输移参数及水质模式参数）应采用相应的平均值。

(5) 小湖（库）可以采用零维数学模式预测其平衡时的平均水质，大湖应预测排放口附近各点的水质。

(6) 海洋应采用二维数学模式预测平面各点的水质。评价等级为一、二级时，首先应计算流场，然后预测水质。大型排污口选址和倾废区选址，可以考虑进行标识质点的拉格朗日数值计算和现场追踪。预测海区内有重要环境敏感区且为一级评价时，也可以采用这种方法。

(7) 在数学模式中，解析模式适用于恒定水域中点源连续恒定排放，其中二维解析模式只适用于矩形河流或水深变化不大的湖泊、水库；稳态数值模式适用于非矩形河流、水深变化较大的浅水湖泊、水库形成的恒定水域内的连续恒定排放；动态数值模式适用于各类恒定水域中的非连续恒定排放或非恒定水域中的各类排放。

(8) 运用数学模式时的坐标系以排放点为原点，z 轴铅直向上，x 轴、y 轴为水平方向，x 轴方向与主流方向一致，y 轴方向与主流垂直。

(二) 河流常用水质预测模型

1. 零维水质模型

污染物进入河流水体后，在污染物充分混合断面上，污染物的指标无论是溶解态的、颗粒态的还是总浓度，其值均可按节点平衡原理来推求。对河流，零维模型常见的表现形式为河流稀释模型；对于湖泊与水库，零维模型主要有盒模型。

1) 河流常用零维模型的应用对象

(1) 不考虑混合距离的重金属污染物、部分有毒物质等其他保守物质的下游浓度预测与允许纳污量的估算。

(2) 有机物降解性物质的降解项可忽略时，可采用零维模型。

(3) 对于有机物降解性物质，当需要考虑降解时，可采用零维模型分段模拟，但计算精度和实用性较差，最好用一维模型求解。

2) 常用零维水质模型的适用条件

①河流充分混合段；②持久性污染物；③河流为恒定流动；④废水连续稳定排放。

3) 正常设计条件下河流稀释混合模型

(1) 点源稀释混合模型。通用的点源稀释混合模型方程式为

$$c = \frac{c_p Q_p + c_E Q_E}{Q_p + Q_E} \tag{7-17}$$

式中 c——污染物浓度，mg/L；

Q_p——废水排放量，m^3/s；

c_p——污染物排放浓度，mg/L；

Q_E——河流流量，m^3/s；

c_E——河流来水中的污染物浓度，mg/L。

由于污染源作用可线性叠加，多个污染源排放对控制点或控制断面的影响，等于各个污染源单个影响作用之和，符合线性叠加关系。单点源计算可叠加使用，计算多点源条件。单断面或单点约束条件，可根据节点平衡，递推多断面或多点约束条件。

对于可概化为完全均匀混合类的排污情况，排污口与控制断面之间水域的允许纳污量计算公式为

单点源排放：

$$W_C = S(Q_p + Q_E) - Q_E c_E \tag{7-18}$$

式中 W_C——水域允许纳污量，g/L；

S——控制断面水质标准，mg/L。

多点源排放：

$$W_C = S\left(Q_E + \sum_{i=1}^{n} Q_{Pi}\right) - Q_E c_E \tag{7-19}$$

式中 Q_{Pi}——第 i 个排污口污水设计排放流量，m^3/s；

n——排污口个数。

（2）非点源稀释混合模型。对于沿程有非点源（面源）分布入流时，可按下式计算河段污染物的平均浓度：

$$c = \frac{c_p Q_p + c_E Q_E}{Q_p + Q_E} + \frac{W_S}{86.4Q} \tag{7-20}$$

$$Q = Q_p + Q_E + \frac{Q_S}{x_S}x \tag{7-21}$$

式中 W_S——沿程河段内（$x=0$ 到 $x=x_S$）非点源汇入的污染物总负荷量，kg/d；

Q——下游 x 距离处河段流量，m^3/s；

Q_S——沿程河段内（$x=0$ 到 $x=x_S$）非点源汇入的污染物总负荷量，m^3/s；

x_S——控制河段总长度，km；

x——沿程距离（$0<x\leqslant x_S$），km。

上游有一点源排放，沿程有面源汇入，点源排污口与控制断面之间水域的容许纳污量按下式计算：

$$W_C = S(Q_p + Q_E + Q_S) - Q_E c_E \tag{7-22}$$

式中 Q_S——控制断面以上河段内面源汇入的总流量，m^3/s。

（3）考虑吸附态和溶解态污染指标耦合模型。当需要区分溶解态和吸附态的污染物在河流水体中的指标耦合，应加入分配系数的概念。分配系数 K_P 的物理意义是在平衡状态下，某物质在固液两相间的分配比例。

$$K_p = \frac{X}{c} \tag{7-23}$$

式中 c——溶解态浓度，mg/L；

X——单位质量附体颗粒吸附的污染物质量，mg/mg；

K_p——分配系数，L/mg。

对于有毒有害污染物，在已知其在水体中的总浓度的情况下，溶解态的浓度可用下式计算：

$$c=\frac{c_T}{1+K_P\cdot S\times10^{-6}} \tag{7-24}$$

式中　c——溶解态浓度，mg/L；

c_T——总浓度，mg/L；

S——悬浮固体浓度，mg/L；

K_P——分配系数，L/mg。

2. 一维稳态水质模型

对于溶解态污染物，当污染物在河流横向方向上达到完全混合后，描述污染物转化的微分方程为

$$\frac{\partial(Ac)}{\partial T}+\frac{\partial(Qc)}{\partial x}=\frac{\partial}{\partial x}\left(D_L A\frac{\partial c}{\partial x}\right)+A(S_L+S_B)+AS_K \tag{7-25}$$

式中　A——河流横断面面积；

Q——河流流量；

c——水质组份浓度；

D_L——综合的纵向离散系数；

S_L——直接的点源或非点源强度；

S_B——上游区域进入的源强；

S_K——动力学转化率，正为源，负为汇。

设定条件：稳态$\left(\frac{\partial}{\partial t}=0\right)$，忽略纵向离散系数，一阶动力学反应速率$K$，河流无侧旁入流，河流横断面面积为常数，上游来流量为Q_E，上游来流水质浓度c_E，污水排放流量Q_P，污染物排放浓度c_P，则上述微分方程的解为

$$c_0=\frac{c_P Q_P+c_E Q_E}{Q_P+Q_E} \tag{7-26}$$

$$c=c_0\cdot\exp\left(-K\frac{x}{86400u}\right) \tag{7-27}$$

式中　c_0——初始浓度，mg/L；

K——一阶动力学反应速度，1/d；

u——河流流速，m/s；

x——沿河流方向距离，m；

c——位于污染源（排放口）下游x处的水质浓度，mg/L。

3. Streeter－Phelps 模型

Streeter－Phelps 模型（简称 S－P 模型）是研究河流溶解氧与 BOD 关系的最早的、最简单的耦合模型。S－P 模型迄今仍得到广泛应用，也是研究各种修正模型和复杂模型的基础。它的基本假设为：氧化和复氧都是一级反应，反应速率是常数，氧亏的净变化仅是水中有机物耗氧和通过液－气界面的大气复氧的函数。Streeter－Phelps 模型如下：

$$c=c_0\exp\left(-K_1\frac{x}{86400u}\right) \tag{7-28}$$

$$D=\frac{K_1}{K_2-K_1}\left[\exp\left(-K_1\frac{x}{86400u}\right)-\exp\left(-K_2\frac{x}{86400u}\right)\right]+D_0\exp\left(-K_2\frac{x}{86400u}\right) \tag{7-29}$$

其中，

$$c_0 = \frac{c_p Q_p + c_h Q_h}{Q_p + Q_h} \tag{7-30}$$

$$D_0 = \frac{D_p Q_p + D_h Q_h}{Q_p + Q_h} \tag{7-31}$$

式中 Q_p——废水排放量，m^3/s；

Q_h——河流流量，m^3/s；

D——亏氧量即（$DO_f - DO$），mg/L；

D_0——计算初始断面亏氧量，mg/L；

D_p——上游来水中溶解氧亏量，mg/L；

D_h——污水中溶解氧亏量，mg/L；

u——河流断面平均流速，m/s；

x——沿程距离，m；

c——沿程浓度，mg/L；

DO——溶解氧浓度，mg/L；

DO_f——饱和溶解氧浓度，mg/L；

K_1——好氧系数，1/d；

K_2——复氧系数，1/d。

水中溶解氧的平衡只考虑有机污染物的耗氧和大气复氧，则沿河水流动方向的溶解氧分布为一悬索型曲线，如图 7－3 所示。

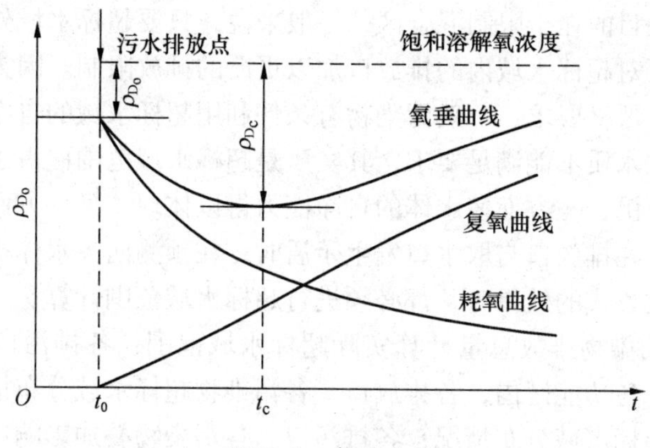

图 7－3　氧垂曲线

氧垂曲线的最低点 C 称为临界氧亏点，该点处的亏氧量称为最大亏氧值。在临界亏氧点左侧，耗氧大于复氧，水中的溶解氧逐渐减少，污染物浓度因生物净化作用而逐渐减少；达到临界亏氧点时，耗氧和复氧平衡；临界点右侧，耗氧量因污染物浓度减少而减少，复氧量相对增加，水中溶解氧增多，水质逐渐恢复。如排入的耗氧污染物过多将溶解氧耗尽，则有机物受到厌氧菌的还原作用生成甲烷气体，同时水中存在的硫酸根离子将由于硫酸还原菌的作用而成为硫化氢，引起河水发臭，水质严重恶化。由下式可以计算出临界氧亏点 x_c 出现的位置，计算公式为

$$x_c = \frac{86400u}{K_2 - K_1} \ln\left[\frac{K_2}{K_1}\left(1 - \frac{D_0}{c_0} \cdot \frac{K_2 - K_1}{K_1}\right)\right] \tag{7-32}$$

4. 二维稳态水质模式

讨论二维稳态水质模型，首先要明确混合区及超标水域的概念。混合区是指工程排污口至下游均匀混合断面之间的水域，它的影响预测主要是污染带分布问题，常采用混合过程段长度与超标水域范围两项指标反映。大、中河流由于水量较大，稀释混合能力较强（工程排放的废水量相对较小），因此，此类问题的水质影响预测的重点是超标水域的界定问题，常采用二维模式进行预测。

1）超标水域的含义

在排放口下游指定一个限定区域，使污染物进行初始稀释，在此区域内可以超过水质标准，这个区域称为超标水域。超标水域含有容许的意义，因此，它具有位置、大小和形状3个要素。

（1）位置。重要的功能区（敏感水域）均应提出加以保护，其范围内不允许超标水域存在。

（2）大小。排污口所在水域形成的超标水域，不应该影响鱼类洄游通道和邻近功能区水质，一般来说，湖泊海湾内可存在总面积不大于1～3 km^2 的超标水域，河口、大江大河的超标水域不能超过1～2 km^2。

（3）形状。超标水域的形状应是一个简单的形状，这种形状应当容易设置在水中，以避免冲击重要功能区。在湖泊中，具有一定半径的圆形区域，一般是允许的。在河流中，一般允许长窄的区域，整体河段的封闭性区域将不被允许。

2）超标水域范围计算

计算超标水域的目的在于限制混合区，一般来说，只要超标水域外水质能保证功能区水质要求，就不需要对超标水域内的排放口加以更严的排放限制。因为有毒有害物质在车间或处理装置出口有严格要求，一般污染物有条件利用超标水域的自净能力，很明显，排放污染物导致功能区水质不能满足要求，其实质是超标水域范围侵占了功能区。这就需要定量计算超标水域范围，一方面使水体的自净能力得以体现，另一方面保证下游功能区水质达到标准。为此，在排放口与取水口发生矛盾时，在预测向大水体排放污水的影响范围以及在研究改变排放方式的效果时，都必须进行超标水域范围计算。

（1）根据现状污染物排放总量计算实际超标水域范围：各排污口、各污染物单独排放的超标水域范围；各功能区内，各排放口、各污染物超标水域分布情况；全河段内，各排污口、各污染物超标水域分布情况；各排污口、各污染物叠加影响后的超标水域范围。

（2）根据允许污染物混合范围计算污染物应控制总量或削减总量：单一排污口控制和削减量；叠加影响后的削减量及分配方案。

（3）建立排污口与控制断面的输入响应关系：重点排污口对典型控制断面的贡献和贡献率；功能区内，各控制断面不同污染物的排放口贡献率。

（4）在改变污染源情况时，可以进行如下预测：重点排放口的超标水域范围预测；功能区控制断面、各项污染物浓度预测；全河段混合区分布预测。

三、水体与污染源简化

（一）水体简化

1. 河流简化

河流可以简化为矩形平直河流、矩形弯曲河流和非矩形河流。河流的断面宽深比不小于20时，可视为矩形河流。大中河流中，预测河段弯曲较大（如其最大弯曲系数大于1.3）时，可视为弯曲河流，否则可以简化为平直河流。大中河流预测河段的断面形状沿程变化较大时，可以分段考虑。大中河流断面上水深变化很大且评价等级较高（如一级评价）时，可以视为非矩形河流并应调查其流场，其他情况均可简化为矩形河流。小河可以简化为矩形平直河流。

河流水文特征或水质有急剧变化的河段，可在急剧变化之处分段，各段分别进行环境影响预测。河网应分段进行环境影响预测。

评价等级为三级时，江心洲、浅滩等均可按无江心洲、浅滩的情况对待。江心洲位于充分混合段，评价等级为二级时，可以按无江心洲对待；评价等级为一级且江心洲较大时，可以分段进行环境影响预测，江心洲较小时可不考虑。江心洲位于混合过程段，可分段进行环境影响预测，评价等级为一级时也可以采用数值模式进行环境影响预测。

人工控制河流根据水流情况可以视其为水库，也可视其为河流，分段进行环境影响预测。

2. 河口简化

河口包括河流汇合部、河流感潮段、口外滨海段、河流与湖泊、水库汇合处。河流感潮段是指受潮汐作用影响较明显的河段，可以将落潮时最大断面平均流速与涨潮时最小断面平均流速之差等于0.05 m/s的断面作为其与河流的界限。除个别要求很高（如评价等级为一级）的情况外，河流感潮段一般可按潮周平均、高潮平均和低潮平均3种情况，简化为稳态进行预测。河流汇合部可以分为支流、汇合前主流、汇合后主流3段分别进行环境影响预测。小河汇入大河时可以把小河看成点源。河流与湖泊、水库汇合部可以按照河流和湖泊、水库两部分分别预测其环境影响。河口断面沿程变化较大时，可以分段进行环境影响预测。河口外滨海段可视为海湾。

3. 湖泊、水库简化

在预测湖泊、水库环境影响时，可以将湖泊、水库简化为大湖（库）、小湖（库）、分层湖（库）3种情况进行。

评价等级为一级时，中湖（库）可以按大湖（库）对待，停留时间较短时也可以按小湖（库）对待。评价等级为三级时，中湖（库）可以按小湖（库）对待，停留时间很长时也可以按大湖（库）对待。评价等级为二级时，如何简化可视具体情况而定。

水深大于10 m且分层期较长（如大于30天）的湖泊、水库可视为分层湖（库）。珍珠串湖泊可以分为若干区，各区分别按上述情况简化，不存在大面积回流区和死水区且流速较快，停留时间较短的狭长湖泊可简化为河流。岸边形状和水文要素变化较大时还可以进一步分段。不规则形状的湖泊、水库可根据流场的分布情况和几何形状分区。自顶端入口附近排入废水的狭长湖泊或循环利用湖水的小湖，可以分别按各自的特点考虑。

4. 海湾简化

预测海湾水质时一般只考虑潮汐作用，不考虑波浪作用。评价等级为一级且海流（主要指风海流）作用较强时，可以考虑海流对水质的影响。潮流可以简化为平面二维非恒定流场。当评价等级为三级时可以只考虑潮周期的平均情况。较大的海湾交换周期很长，可视为封闭海湾。在注入海湾的河流中，大河及评价等级为一、二级的中河应考虑其对海湾流场和水质的影响；小河及评价等级为三级的中河可视为点源，忽略其对海湾流场的影响。

（二）污染源简化

污染源简化包括排放形式的简化和排放规律的简化。根据污染源的具体情况排放形式可简化为点源和面源，排放规律可简化为连续恒定排放和非连续恒定排放。

（1）排入河流的两排放口的间距较近时，可以简化为一个，其位置假设在两排放口之间，其排放量为两者之和。两排放口间距较远时，可分别单独考虑。

（2）排入小湖（库）的所有排放口可以简化为一个，其排放量为所有排放量之和。排入大湖（库）的两排放口间距较近时，可以简化成一个，其位置假设在两排放口之间，其排放量为两者之和。两排放口间距较远时，可分别单独考虑。

（3）当评价等级为一、二级并且排入海湾的两排放口间距小于沿岸方向差分网格的步长时，可以简化成一个，其排放量为两者之和，如不是这种情况，可分别单独考虑。评价等级为三级时，海湾污染源简化与大湖（库）相同。

（4）无组织排放可以简化成面源。从多个间距很近的排放口排水时，也可以简化为面源。

（5）在地面水环境影响预测中，通常可以把排放规律简化为连续恒定排放。

四、地表水环境影响评价分析

水环境影响评价是在工程分析和影响预测基础上，以法规、标准为依据解释拟建项目引起水环境变化的重大性，同时辨识敏感对象对污染物排放的反应；对拟建项目的生产工艺、水污染防治与废水排放方案等提出意见；提出避免、消除和减少水体影响的措施和对策建议；最后提出评价结论。

1. 评价重点和依据

（1）水质参数应结合建设、运行和服务期满 3 个阶段的不同情况对所有预测点和所有预测的水质参数进行环境影响重大性的评价，但应抓住重点。如空间方面，水文要素和水质急剧变化处、水域功能改变处、取水口附近等应作为重点；水质方面，影响较大的水质参数应作为重点。多项水质参数综合评价的评价方法和评价的水质参数应与环境现状综合评价相同。

（2）进行评价的水质参数浓度应是其预测的浓度与基线浓度之和。

（3）了解水域的功能，包括现状功能和规划功能。

（4）评价建设项目的地面水环境影响所采用的水质标准应与环境现状评价相同。

（5）向已超标的水体排污时，应结合环境规划酌情处理或由环保部门事先规定排污要求。

2. 达标分析

在进行水质影响评价中，应进行水污染源的达标分析和受纳水体水环境质量的达标分析。

1）水污染源达标分析

水污染源达标主要包含两个含义：排放的污染物浓度达到国家污染物排放标准，污染物总量满足地表水环境控制要求。

首先，污染源排放要达标。在不考虑区域或流域环境质量目标管理的要求，不考虑污染源输入和水质响应关系的情况下，污染源排放浓度要达到相应的污染物排放国家标准，这是环境管理的基本要求。

实际上，仅仅污染源排放达标是不够的，还必须满足区域污染排放总量控制的要求。总量控制是在所有污染排放浓度达标的前提下仍不能实现水质目标时采用的控制路线。根据水质要求和环境容量可以确定污染负荷，确定允许排污量。对区域水污染问题实施污染物排放总量控制，优化确定总量分配方案。

达标分析还包括建设项目生产工艺的先进性分析，应以同类企业的生产工艺进行比较，确定此项目生产工艺的水平，不提倡新建工艺落后、污染大、消耗大的项目，应当大力倡导清洁生产技术。

2）水环境质量达标分析

水环境质量达标分析的目的就是要分析清楚哪一类污染指标是影响水质的主要因素，进而找到引起水质变化的主要污染源和污染指标，了解水体污染对水生生态和人群健康的影响，为水污染综合防治和制定实施污染控制方案提供依据。我国河流、湖泊、水库等地表水域的水体流量及环境质量受季节变化影响较明显，因此，提出了水质达标率的概念。根据《地表水环境质量标准》(GB 3838—2002）规定，溶解氧、化学需氧量、挥发酚、氨氮、氰化物、总汞、砷、铅、六价铬、镉十项指标丰、平、枯水期水质达标率均应为100%，其他各项指标丰、平、枯水期达标率应达80%。判断水环境质量是否达标，首先要根据水环境功能区划确定水质类别要求，明确水环境质量具体目标，并根据水文等条件确定水质允许达标率，然后把各个单因子水质评价的结果汇总，分析各个因子的达标情况。达标分析的水期要与水质调查的水期对应进行，最后以最差水质指标为依据，确定环境质量。

3. 判断影响重大性的方法

规划中有几个建设项目在一定时期（如5年）内兴建并且向同一地表水环境排污的情况可采用自净利用指数法进行单项评价。

对位于地表水环境中j点的污染物i来说，其自净利用指数$P_{i,j}$的计算公式为

$$P_{ij}=\frac{\rho_{ij}-\rho_{hij}}{\lambda(\rho_{si}-\rho_{hij})} \tag{7-33}$$

式中 ρ_{ij}、ρ_{hij}、ρ_{si}——j点污染物i的浓度，j点上游i的浓度和i的水质标准；

λ——自净能力允许利用率。

溶解氧的自净利用指数为

$$P_{DO,j}=\frac{\rho_{DO_{hj}}-\rho_{DO_j}}{\lambda(\rho_{DO_{hj}}-\rho_{DO_s})} \tag{7-34}$$

式中 $\rho_{DO_{hj}}$、ρ_{DO_j}、ρ_{DO_s}——j点上游和j点的溶解氧值，以及溶解氧的标准。

自净能力允许利用率λ应根据当地水环境自净能力的大小、现在和将来的排污状况以及建设项目的重要性等因素决定，并应征得主管部门和有关单位同意。

当$P_{ij}\leqslant 1$时说明污染物i在j点利用的自净能力没有超过允许的比例，否则说明超过允许利用的比例，这时的P_{ij}值即为超过允许利用的倍数，表明影响是重大的。

当水环境现状已经超标，可以采用指数单元法或综合指数法进行评价。具体方法是将

由拟建项目时预测数据计算得到的指数单元或综合评价指数值与现状值（基线值）求得的指数单元或综合指数值进行比较。根据比值大小，采用专家咨询法和征求公众与管理部门意见确定影响的重大性。

多项水质参数综合评价可采用由拟建项目时的综合指数值与基线条件下的综合指数值进行比较。根据比值的大小，采用专业判断法、征求公众与管理部门意见确定影响的重大性。采用综合指数法应注意有些水质参数，特别是超过水质标准的参数对水域敏感对象的影响。

五、水环境保护措施及建议

（1）削减措施建议应尽量做到具体、可行，以便对建设项目的环境工程设计起指导作用。削减措施的评述主要是其环境效益（应说明排放物的达标情况），也可以做些简单的技术经济分析。

（2）环境管理措施建议包括环境监测（含监测点、监测项目和监测次数）的建议、水土保持措施建议、防止泄漏等事故发生的措施建议、环境管理机构设置的建议等。

（3）削减污染负荷：①改革工艺，减少排污，对排污量大或超标排污的生产装置，应提出相应的工艺改革措施，尽量采用清洁生产工艺，以满足达标排放；②节约水资源和提高水的循环使用率，努力提高水的循环回用率。

（4）进行污水处理。应对项目设计中所考虑的污水处理措施进行论证和补充，并特别注意点源非正常排放的应急处理措施和水质恶劣的降雨初期径流的处理措施。

（5）选择替代方案：①耗水量大的产品或生产工艺，如果在水资源紧张的地区兴建，应明确提出改换产品结构或生产工艺的替代方案；②靠近特殊保护水域的项目，通过其他措施难以充分克服其环境影响时，应根据具体情况提出改变排污口位置、压缩排放量以及重新选址等替代方案。

（6）对有关的水污染控制管理方案作出经济分析比较，特别是国民经济回报率（EIRR）和环境成本内部化方面阐明其经济效益。

第八章　声环境影响评价

第一节　噪声与噪声评价量

一、噪声的定义

声音是由物质振动产生的。一定振动频率（20～20000 Hz）的空气作用于人耳鼓膜而产生的感觉叫做声音。声源可以是固体也可以是流体（液体和气体）的振动。声音的传播介质有空气、水和固体，它们分别称为空气声、水声和固体声。

人类是生活在一个声音的环境中，通过声音进行交谈、表达思想感情以及开展各种活动，但有些声音也会给人类带来危害，例如，震耳欲聋的机器声，呼啸而过的飞机声等。一般认为凡是不需要的、使人厌烦并对人类生活和工作有妨碍的声音都是噪声。而环境噪声是指在工业生产、建筑施工、交通运输和社会生活中所产生的、干扰周围生活、环境的声音。环境噪声污染是指所产生的环境噪声超过国家规定的环境噪声排放标准，并干扰他人正常生活、工作和学习的现象。

环境噪声的来源有4种：一是交通噪声，包括汽车、火车和飞机等所产生的噪声；二是工厂噪声，如鼓风机、汽轮机、织布机和冲床等所产生的噪声；三是建筑施工噪声，像打桩机、挖土机和混凝土搅拌机等发出的声音；四是社会生活噪声，例如，高音喇叭、收录机等发出的过强声音。

二、噪声的危害

随着工业生产、交通运输、城市建筑的发展以及人口密度的增加，家庭设施（音响、空调、电视机等）的增多，环境噪声日益严重，它已成为污染人类社会环境的一大公害。噪声具有局部性、暂时性和多发性的特点。噪声不仅会影响听力，而且还对人的心血管系统、神经系统、内分泌系统产生不利影响，所以有人称噪声为“致人死命的慢性毒药”。噪声给人带来的危害主要有以下几方面：

1. 损伤听觉、视觉器官

我们都有这样的经验，从飞机里下来或从锻压车间出来，耳朵总是嗡嗡作响，甚至听不清对方说话的声音，过一会儿才会恢复。这种现象叫做听觉疲劳，是人体听觉器官对外界环境的一种保护性反应。如果人长时间遭受强烈噪声作用，听力就会减弱，进而导致听觉器官的器质性损伤，造成听力下降。

强的噪声可以引起耳部的不适，如耳鸣、耳痛、听力损伤。据测定，超过115 dB的噪声还会造成耳聋。据临床医学统计，若在80 dB以上噪声环境中生活，造成耳聋者可达50%。医学专家研究认为，家庭噪声是造成儿童聋哑的病因之一。噪声对儿童身心健康危害更大。因儿童发育尚未成熟，各组织器官十分娇嫩和脆弱，不论是体内的胎儿还是刚出世的孩子，噪声均可损伤听觉器官，使听力减退或丧失。据统计，当今世界上有7000多万耳聋者，其中相当部分是由噪声所致。专家研究已经证明，家庭室内噪声是造成儿童聋哑的主要原因，若在85 dB以上噪声中生活，耳聋者可达5%。

如果长期在高噪声环境下工作，日积月累，内耳器官会发生器质性病变，听觉疲劳不能恢复，成为永久性听阈偏移，这就是噪声性耳聋。

噪声性耳聋与噪声强度、频率以及作用时间的长短有关。强度越大，频率越高，作用时间越长，噪声性耳聋发病率就越高。工人在85 dB环境下工作15年发病率为5%，90 dB为15%，105 dB则为50%以上，如达到120 dB，即使短时间也会造成永久性听力损伤，当达到140 dB时，听觉器官会发生急性创伤，致使鼓膜破裂出血，双耳突然失听，这是一次性使人耳聋的恶性噪声性耳聋。

噪声性耳聋分两种情况：一是机械传导性耳聋，由外耳道阻塞、耳鼓或听觉系统损坏或功能降低引起；二是神经感觉性耳聋，由耳蜗中听觉神经功能衰退引起，也可由传导神经和大脑听觉中枢功能的降低引起。噪声性耳聋两个特征：一是有一个持续积累的过程，一开始感觉不明显，容易被忽视；二是不能治愈。

人们只知道噪声影响听力，其实噪声还影响视力。试验表明：当噪声强度达到90 dB时，人的视觉细胞敏感性下降，识别弱光反应时间延长；噪声达到95 dB时，有40%的人瞳孔放大，视模糊；而噪声达到115 dB时，多数人的眼球对光亮度的适应都有不同程度的减弱。所以长时间处于噪声环境中的人很容易发生眼疲劳、眼痛、眼花和视物流泪等眼损伤现象。同时，噪声还会使色觉、视野发生异常。调查发现噪声对红、蓝、白三色视野缩小80%。

2. 对人体的生理影响

噪声是一种恶性刺激物，长期作用于人的中枢神经系统，可使大脑皮层的兴奋和抑制失调，条件反射异常，出现头晕、头痛、耳鸣、多梦、失眠、心慌、记忆力减退、注意力不集中等症状，严重者可产生精神错乱。这种症状，药物治疗疗效很差，但当脱离噪声环境时，症状就会明显好转。噪声可引起植物神经系统功能紊乱，表现在血压升高或降低，心率改变，心脏病加剧。噪声会使人唾液、胃液分泌减少，胃酸降低，胃蠕动减弱，食欲不振，引起胃溃疡。噪声对人的内分泌机能也会产生影响，如：导致女性性机能紊乱，月经失调，流产率增加等。噪声对儿童的智力发育也有不利影响，据调查，3岁前儿童生活在75 dB的噪声环境里，他们的心脑功能发育都会受到不同程度的损害，在噪声环境下生活的儿童，智力发育水平要比安静条件下的儿童低20%。噪声对人的心理影响主要是使人烦恼、激动、易怒，甚至失去理智。此外，噪声还对动物、建筑物有损害，在噪声下的植物也生长不好，有的甚至死亡。

3. 噪声对正常生活和工作的干扰

（1）影响睡眠。40 dB连续噪声使10%的人睡眠受到影响，70 dB时影响50%的人睡眠。突发噪声40 dB，可使10%的人惊醒，60 dB可使70%的人惊醒。我国大城市的交通噪声（70～85 dB）、火车噪声（75 dB）、飞机噪声（95～120 dB）、工厂噪声（60～70 dB）、建筑施工噪声（80～90 dB）均会影响居民的睡眠。

（2）影响交谈和通信。通常谈话声不大于70 dB，大声可达85 dB，当噪声级与谈话声级接近时，正常交谈会受到干扰。噪声级比谈话声级高40 dB以上时，谈话声被掩蔽。

一般 65 dB 噪声就会干扰普通谈话，必须提高嗓门或靠近距离才能交谈。如果噪声级超过 90 dB，大喊大叫也听不清。

（3）影响工作。噪声能分散人的注意力、使人容易疲劳、反应迟钝、影响工作效率、增高工作出错率。上课时受噪声干扰，使教师提高嗓门，增加劳累，学生分散注意力，影响教学效果。

（4）特强噪声能损害仪器设备和建筑物。噪声能引起仪器设备振动，高噪声超过 135 dB 时，会使电子仪器发生故障，超过 150 dB 时，元器件可能损坏。在特强噪声作用下，会使材料或结构产生疲劳而断裂——声疲劳现象。

三、噪声评价量

声音的三要素即频率、波长和声速，这是对声的基本描述量，现在我们介绍一下噪声的基本评价量。

1. 分贝

所谓分贝是指两个相同的物理量（例 A_1 和 A_0）之比取以 10 为底的对数并乘以 10（或 20）。即

$$N = 10\lg\frac{A_1}{A_0} \qquad (8-1)$$

分贝符号为 dB，它是无量纲的，在噪声测量中是很重要的参量。式中 A_0 是基准量（或参考量），A_1是被量度量。被量度量和基准量之比取对数，这个对数值称为被量度量的“级”。亦即用对数标度时，所得到的是比值，它代表被量度量比基准量高出多少“级”。

2. 声压（P）和声压级

声压是由于声波的存在而引起的压力增值。声波是空气分子有指向、有节律的运动。声压是衡量声音大小的尺度，声压单位为 Pa 或 N/m^2。声波在空气中传播时形成压缩和稀疏交替变化，所以压力增值是正负交替的。但通常讲的声压是取均方根值，叫有效声压，故实际上总是正值，对于球面波和平面波，声压与声强的关系为

$$I = \frac{P^2}{\rho c} \qquad (8-2)$$

式中 ρ——空气密度，如以标准大气压与 20 ℃时的空气密度和声速代入，得到 $\rho c = 408$ 国际单位值，也叫瑞利。称为空气对声波的特性阻抗。

由于人耳对 1000 Hz 的听阈声压为 2×10^{-5} N/m^2，痛阈声压为 20 N/m^2。从听阈到痛阈，声压的绝对值相差 10^6 倍。显然，用声压的绝对值来表示声音的大小是不方便的。为了更便于应用，人们根据人耳对声音强弱变化的特性，引出一个对数量来表示声音的大小，即声压级。所谓声压级就是声压平方与一个基准声压的平方比值的对数值。即

$$L_p = 10\lg\frac{P^2}{P_0^2} = 20\lg\frac{P}{P_0} \qquad (8-3)$$

式中 L_P——声压级，dB；

P——声压，Pa；

P_0——基准声压，为 2×10^{-5} Pa，该值是对 1000 Hz 声音人耳刚能听到的最低声压。

3. 声功率（W）和声功率级

声功率是指单位时间内，声波通过垂直于传播方向某指定面积的声能量，单位为 W。而声功率级的定义为

$$L_W = 10\lg \frac{W}{W_0} \tag{8-4}$$

式中 L_W——声功率级，dB；

W——声功率，W；

W_0——基准声功率，为 10^{-12} W。

4. 声强（I）和声强级

声强是指单位时间内，声波通过垂直于声波传播方向单位面积的声能量。即

$$I = \frac{E}{\Delta t \cdot \Delta s} = \frac{W}{\Delta s} \tag{8-5}$$

式中 I——声强，W/m^2；

W——声功率，W；

E——声能量；

Δs——声音通过面积，m^2。

如以人的听阈声强值 10^{-12} W 为基准，则声强级的定义为

$$L_I = 10\lg \frac{I}{I_0} \tag{8-6}$$

式中 L_I——声强级，dB；

I——声强，W/m^2；

I_0——基准声强，为 10^{-12} W。

声压级和声强级都是描述空间某处声音强弱的物理量。在自由声场中，声压级和声强级的数值近似相等。

5. 响度和响度级

1）响度（N）

人的听觉与声音的频率有非常密切的关系，一般来说两个声压相等而频率不相同的纯音听起来是不一样响的。响度是人耳判别声音由轻到响的强度等级概念，它不仅取决于声音的强度（如声压级），还与它的频率及波形有关。响度的单位为宋，1 宋的定义为声压级为 40 dB，频率为 1000 Hz，且来自听者正前方的平面波形的强度。如果另一个声音听起来比这个大 n 倍，即声音的响度为 n 宋。

2）响度级（LN）

响度级的概念也是建立在两个声音的主观比较上的。定义为 1000 Hz 纯音声压级的分贝值为响度级的数值，任何其他频率的声音，当调节 1000 Hz 纯音的强度使之与这声音一样响时，则这 1000 Hz 纯音的声压级值就定为这一声音的响度级值。响度级的单位为方。

利用与基准声音比较的方法，可以得到人耳听觉频率范围内一系列响度相等的声压级与频率的关系曲线，即等响曲线（图 8－1），该曲线为国际标准化组织所采用，所以又称 ISO 等响曲线。

图 8－1 中同一曲线上不同频率的声音，听起来感觉一样响，而声压级是不同的。从曲线形状可知，人耳对 1000～4000 Hz 的声音最敏感。对低于或高于这一频率范围的声

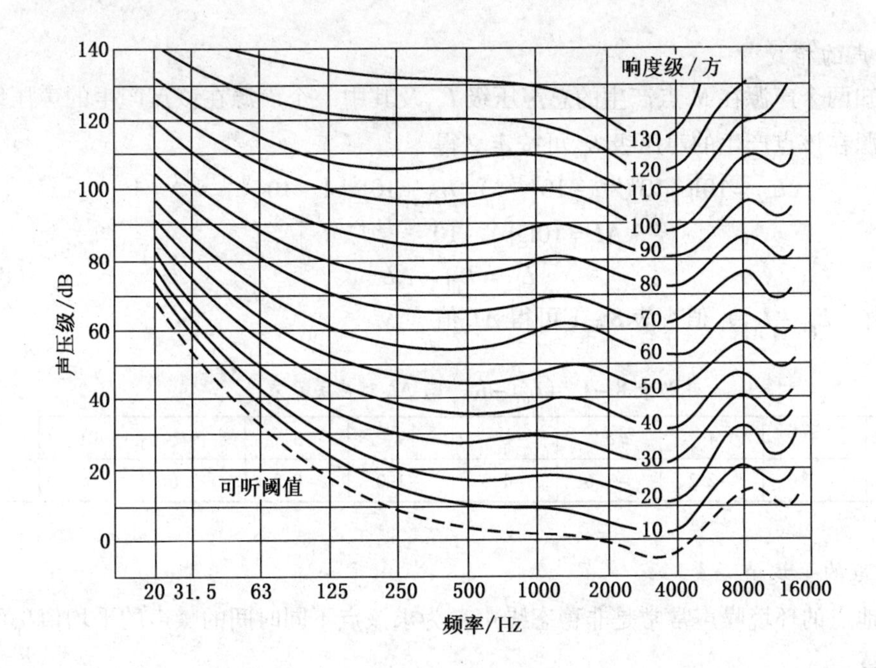

图8-1 等响曲线

音，灵敏度随频率的降低或升高而下降。例如，一个声压级为80 dB的20 Hz纯音，它的响度级只有20方，因为它与20 dB的1000 Hz纯音位于同一条曲线上，同理，与它们一样响的10000 Hz纯音声压级为30 dB。

四、噪声级的叠加、相减和平均值

1. 噪声的叠加

噪声叠加两个以上独立声源作用于某一点，产生噪声的叠加。声能量是可以代数相加的，设两个声源的声功率分别为W_1和W_2，那么总声功率$W_{总}=W_1+W_2$。而两个声源在某点的声强为I_1和I_2时，叠加后的总声强$I_{总}=I_1+I_2$。但声压不能直接相加。

N个不同噪声源同时作用在声场中同一点，这点的总声压级L_{pT}计算可从声压级的定义得到

$$L_{pT}=10\lg\left(\frac{P_{pT}^2}{P_0^2}\right)=10\lg\frac{\sum_{i=1}^{n}P_i^2}{P_0^2}=10\lg\sum_{i=1}^{n}\left(\frac{P_i}{P_0}\right)^2 \tag{8-7}$$

式中 P_i——噪声源i作用于该点的声压级，dB。

由
$$L_{p_i}=10\lg\left(\frac{P_i}{P_0}\right)^2$$

得
$$\left(\frac{P_i}{P_0}\right)^2=10^{0.1L_{p_i}}$$

故
$$L_{pT}=10\lg\left(\sum_{i=1}^{n}10^{0.1L_{p_i}}\right) \tag{8-8}$$

2. 噪声的相减

若已知两个声源在 M 点产生的总声压级 L_{pT} 及其中一个声源在该点产生的声压级 L_{p1}，则另一声源在该点产生的声压级 L_{p2} 可按定义得

$$L_{p2}=10\lg(10^{0.1L_{pi}}-10^{0.1L_{p1}})=L_{pT}+10\lg[1-10^{-0.1(L_{pT}-L_{p1})}] \quad (8-9)$$

令

$$\Delta L=10\lg[1-10^{-0.1(L_{pT}-L_{p1})}]$$

得

$$L_{p2}=L_{pT}+\Delta L \quad (8-10)$$

$\Delta L\leqslant 0$，由（$L_{pT}-L_{p1}$）值查表 8-1 可得 ΔL 值。

表 8-1　（$L_{pT}-L_{p1}$）与 ΔL 对应关系表

$L_{pT}-L_{p1}$	3	4	5	6	7	8	9	10	11
ΔL	-3	-2.2	-1.6	-1.3	-1.0	-0.8	-0.6	-0.5	-0.4

3. 噪声的平均值

某一地点的环境噪声常常是非稳态噪声，为求该点不同时间的噪声的平均值 $\overline{L_p}$ 可由下式进行计算

$$\overline{L_p}=10\lg\left(\frac{1}{n}\sum_{i=1}^{n}10^{\frac{L_{pi}}{10}}\right)=10\lg\sum_{i=1}^{n}(10^{0.1L_i})-10\lg n \quad (8-11)$$

4. 声压级相同的声音叠加

设 $L_1=L_2=\cdots=L_i=\cdots=L_n$，则

$$\sum_{i=1}^{n}L_i=10\lg\frac{P_1^2+P_2^2+\cdots+P_n^2}{P_0}=10\lg n+L_1 \quad (8-12)$$

即其声压级增大 $10\lg n$ dB。

五、噪声标准

噪声对人的影响与声源的物理特性、暴露时间和个体差异等因素有关。所以噪声标准的制定是在大量实验基础上进行统计分析的，主要考虑因素是保护听力、噪声对人体健康的影响、人们对噪声的主观烦恼度和目前的经济、技术条件等方面。对不同的场所和时间分别加以限制，同时考虑标准的科学性、先进性和现实性。

从保护听力而言，一般认为每天 8 h 长期工作在 80 dB 以下听力不会损失，而声级分别为 85 dB 和 90 dB 环境中工作 30 年，根据国际标准化组织（ISO）的调查，耳聋的可能性分别为 8% 和 18% 。在声级 70 dB 环境中，谈话就感到困难。而干扰睡眠和休息的噪声级阈值白天为 50 dB、夜间为 45 dB，我国提出环境噪声允许范围见表 8-2。

表 8-2　我国环境噪声允许范围　dB

人的活动	最高值	理想值
体力劳动（保护听力）	90	70
脑力劳动（保证语言清晰度）	60	40
睡眠	50	30

一天不同时间对基数的修正值见表 8－3。

表 8－3　一天不同时间对基数的修正值

dB

时　间	修 正 值	时　间	修 正 值
白天	0	夜间	－10 ~ －15
晚上	－5		

不同地区对基数的修正值见表 8－4。

表 8－4　不同地区对基数的修正值

dB

地　　区	修 正 值	地　　区	修 正 值
农村、医院、休养区	0	居住、工商业、交通混合区	＋15
市郊、交通量和很少的地区	＋5	城市中心（商业区）	＋20
城市居住区	＋10	工业区（重工业）	＋25

环境噪声标准制定的依据是环境基本噪声。各国大都参考 ISO 推荐的基数（例如睡眠为 30 dB，根据不同时间、不同地区和室内噪声受室外噪声影响的修正值以及本国具体情况来制定。我国《城市区域环境振动标准》（GB 10070—1988）对于城市各类区域铅垂向振级标准值见表 8－5。

表 8－5　城市各类区域铅垂向振级标准值

dB

适 用 地 带 范 围	昼　间	夜　间
特殊住宅区	65	65
居民、文教区	70	67
混合区、商业中心区	75	72
工业集中区	75	72
交通干线道路两侧	75	72
铁路干线两侧	80	80

上述标准值指户外允许噪声级，测量点选在受影响的居住或工作建筑物外 1 m，传声器高于地面 1.2 m 的噪声影响敏感处（例如窗外 1 m 处）。如必须在室内测量，则标准值应低于所在区域 10 dB(A)。夜间频繁出现的噪声（如风机等），其峰值不准超过标准值 10 dB(A)，夜间偶尔出现的噪声（如短促鸣笛声）其峰值不准超过标准值 15 dB(A)。我国工业企业噪声标准见表 8－6 和表 8－7，最高不得超过 115 dB。

表 8－6　新建、扩建、改建企业噪声标准

每个工作日接触噪声时间/h	允许标准/dB(A)	每个工作日接触噪声时间/h	允许标准/dB(A)
8	85	2	91
4	88	1	94

表8-7 现有企业暂行标准

每个工作日接触噪声时间/h	允许标准/dB(A)	每个工作日接触噪声时间/h	允许标准/dB(A)
8	90	2	93
4	96	1	99

我国飞机场周围允许噪声标准见表8-8。

表8-8 飞机场周围允许噪声标准 dB(A)

适用区域	标准值	适用区域	标准值
一类区域	≤70	二类区域	≤75

注：一类区域指特殊住宅区，居住、文教区；二类区域指除一类区域以外的生活区。

第二节 声环境影响评价工作等级及范围

绝大部分技术项目都会在建设及运行阶段不同程度地发出噪声，影响周围人学习、工作和正常生活、休息。噪声影响评价是确定拟开发行动或建设项目发出的噪声对人群和生态环境影响的范围和程度，评价影响的重大性，提出避免、消除和减少其影响的措施，为开发行动或建设项目方案的优化选择提供依据。

一、声环境影响评价工作等级划分

声环境影响评价工作等级一般分为三级：一级为详细评价、二级为一般性评价、三级为简要评价。

1. 评价等级划分的依据

（1）建设项目规模。按投资额可将建设项目分为大、中、小性不同的等级，不同的时期大、中、小型分类的标准不同。

（2）噪声源种类和数量。噪声源种类和数量是声环境影响评价等级确定的重要依据。

（3）建设项目噪声有影响范围内的环境保护目标、环境噪声标准和人口分布。项目建设前后噪声等级的变化程度。

2. 评价等级划分的基本原则

1）一级评价

（1）大、中型建设项目、属于规划区内（包括规划的建成区和未建成区）的建设工程。

（2）受噪声影响的范围内有适用于《声环境质量标准》(GB 3096—2008）规定的0类标准及以上需要特别安静的地区，以及对噪声有限制的保护区域等噪声敏感目标。

（3）项目建设前后噪声级显著增高［噪声级增高量达5~10 dB(A）以上］或受影响人口显著增多的情况。

2）二级评价

（1）新建、改建、扩建大中型项目，若其所在功能区属于《声环境质量标准》(GB 3096—2008）规定的1类、2类标准的地区。

（2）项目建设前后噪声级有较明显增高［噪声级增高量达3~5 dB(A）以上］或受噪声影响人口增加较多的情况。

3）三级评价

（1）允许的噪声标准值为65 dB(A）及以上的区域的中型建设项目以及处在《声环境质量标准》(GB 3096—2008）规定的1、2类标准地区的小型建设项目。

（2）大、中型建设项目建设前后噪声级增加很小［噪声级增高量在3 dB(A）以内］且受影响人口变化不大。

二、声环境影响评价范围

固定声源建设项目的范围一般为项目边界向外200 m的评价范围可满足一级评价的要求，相应的二级、三级评价范围可根据实际情况适当缩小。若建设项目噪声源强或周围较为空旷而较远处有敏感区域，评价范围可延长到敏感区。铁路、城市轨道交通、公路等流动声源建设项目两侧200 m评价范围一般可满足一级评价要求，二级、三级评价范围可根据实际情况适当缩小。若建设项目周边较空旷而较远处有敏感目标，可适当将评价范围延长至敏感目标处。机场评价项目可根据飞行量计算到70 dB的区域，一般以主要航迹离跑道两端15 km，侧向各2 km范围可满足一级评价范围要求，二级、三级评价范围可适当缩小。

三、声环境影响评价工作程序

噪声影响的主要对象是人群，但是在邻近野生动物栖息地（包括飞禽和水生生物）应考虑噪声对野生动物生长繁殖及候鸟迁徙的影响。环境噪声影响评价第一阶段是开展现场勘探、了解环境法规和标准的规定、确定评价等级与评价范围和编制环境噪声评价工作大纲；第二阶段是开展工程分析、现场监测调查噪声的基线水平及噪声源的数量、各噪声源声级与发声持续时间、声源空间位置等；第三阶段是预测噪声对敏感点人群的影响，对影响的意义和重大性作出评价，并提出削减影响的相应对策；第四阶段是编写环境噪声影响的专题报告。具体的声环境影响评价工作程序如图8－2所示。

四、声环境影响评价技术要点

针对不同等级的声环境影响评价，有不同基本要求和技术要点。

1. 一级评价工作的基本要求

（1）环境噪声现状应实测。

（2）噪声预测要覆盖全部敏感目标，绘制声级图并给出预测噪声级的误差范围。

（3）给出项目建成后各噪声级范围内受影响的人口分布、噪声超标范围和程度。

（4）对噪声级变化可能出现几个阶段的情况（如建设期、投产运行后的近期、中期、远期）应分别给出其噪声级。

（5）项目可能引起的非项目本身的环境噪声增高（如机场建设引起相关道路车流量增多噪声升高）也应给予分析。

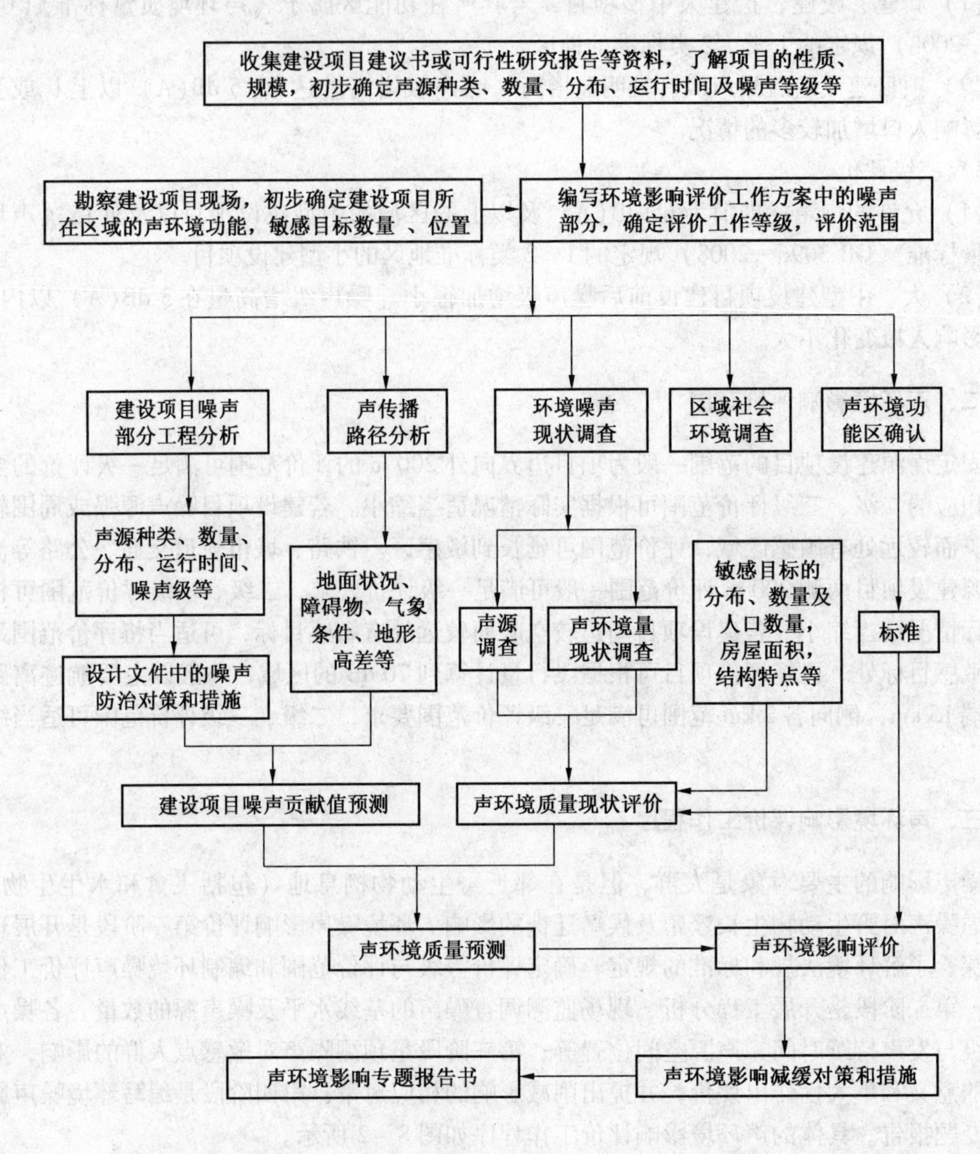

图8-2　声环境影响评价工作程序

（6）对评价中提出的不同选址方案、建设方案等对策所引起的声环境变化应进行定量分析。

（7）针对建设项目工程特点提出噪声防治对策，并进行经济与技术可行性分析，给出最终降噪效果。

2. 二级评价工作的基本要求

（1）环境噪声现状以实测为主，可适当利用当地已有的环境监测资料。

（2）噪声预测要给出等声级图并给出预测噪声级的误差范围。

（3）描述项目建成后，各噪声级范围内的人口分布、噪声超标范围和程度。

（4）对噪声级变化可能出现的几个阶段，选择噪声级最高的阶段进行详细预测，并适当分析其他阶段的噪声级。

（5）针对建设工程特点提出噪声防治措施并给出最终降噪方案。

3. 三级评价工作的基本要求

（1）噪声现状调查可着重调查现有噪声源种类和数量，其声级数据可参照已有资料。

（2）预测以现有资料为主，对项目建成后噪声级分布作出分析并给出受影响的范围和程度。

（3）要针对建设工程特点提出噪声防治措施并给出效果分析。

第三节　声环境现状调查与评价

一、声环境现状调查基本内容与方法

1. 声环境现状调查基本内容

（1）影响声波传播的环境要素调查。调查建设项目所在区域的主要气象特征：年平均风速和主导风向、年平均气温、年平均相对湿度等。收集评价范围内 1：2000～50000 地理地形图，说明评价范围内声源和敏感目标之间的地貌特征、地形高差及影响声波传播的环境要素。

（2）评价范围内现有敏感目标调查。调查评价范围内的敏感目标的名称、规模、人口的分布等情况，并以图、表相结合的方式说明敏感目标与建设项目的关系（如方位、距离、高差等）。

（3）声环境功能区划和声环境质量现状调查。调查评价范围内不同区域的声环境功能区划情况，调查各声环境功能区的声环境质量现状。

（4）现状声源调查。建设项目所在区域的声环境功能区的声环境质量现状超过相应标准要求或噪声值相对较高时，需对区域内主要声源的名称、数量、位置、影响的噪声等级等相关情况进行调查。有厂界（或场界、边界）噪声的改、扩建项目，应说明现有建设项目厂界（或场界、边界）噪声的超标、达标情况及超标原因。

2. 声环境现状调查基本方法

环境现状调查的基本方法有收集资料法，现场调查法，现场测量法。评价时，应根据评价工作等级的要求确定需采用的具体方法。

二、环境噪声现状监测

1. 环境噪声现状测量点布设原则

（1）现状测量点布置一般要覆盖整个评价范围，但重点要布置在现有噪声源对敏感区有影响的那些点上。

（2）对于建设项目包含多个呈现点声源性质（声源波长比声源尺寸大得多的情况下，可认为是点声源）的情况，环境噪声现状测量点应布置在声源周围，靠近声源处测量点密度应高于距声源较远处的测量点密度。

（3）对于建设项目呈现线状声源性质（许多点声源连续地分布在一条直线上，如繁

忙的道路上的车辆流，可以认为是线声源）的情况，应根据噪声敏感区域分布状况和工程特点确定若干噪声测量断面，在各个断面上距声源不同距离处布置一组测量点（如15 m、30 m、60 m、120 m、240 m）。

(4) 对于新建工程，当评价范围内没有明显的噪声源（如没有工业噪声、道路交通噪声、飞机噪声和铁路噪声）且声级较低［＜50 dB(A)］，噪声现状测量点可以大幅度减少或不设测量点。

(5) 对于改、扩建工程，若要绘制噪声现状等声级图，也可以采用网格法布置测点，如对于改扩建机场工程，为了绘制噪声现状 WECPNL 等值图，可在主要飞行航迹下离跑道两端不超过 15 km、侧向不超过 2 km 范围内用网格法布设测点，跑道方向网格可取 1～2 km、侧向取 0.5 km。

2. 环境噪声现状测量和测量时段

1）测量

(1) 环境噪声测量量为等效连续 A 声级；高声级的突发性噪声测量量应为最大 A 声级及噪声持续时间；机场飞机的噪声测量量为计权等效连续感觉噪声级（WECPNL）。

(2) 噪声的测量量有倍频带声压级、总声压级、A 声级、线性声级或声功率级、A 声功率级等。

(3) 对较为特殊的噪声源（如排气放空等）应同时测量声级的频率特性和 A 声级。

(4) 脉冲噪声应同时测量 A 声级及脉冲周期。

2）测量时段

(1) 应在声源正常运行工况的条件下选择适当时段测量。

(2) 每一测点应分别进行昼间、夜间时段的测量，以便与相应标准对照。

(3) 对于噪声起伏较大的情况（如道路交通噪声、铁路噪声、飞机机场噪声）应增加昼间、夜间的测量次数。其测量时段应具有代表性。

每个测量时段的采样或读数方式以现行标准方法规范要求为准。

三、声环境现状评价

1. 环境噪声现状评价的主要内容

(1) 评价范围内现有噪声敏感区、保护目标的分布情况、噪声功能区的划分情况等。

(2) 环境噪声现状的调查和测量方法：测量仪器、参照或参考的测量方法、测量标准、测量时段、读数方法等。

(3) 评价范围内现有噪声源种类、数量及相应的噪声级、噪声特性、主要噪声源分析等。

(4) 评价范围内环境噪声现状：各功能区噪声级、超标状况及主要噪声源；边界噪声级、超标状况及主要噪声源。

(5) 受噪声影响的人口分布。

2. 环境噪声现状评价的主要方法

环境噪声现状评价包括噪声源现状评价和声环境质量现状评价，评价方法是对照相关标准评价达标或超标情况并分析其原因，同时评价受到噪声影响的人口分布情况。

第四节　声环境影响预测

一、声环境影响预测准备

1. 预测基本资料

建设项目噪声预测应掌握的基础资料包括建设项目的声源资料和建筑布局、室外声波传播条件、气象参数及有关资料。其中，建设项目的声源资料主要包括：声源种类（包括设备型号）与数量、各声源的噪声级与发生持续时间、声源的空间位置、声源的作用时间段。影响声波传播的各种参量主要包括：传播途径的遮挡物（如建筑物、围墙，若声源位于室内还包括门或窗及其长宽高）；地面覆盖情况（包括植被等）；气候条件（常年平均气温、平均湿度、风向、风速）。

2. 噪声源噪声级数据的获得

获得噪声源数据途径：类比调查法、引用已有的数据，评价等级为一级必须采用类比调查法；二级、三级可引用已有的噪声源噪声数据。

对于引用已有的数据要注意：必须是公开发表的、经过专家鉴定并且是按有关标准测量得到的数据；报告书应当指明被引用数据的来源。

二、声环境影响预测范围与点位布设

1. 预测范围

噪声预测范围一般与所确定的噪声评价等级所规定的范围相同，也可稍大于评价范围。

2. 预测点布置原则

布置噪声预测点应遵照下列原则：

（1）所有的环境噪声现状测量点都应作为预测点。

（2）为了便于绘制等声级线图，可以用网格法确定预测点。网格的大小应根据具体情况确定，对于建设项目包含呈线状声源特征的情况，平行于线状声源走向的网格间距可大些（约 100 ~ 300 m），垂直于线状声源走向的网格间距应小些（约 20 ~ 60 m）；对于建设项目包含呈点声源特征的情况，网格的大小一般为 20 m × 20 m ~ 100 m × 100 m。

（3）评价范围内需要特别考虑的预测点。

三、声环境影响预测模式

声环境预测的基本步骤：

（1）根据声源性以及预测点与声源之间的距离等情况，把声源简化成点声源、线声源及面声源，建立坐标系，确定各声源的坐标和预测点的坐标。

（2）根据获得的声源强数据和各声源到预测点的声波传播条件，计算各声源单独作用于预测点的产生的噪声级。

（3）确定预测计算的时间段 T，并确定各个声源发生的持续时间 t。

（4）计算预测点在 T 时间段内的等效连续声级。

（5）计算各预测点的声级后，采用数学方法（如双三次组合法、按距离加权平均法等）计算并绘制等声级线。

1. 预测点噪声级计算

（1）选择一个坐标系，确定出各噪声源位置和预测点位置的坐标；并根据预测点和声源 i 之间的距离把噪声源简化为点声源或线声源。

（2）根据已获得的噪声源噪声级数据和声波从各声源传播到预测点 j 的传播条件，计算出噪声从各声源传播到预测点的声衰减量，由此算出各声源单独作用时在预测点 j 产生的 A 声级 L_{ij}。

（3）确定预测计算的时间 T，并确定各声源发生持续时间 t_i。

（4）计算预测点 j 在 T 时段内的等效连续 A 声级，见式（8－13）：

$$L_{eq} = 10\lg\left[\frac{(\sum_{i=1}^{n} t_i 10^{0.1L_{i}})}{T}\right] \tag{8-13}$$

2. 绘制等声级图

（1）计算出各网格点上的噪声级（如 L_{eq}、WECPNL）后，采用某种数学方法（如双三次拟合法，按距离加权平均法，按距离加权最小二乘法）计算并绘制出等声级线（用评价软件）。

（2）等声级线的间隔不大于 5 dB。对于 L_{eq}，最低可画到 35 dB，最高可画到 75 dB 的等声级线；对于 WECPNL，一般应有 70 dB、75 dB、80 dB、85 dB、90 dB 的等值线。

（3）等声级图直观地表明了项目的噪声级分布，对分析功能区噪声超标状况提供了方便，同时为城市规划、城市环境噪声管理提供了依据。

3. 典型建设项目噪声影响预测内容

1）工业噪声预测内容

（1）厂界（或场界、边界）噪声预测。预测厂界噪声，给出厂界噪声的最大值及位置。

（2）敏感目标噪声预测。预测敏感目标的贡献值、预测值、预测值与现状噪声值的差值，敏感目标所处声环境功能区的声环境质量变化，敏感目标所受噪声影响的程度，确定噪声影响的范围，并说明受影响人口分布情况。当敏感目标高于（含）三层建筑时，还应预测有代表性的不同楼层所受的噪声影响。

（3）绘制等声级线图。绘制等声级线图，说明噪声超标的范围和程度。

（4）根据厂界（或场界、边界）和敏感目标受影响的状况，明确影响厂界（或场界、边界）和周围声环境功能区声环境质量的主要声源，分析厂界和敏感目标的超标原因。

2）公路、铁路、轨道交通噪声预测内容

预测各预测点的贡献值、预测值、预测值与现状噪声值的差值，预测高层建筑有代表性的不同楼层所受的噪声影响。按贡献值绘制代表性路段的等声级线图，分析敏感目标所受噪声影响的程度，确定噪声影响的范围，并说明受影响人口分布情况，给出满足相应声环境功能区标准要求的距离。

依据评价工作等级要求，给出相应的预测结果。

3）机场飞机噪声预测内容

在 1：50000 或 1：10000 地形图上给出计权等效连续感觉噪声级（LWECPN）为

70 dB、75 dB、80 dB、85 dB、90 dB 的等声级线图；同时给出评价范围内敏感目标的计权等效连续感觉噪声级（LWECPN）；给出不同声级范围内的面积、户数、人口。

依据评价工作等级要求，给出相应的预测结果。

第五节　声环境影响评价

一、声环境影响评价主要内容

噪声影响评价就是解释和评估拟建项目造成的周围声音环境预期变化的重大性，据此提出消减其影响的措施。国内噪声影响评价的基本内容有以下几个方面：

（1）项目建设前环境噪声现状。

（2）根据噪声猜测结果和环境噪声评价标准，评述建设项目施工、运行阶段噪声和影响程度、影响范围和超标状况（以敏感区、点为主）。

（3）分析受噪声影响的人口分布（超标和不超标）。

（4）分析建设项目的噪声源和引起超标的主要噪声源或主要原因。

（5）分析建设项目的选址、设备布置和设备选型的合理性；分析建设项目设计中已有的噪声防治对策的适用性和防治效果。

（6）为使建设项目的噪声达标，必须提出需要增加的适用于评价工程的噪声防治对策并提出经济、技术的可行性。

（7）提出针对该项目的有关噪声污染治理、噪声监测和城市规划方面的建议。

二、噪声防治措施与建议

噪声防治对策应该考虑从声源上降低噪声和从噪声传播途径上降低噪声两个环节。

1. 从声源上降低噪声

从声源上降低噪声是指将发声大的设备改造成发声小的或者不发声的设备，其方法如下：

（1）改进机械设计以降低噪声：如在设计和制造过程中选用发声小的材料来制造机件，改进设备结构和形状、改进传动装置以及选用已有的低噪声设备都可以降低声源的噪声。

（2）改革工艺和操作方法以降低噪声：如用压力式打桩机代替柴油打桩机，把铆接改用焊接、液压代替锻压等。

（3）维持设备处于良好的运转状态：设备运转不正常时噪声往往增高，所以要使设备处于良好的运转状态。

2. 从噪声传播途径上降低噪声

在噪声传播途径上降低噪声是一种常用于使噪声敏感区达标为目的的噪声防治手段，具体做法如下：

（1）采用“闹静分开”和“合理布局”的设计原则，使高噪声设备尽可能远离噪声敏感区。

（2）利用自然地形物（如位于噪声源和噪声敏感区之间的山丘、山坡、地堑、围墙等）降低噪声。

（3）合理布局噪声敏感区中的建筑物功能和合理调整建筑物平面布局，即把非噪声敏感建筑或非噪声敏感房间靠近或朝向噪声源。

（4）采取声学控制措施，例如对声源采用消声、隔振和减振措施，在传播途径上增设吸声、隔声等措施。

第九章　固体废物环境影响评价

第一节　概　　述

一、固体废物的概念

固体废物是指生产，生活和其他活动中产生的丧失利用价值或者虽未丧失利用价值但被抛弃或者放弃的固态、半固态和置于容器中的气态物品、物质以及法律、行政法规规定纳入固体废物管理的物品、物质。

人类在资源开发和产品制造过程中，不可避免地要产生废弃物，而且任何产品经过使用或消费后也会变成废弃物。固体废弃物的来源大体上可以分为两类：一类是生产过程中所产生的废弃物，我们称之为生产废弃物；另一类是在产品进入市场后，在流动过程中或使用过程中产生的固体废弃物，称之为生活废弃物。

二、固体废物的分类

固体废物种类繁多，按其组成可分为有机废物和无机废物；按其形态可分为固态的废物、半固态废物和液态（气态）废物；按其污染特性可分为有害废物和一般废物等。在《固体废物污染环境防治法》中将其分为城市固体废物、工业固体废物和有害废物。

1. 城市固体废物

城市固体废物是指居民生活、商业活动、市政建设与维护、机关办公等过程产生的固体废物，一般分为以下几类：

（1）生活垃圾。城市生活垃圾是指在城市居民日常生活中或为城市日常生活提供服务的活动中产生的固体废物。我国城市垃圾主要由居民生活垃圾、街道保洁垃圾和集团垃圾三大类组成。居民生活垃圾数量大、性质复杂，其组成受时间和季节影响大。街道保洁垃圾来自街道等路面的清扫，其成分与居民生活垃圾相似，但泥沙、枯枝落叶和商品包装较多，易腐有机物较少，含水量较低。集团垃圾指机关、学校、工厂和第三产业在生产和工作过程中产生的废弃物，它的成分随发生源不同而变化，但对某个发生源则相对稳定。

（2）城建渣土。城建渣土包括废砖瓦、碎石、渣土、混凝土碎块（板）等。

（3）商业固体废物。商业固体废物包括废纸、各种废旧的包装材料、丢弃的主（副）食品等。

2. 工业固体废物

工业固体废物是指在工业、交通等生产过程中产生的固体废物。工业固体废物主要包括冶金工业固体废物、能源工业固体废物、石油化学工业固体废物、矿业固体废物、轻工业固体废物、其他工业固体废物。

3. 有害废物

有害废物又称危险废物，泛指除放射性废物以外，具有毒性、易燃性、反应性、腐蚀性、爆炸性、传染性等可能对人类的生活环境产生危害的废物。

世界上大部分国家根据有害废物的特性，均制定了自己的鉴别标准和有害废物名录。联合国环境规划署《控制有害废物越境转移及其处置巴塞尔公约》列出了“应加控制的废物类别”共45类，“须加特别考虑的废物类别”共2类，同时列出了有害废物“危险特性的清单”共13种特性。

于2008年6月7日实施的《国家危险废物名录》中，我国危险废物共分为49类。其中规定，“凡《名录》所列废物类别高于鉴别标准的属危险废物，列入国家危险废物管理范围；低于鉴别标准的，不列入国家危险废物管理。”

固体废物的类别，除以上三者之外，还有来自农业生产、畜禽饲养、农副产品加工以及农村居民生活所产生的废物，如农作物秸秆、人畜禽排泄物等。这些废物多产于城市外，一般多就地加以综合利用，或作沤肥处理，或作燃料焚化。在我国的《固体废物污染环境防治法》中，对此未单独列项作出规定。

三、固体废物的特点

1. 资源和废物的相对性

固体废物具有鲜明的时间和空间特征，是在错误时间放在错误地点的资源。从时间方面讲，它仅仅是在目前的科学技术和经济条件下无法加以利用，但随着时间的推移，科学技术的发展，以及人们的要求变化，今天的废物可能成为明天的资源。从空间角度看，废物仅仅相对于某一过程或某一方面没有使用价值，而并非在一切过程或一切方面都没有使用价值。一种过程的废物，往往可以成为另一种过程的原料。固体废物一般具有某些工业原材料所具有的化学、物理特性，且较废水、废气容易收集、运输、加工处理，因而可以回收利用。

2. 富集终态和污染源头的双重作用

固体废物往往是许多污染成分的终极状态。例如，一些有害气体或飘尘，通过治理最终富集成为固体废物；一些有害溶质和悬浮物，通过治理最终被分离出来成为污泥或残渣；一些含重金属的可燃固体废物，通过焚烧处理，有害金属浓集于灰烬中。但是，这些“终态”物质中的有害成分，在长期的自然因素作用下，又会转入大气、水体和土壤，故又成为大气、水体和土壤环境的污染源头。

3. 危害具有潜在性、长期性和灾难性

固体废物对环境的污染不同于废水、废气和噪声。固体废物呆滞性大、扩散性小，它对环境的影响主要是通过水、空气和土壤进行的。其中污染成分的迁移转化，如浸出液在土壤中的迁移，是一个比较缓慢的过程，其危害可能在数年以致数十年后才能发现。从某种意义上讲，固体废物，特别是有害废物对环境造成的危害可能要比水、气造成的危害严重得多。

四、固体废物环境影响评价类型

固体废物环境影响评价主要可分为两大类：第一类是对一般工程项目产生的固体废

物，由产生、收集、运输、处理到最终处置的环境影响评价；第二类是对处理、处置固体废物设施建设项目的环境影响评价。

五、固体废物环境影响评价特点

固体废物环境影响评价必须要重视贮存和运输过程，一方面，由于国家要求对固体废物污染实行由产生、收集、贮存、运输、预处理直至处置全过程控制，在环境影响评价过程中必须包括所建项目涉及的各个过程；另一方面，为了保证固体废物处理、处置设施的安全稳定运行，必须建立一个完整的收集、贮存、运输体系，即在环境影响评价过程中收集、贮存、运输是与处理、处置设施构成一个整体的。且贮存可能对地表径流和地下水产生影响，运输可能对运输路线周围环境敏感目标造成影响，因此，固体废物环境影响评价必须要重视贮存和运输过程。

固体废物环境影响评价没有固定的评价模式，对于废水、废气、噪声等的环境影响评价都有固定的数学模式或物理模型，而固体废物的环境影响评价则不同，它没有固定的评价模式，由于固体废物对环境的危害是通过水体、大气、土壤等介质体现出来的，这就决定了固体废物环境影响评价对水体、大气、土壤等环境影响评价的依赖性。

六、固体废物环境影响评价主要内容

（1）污染源调查。根据调查结果，要给出包括固体废物的名称、组分、性态、数量等内容的调查清单，同时应按一般工业固体废物和危险废物分别列出。

（2）防治措施的论证。根据工艺过程、各个产出环节提出防治措施，并对防治措施的可行性加以论证。

（3）提出最终处置方案。一般项目产生的固体废物，其环境影响评价要提出对相应固体废物的最终处置方案，如综合利用、填埋、焚烧等。并应包括对固体废物收集、贮运、预处理等全过程的环境影响及污染防治措施。

七、场址选择的环保要求

（1）Ⅰ类场应优先选用废弃的采矿坑、塌陷区。

（2）Ⅱ类场在选择时应注意：①应避开地下水主要补给区和饮用水源含水层；②应选在防渗性能好的地基上，天然基础层地表距地下水位距离不得小于1.5 m。

（3）Ⅰ类场和Ⅱ类场的共同要求如下：①所选场址应符合当地城乡建设总体规划要求；②应选在工业区和居民集中区主导风向下风侧，场界距居民集中区500 m以外；③应选在满足承载力要求的地基上，以避免地基下沉的影响，特别是不均匀和局部下沉的影响；④应避开断层、断层破碎带、溶洞区以及天然滑坡或泥石流影响区；⑤禁止选在江河、湖泊、水库最高水位线以下的滩地和泛洪区；⑥禁止选在自然保护区、风景名胜区和其他需要特殊保护的区域。

第二节　生活垃圾填埋场环境影响评价

一、生活垃圾填埋场的主要环境影响

生活垃圾填埋场的主要环境影响包括以下8个方面：①填埋场渗滤液泄漏或处理不当对地下水及地表水的污染；②填埋场产生的气体排放对大气的污染、对公众健康的危害以及可能发生的爆炸对公众安全的威胁；③填埋场的存在对周围景观的不利影响；④填埋作业和垃圾堆体对周围地质环境的影响，如造成滑坡、崩塌、泥石流等；⑤填埋机械噪声对公众的影响；⑥孳生的害虫、昆虫、啮齿动物以及在填埋场觅食的鸟类和其他动物可能传播疾病；⑦填埋垃圾中的塑料袋、纸张以及尘土等在未来得及覆土压实情况下可能飘出场外，造成环境污染和景观破坏；⑧流经填埋场区的地表径流可能受到污染。

二、生活垃圾填埋场的主要污染来源

垃圾填埋场主要污染源是渗滤液和填埋场释放的气体。

（1）渗滤液。垃圾填埋场渗滤液是一种成分复杂的高浓度有机废水，通常pH值为4~9，COD浓度为2000~62000 mg/L，BOD_5浓度为60~45000 mg/L，BOD_5/COD值较低，可生化性差。

（2）释放气体。生活垃圾填埋场释放气体的典型组成为：甲烷45%~50%、二氧化碳40%~60%、氮气2%~5%、氧气0.1%~1.0%、硫化氢0~1.0%、氨气0.1%~1.0%、氢气0~0.2%、微量气体0.01%~0.6%。填埋场释放气体中的微量气体量很少，但成分却很多。国外通过对大量填埋场释放气体取样分析，发现了多达116种有机成分，其中许多为挥发性有机组分（VOCs）。在垃圾填埋过程产生环境影响的主要大气污染物是恶臭气体。

三、生活垃圾填埋场环境影响评价的主要内容

场址评价是填埋场环境影响评价的基本内容，主要是评价拟选场地是否符合选址标准。其方法是根据场地自然条件，采用选址标准逐项进行评判。评价的重点是场地的水文地质条件、工程地质条件、土壤自净能力等。主要评价拟选场地及其周围的空气、地面水、地下水、噪声等自然环境质量状况。其方法是根据监测值与各种标准，采用单因子和多因子综合评判法主要是分析填埋场建设过程中和建成投产后可能产生的主要污染源及其污染物以及它们产生的数量、种类、排放方式等。其方法一般采用计算、类比、经验统计等。污染源一般有渗滤液、释放气、恶臭、噪声等，施工期环境影响评价要评价施工期场地内排放生活污水，各类施工机械产生的机械噪声、振动以及二次扬尘对周围地区产生的环境影响。

主要评价填埋场渗滤液的正常排放对地表水的影响及非正常渗漏对地下水的影响的两方面内容：

① 正常排放对地表水的影响，预测并评价渗滤液经处理达标排放后排出，是否会对受纳水体产生影响或影响程度如何。

② 非正常渗漏对地下水的影响，主要评价衬里破裂后渗滤液下渗对地下水的影响，

包括渗透方向、渗透速度、迁移距离、土壤的自净能力及效果等。

主要评价填埋场释放气体及恶臭对环境的影响：①释放气体的影响主要根据排气系统的结构，预测和评价排气系统的可靠性、排气利用的可能性以及排气对环境的影响，预测模式可采用地面源模式。②恶臭的影响主要评价运输、填埋过程中及封场后可能对环境的影响。评价时要根据垃圾的种类，预测各阶段臭气产生的位置、种类、浓度及其影响范围。噪声的影响主要是评价垃圾运输、场地施工、垃圾填埋操作、封场各阶段由各种机械产生的振动和噪声对环境的影响。

四、生活垃圾填埋场的废物入场要求

下列废物可以直接进入生活垃圾填埋场填埋处置：由环境卫生机构收集或自行收集的混合生活垃圾，以及企事业单位产生的办公废物；生活垃圾焚烧炉渣（不包括焚烧飞灰）；生活垃圾堆肥处理产生的固态残余物；服装加工、食品加工以及其他城市生活服务行业产生的性质与生活垃圾相近的一般工业固体废物。

《医疗废物分类目录》中的感染性废物的入场要求：按照《医疗废物化学消毒集中处理工程技术规范（试行）》(HJ/T 228—2006）要求进行破碎毁形和化学消毒处理，并满足消毒效果检验指标；按照《医疗废物微波消毒集中处理工程技术规范（试行）》(HJ/T 229—2006）要求进行破碎毁形和微波消毒处理，并满足消毒效果检验指标；按照《医疗废物高温蒸汽集中处理工程技术规范（试行）》(HJ/T 276—2006）要求进行破碎毁形和高温蒸汽处理，并满足处理效果检验指标。

生活垃圾焚烧飞灰和医疗废物焚烧残渣（包括飞灰、底渣）经处理后满足下列条件，可进入生活垃圾填埋场填埋处置：①含水率小于30%；②二噁英含量低于3 μg TEQ/kg；③浸出液中危害成分浓度低于表9－1规定的限值。

表9－1 浸出液污染物浓度限值 $mg \cdot L^{-1}$

序号	污染物项目	浓度限值	序号	污染物项目	浓度限值
1	汞	0.05	7	钡	25
2	铜	40	8	镍	0.5
3	锌	100	9	砷	0.3
4	铅	0.25	10	总铬	4.5
5	镉	0.15	11	六价铬	1.5
6	铍	0.02	12	硒	0.1

处理后满足上述要求的固体废物应由地方环境保护行政主管部门认可的监测部门检测、经地方环境保护行政主管部门批准后，方可进入生活垃圾填埋场。

下列废物不得在生活垃圾填埋场中填埋处置（国家环境保护标准另有规定的除外）：①满足入场要求的生活垃圾焚烧飞灰以外的危险废物；②未经处理的餐饮废物；③未经处理的粪便；④禽畜养殖废物；⑤电子废物及其处理处置残余物；⑥除本填埋场产生的渗滤液之外的任何液态废物和废水。

五、生活垃圾填埋场的选址要求

生活垃圾填埋场的选址要符合以下要求：①选址应符合区域性环境规划、环境卫生设施建设规划和当地的城市规划；②场址不应选在城市工农业发展规划区、农业保护区、自然保护区、风景名胜区、文物（考古）保护区、生活饮用水水源保护区、供水远景规划区、矿产资源储备区、军事要地、国家保密地区和其他需要特别保护的区域；③选址的标高应位于重现期不小于50年一遇的洪水位之上，并建设在长远规划中的水库等人工蓄水设施的淹没区和保护区之外；④场址的选择应避开下列区域：破坏性地震及活动构造区，活动中的坍塌、滑坡和隆起地带，活动中的断裂带，石灰岩溶洞发育带，废弃矿区的活动塌陷区，活动沙丘区，海啸及涌浪影响区，湿地，尚未稳定的冲积扇及冲沟地区，泥炭以及其他可能危及填埋场安全的区域；⑤场址的位置及与周围人群的距离应依据环境影响评价结论确定，并经地方环境保护行政主管部门批准。环境影响评价的结论可作为规划控制的依据。

六、生活垃圾填埋场的污染控制措施

生活垃圾卫生填埋场对环境影响，主要从以下几个方面控制：

（1）采用符合国家规范、高标准的卫生填埋技术。

（2）严格按照国家规范和环保标准来选择适宜的厂址。

（3）严格按照基本建设程序和标准，高标准高质量地建设，强化监督检查。

（4）严格按程序进行规范、科学的运行管理。实行分区分单元逐层填埋，并及时覆盖和压实已填埋作业面；渗滤液和填埋气进行及时收集和处理，确保卫生填埋场的渗滤液不渗漏不污染地下及周边水体、无恶臭气体污染周围空气、无漂浮散落污染周边环境。

（5）填埋终止后，及时进行封场处理和生态环境恢复。

第三节　危险废物处理环境影响评价

一、危险废物的概念

危险废物列入国际危险废物名录或者根据国家规定的危险废物鉴别标准和鉴别方法认定的具有危险特性的固体废物，危险特性有：腐蚀性、急性毒性、浸出毒性、反应性、传染性、放射性。

二、危险废物处理环境影响评价的主要内容

（1）污染源调查。

（2）防治措施的论证。

（3）提出危险废物的最终处理措施：综合利用、焚烧处置、安全填埋处置、其他处置方式。

三、危险废物入场要求

下列废物可以直接入场填埋：①根据《固体废物　浸出毒性浸出方法》(GB 5086.1—1997）和《固体废物　浸出毒性测定方法》(GB/T 15555.1—2011）测得的废物浸出液中有一种或一种以上有害成分浓度超过《危险废物鉴别标准　浸出毒性鉴别》(GB 5085.3—2007）中的标准值并低于允许进入填埋区控制限值的废物；②根据《固体废物　浸出毒性浸出方法》(GB 5086）和《固体废物　腐蚀性测定玻璃电极法》(GB/T 15555—2012）测得的废物浸出液 pH 值为 7.0～12.0 的废物。

下列废物需经预处理后方能入场填埋：①根据《固体废物　浸出毒性浸出方法》(GB 5086.1—1997）和《固体废物　浸出毒性测定方法》(GB/T 15555.1—2011）测得废物浸出液中任何一种有害成分浓度超过允许进入填埋区的控制限值的废物；②根据《固体废物　浸出毒性浸出方法》(GB 5086.1—1997）和《固体废物　腐蚀性测定玻璃电极法》(GB/T 15555—2012）测得的废物浸出液 pH 值小于 7.0 和大于 12.0 的废物；③本身具有反应性、易燃性的废物；④含水率高于 85% 的废物；⑤液体废物。

禁止填埋的废物：医疗废物；与衬层具有不相容性反应的废物。

四、危险废物处理工程的选址要求

2001 年发布修订的《危险废物填埋污染控制标准》(GB 18598—2001)，对危险废物填埋场的选址要求做了明确规定：

（1）填埋场场址的选择应符合国家及地方城乡建设总体规划要求，场址应处于一个相对稳定的区域，不会因自然或人为的因素而受到破坏。

（2）填埋场场址的选择应进行环境影响评价，并经环境保护行政主管部门批准。

（3）填埋场场址不应选在城市工农业发展规划区、农业保护区、自然保护区、风景名胜区、文物（考古）保护区、生活饮用水源保护区、供水远景规划区、矿产资源储备区和其他需要特别保护的区域内。

（4）填埋场距飞机场、军事基地的距离应在 3000 m 以上。

（5）填埋场场界应位于居民区 800 m 以外，并保证在当地气象条件下对附近居民区大气环境不产生影响。

（6）填埋场场址必须位于百年一遇的洪水标高线以上，并在长远规划中的水库等人工蓄水设施淹没区和保护区之外。

（7）填埋场场址距地表水域的距离不应小于 150 m。

（8）填埋场场址的地质条件应符合如下要求：①能充分满足填埋场基础层的要求；②现场或其附近有充足的黏土资源以满足构筑防渗层的需要；③位于地下水饮用水水源地主要补给区范围之外，且下游无集中供水井；④地下水位应在不透水层 3 m 以下，否则，必须提高防渗设计标准并进行环境影响评价，取得主管部门同意；⑤天然地层岩性相对均匀、渗透率低，其渗透系数应符合《危险废物填埋污染控制标准》(GB 18598—2001）中“填埋场天然基础层的饱和渗透系数不应大于 1.0×10^{-5} cm/s，且厚度不应小于 2 m”的规定；⑥地质结构相对简单、稳定，没有断层。

（9）填埋场场址选择应避开的区域：破坏性地震及活动构造区；海啸及涌浪影响区；

湿地和低洼汇水处；地应力高度集中，地面抬升或沉降速率快的地区；石灰溶洞发育带；废弃矿区或塌陷区；崩塌、岩堆、滑坡区；山洪、泥石流地区；活动沙丘区；尚未稳定的冲积扇及冲沟地区；高压缩性淤泥、泥炭及软土区以及其他可能危及填埋场安全的区域。

（10）填埋场场址必须有足够大的可使用面积以保证填埋场建成后具10年或更长的使用期，在使用期内能充分接纳所产生的危险废物。

（11）危险废物填埋场场址应选在交通方便、运输距离较短，建造和运行费用低，能保证危险废物填埋正常运行的地区。

五、危险废物处理工程污染控制措施

焚烧是指焚化燃烧危险废物使之分解并无害化的过程。焚烧适用于处置当前经济和技术条件限制下、不能再循环、再利用或直接安全填埋的危险废物。焚烧是既可以处置含有热值的废物并回收其热能，通过残渣熔融使重金属元素稳定化，同时又可以实现减量化、无害化和资源化的一种重要处置手段。原国家环保总局于2001年11月12日发布的《危险废物焚烧污染控制标准》(GB 18484—2001)，根据我国的实际情况，以集中焚烧设施为基础，从危险废物处理过程中环境污染防治需要出发，规定了危险废物焚烧设施的选址原则、焚烧基本技术性能指标、焚烧排放大气污染物的最高允许排放限值（表9-2）、焚烧残余物的处置原则和相应的环境监测等，是危险废物焚烧处置设施建设项目环境影响评价必须执行的标准。

六、焚烧厂选址原则

根据《危险废物焚烧污染控制标准》(GB 18484—2001）及《危险废物集中焚烧处置工程建设技术规范》(HJ/T 176—2005）的要求，厂址选择应符合城市总体发展规划和环境保护专业规划，符合当地的大气污染防治、水资源保护和自然生态保护要求，并应通过环境影响和环境风险评价。厂址选择应综合考虑危险废物焚烧厂的服务区域、交通、土地利用现状、设施状况、运输距离及公众意见等因素，具体要求如下：

（1）不允许建设在《地表水环境质量标准》(GB 3838—2002）中规定的地表水环境质量Ⅰ类、Ⅱ类功能区和《环境空气质量标准》(GB 3095—1996）中规定的环境空气质量一类功能区，即自然保护区、风景名胜区、人口密集的居住区、商业区、文化区和其他需要特殊保护的地区。

（2）各类焚烧场不允许建设在居民区主导风向的上风向地区。焚烧厂内危险废物处理设施距离主要居民区及学校、医院等公共设施应不小于800 m。

（3）应具备满足工程建设要求的工程地质条件和水文地质条件。不应建在受洪水、潮水或内涝威胁的地区。受条件限制，必须建在上述地区时，应具备抵御百年一遇洪水的防洪、排涝措施。

（4）厂址选择时，应充分考虑焚烧产生的炉渣及飞灰的处理与处置，并宜靠近危险废物安全填埋场。

（5）应有可靠的电力供应。

（6）应有可靠的供水水源和污水处理及排放系统。

表9-2 危险废物焚烧炉大气污染物排放限值

序号	污染物	不同焚烧容量时的最高允许排放浓度限值/($mg \cdot m^{-3}$)		
		≤300 kg/h	300～2500 kg/h	≥2500 kg/h
1	烟气黑度	林格曼Ⅰ级		
2	烟尘	10	80	65
3	一氧化碳（CO）	100	80	80
4	二氧化硫（SO_2）	400	300	200
5	氟化氢（HF）	9.0	7.0	5.0
6	氯化氢（HCl）	100	70	60
7	氮氧化物（以NO_2计）	500		
8	汞及其化合物（以Hg计）	0.1		
9	镉及其化合物（以Cd计）	0.1		
10	砷、镍及其化合物（以As+Ni计）	1.0		
11	铅及其化合物（以Pb计）	1.0		
12	铬、锡、锑、铜、锰及其化合物（以Cr+Sn+Sb+Cu+Mn计）	4.0		
13	二噁英类	0.5TEQ ng/m^3		

七、危险废物处理工程污染控制措施

1. 施工期污染防治措施

（1）环境空气污染防治措施。施工期影响环境空气的主要污染物为扬尘，其污染防治措施如下：①清理、平整现场时，地表要定期洒水、压实，防止扬尘、防止水土流失；②现场要设置指定的、临时的硬质行车道路，防止车辆运行时扬尘；③水泥、白灰等建筑材料要有固定的有遮蔽场所存放，运送车辆须加盖蓬布，装卸时要文明生产，防止建筑材料的粉尘对环境的污染。

（2）废水污染防治措施。施工期废水主要来源于施工场地生产、生活污水。生产废水主要是冲洗机械和车辆的泥浆水，生活污水主要来自临时食堂、临时浴室和厕所等，对这部分废水的污染防治措施如下：①施工现场设置废水贮水池，施工人员的生活废水和少量的施工废水要统一收集，以蒸发损耗为主，蒸发损耗剩余的废水经处理后用于冲洗机械和车辆或工程施工，不允许任意倾倒废水；②施工现场设置临时旱厕，定期掏运。由于该部分污水产生量较少，而且基本没有排放，不会形成地表径流，因此不会对周围地表水环境造成影响。

（3）固体废物处理措施。固体废物主要污染防治措施如下：①工程弃土，项目施工期所产生的工程弃土运送到取土场内，备用（用做垃圾覆盖土），不允许因场址四周空旷随意堆放、丢弃；②生活垃圾，现场设置生活垃圾临时堆放站，生活垃圾集中堆放，将全部在填埋场进行填埋处理。

（4）噪声的防治措施。噪声的防治措施如下：①加强施工现场管理，确保施工设备正常运行；②对高噪声的施工设备，如电锯等，必须密闭使用或四周加设隔声屏障，降低使用噪声。

（5）防止剥离后表土流失的措施。无论是垃圾填埋场区还是取土场区，一定要把被剥离的表土妥善保管好，堆放在坝内的远期填埋区。指定固定的行车路线，防止随意毁坏地表植被，侵占农田；施工期修筑临时施工围墙，防止施工时随意破坏周围植被，防止水土流失。

（6）取土场生态环境保护措施。取土场生态环境保护措施如下：①在施工过程中，应结合各阶段用土量，作出统一规划，确定取土范围和深度，不得随意增加取土范围，减少开挖面，减少水土流失；②取土施工行为严格按照设计要求进行，及时作好取土场的环境保护及恢复工作，挖掘征用的耕地时，应将剥离的表土集中堆放，对临时堆放的表土堆，用编织袋装土做临时挡土墙，起到挡护作用，避免造成水土流失，待施工完工后，平整取土场，并将表土层恢复，进行于耕地恢复；③运输黏土的车辆应在临时车道上行驶，不得驶入农田和林地，施工便道应远离学校、医院、居民集中区，不得穿越声环境敏感点，当施工便道50 m内有成片居民区时，禁止夜间在该便道上运输施工材料；④对取土场平整恢复责任应在业主与承包商合同中予以落实。

2. 运营期污染防治措施

（1）设计阶段污染防治措施：①进入生活垃圾填埋场的填埋物应是生活垃圾，严禁医疗废物与生活垃圾混合一起进行填埋处理；②严禁将生活垃圾与爆炸性、易燃性、浸出毒性、腐蚀性、传染性、放射性等有毒有害废弃物混合一起进行填埋处理；③垃圾填埋须严格按填埋的步骤，一步一步有序进行，采用分单元、分单个作业区域作业的方式，做好每日压实和覆盖，坚决杜绝垃圾在填埋场中随意堆放的现象；④填埋场的防渗结构要严格按设计实施，包括场底基础的夯实、黏土防渗层、长纤无纺布衬层防渗系统、渗滤液导流及收集系统、气体导排系统、地下水导流层等；⑤在场区设U形截洪排水沟，用于截流外界汇集到生产区的雨水，排水构筑物结构应以浆砌片石为主，设计截洪能力按20年一遇计算，50年一遇校核；⑥在填埋场导流墙两侧分别设置强排站，当遇到特大洪水时，将洪水通过截洪沟强排至垃圾填埋场坝下，避免洪水对垃圾填埋场造成威胁；⑦设置备用取土场，保证垃圾填埋过程具有充裕覆盖土；⑧设置全封闭垃圾转运站，设置垃圾分类收集箱，并保证在转运过程中不泄漏等；⑨当垃圾堆体超出坝高后，应以1∶3坡度向内收坡，严防场区排水沿坝流出，坡面要做好封场处理。

（2）水污染防治措施：①垃圾场建设后，填埋场底部及侧面铺有人工防渗系统，可以防止渗滤液垂直下渗及侧渗，渗滤液经回喷通过污水处理站集中处理后达标排放，避免了通过渗透作用对环境产生影响；②为防止场外地表径流流进填埋场内，应在填埋场外围修筑U形截洪沟，使场外径流直截流走，填埋场内的地表径流通过填埋单元之间设置的排水沟渠，总排水沟渠排入填埋场下游的渗滤液调节池，经污水处理站统一处理后排放，以减轻由于地表径流对土壤造成影响的程度和范围；③严格按照我国生活垃圾填埋污染控制标准设计和施工，严格执行废物处理操作规程，切实遵守对地下水各监测井的监测规定，一旦发现监测水质发生变化，立即停止使用填埋场，并采取补救措施。

（3）废气污染防治措施：①单元操作，每日覆盖压实，并埋设导气管，加强倾卸、分选过程的管理，可降低垃圾扬尘对周围土壤、植物产生的影响；②严格控制处理后污水停留时间，在达到预处理效率的情况下降低臭味产生源的源强；③对于臭味的主要排放源——污泥处理系统，应单独成间，避免污泥堆放在厂区露晒而排放臭味；④要做好垃圾车的防护，生活垃圾在运输过程中应用苫布将车箱封好，尽量减少输送过程中的漏、撒垃圾，及时清理厂区内漏、撒垃圾，从管理上杜绝蚊蝇滋生的载体，卸车时要按操作规程进行；⑤污水处理站相关产生臭味的工艺构筑物实施封闭措施，采用活性炭吸附系统，排气筒高度为15 m；⑥锅炉产生的烟气要进行除尘，除尘后经15 m高的排气筒达标排放。

（4）垃圾填埋封场的环境措施：①封场是在填埋的废物上建造一个与下部填埋场结构配套的顶部覆盖系统，以实现对处置废物的封隔；②垃圾填埋场在完成生活垃圾填埋后，达到设计填埋标高和设计容量时，必须进行封场处理，并进行安全填埋场土地的再利用；③设污染事故监测井，对区内地下水做动态监测。

第四节 固体废物控制与管理

一、固体废物污染控制的主要原则

（1）减量化、资源化和无害化原则。无害化是指对于不能再利用的固体废物进行妥善贮存或处置，使其不对环境及人身安全造成危害。减量化是指在对资源能源的利用过程中，最大限度地利用资源和能源，尽可能地减少固体废物的排放量和产生量。资源化是指对已经成为固体废物的各种物质进行回收、加工，使其转化成为二次原料或能源予以再利用的过程。

（2）全过程管理原则。全过程管理是对固体废物从生产、收集贮存、运输、利用直到最终处置的全部过程实行一体化管理。

（3）分类管理原则。分类管理是指对固体废物的管理根据不同情况采取分类管理的方法，制定不同的规定和措施。

二、一般固体废物处理处置措施

（1）预处理技术。固体废物预处理技术主要包括压实、破碎、分选等：①压实是为了减少固体废物的运输量和处置体积，对固体废物进行压实处理，在固体废物进行资源化处理过程中，废物的交换和回收利用均需将原来松散的废物进行压实、打包，然后从废物产生地运往废物回收利用地；②破碎是通过人力或机械等外力的作用，破坏物体内部的凝聚力和分子间作用力而使物体破裂变碎的操作过程，是固体废物处理技术中最常用的预处理工艺，固体废物经过破碎后，尺寸减小，粒度均匀，将有利于焚烧的进行，也可加快堆肥化的反应速度；③分选是在固体废物处理、处置与回用之前必须进行分选，将有用的成分分选出来加以利用，并将有害的成分分离出来，分选技术包括人工手选、风力分选、筛分、跳汰机、浮选、磁选、电选等。

（2）一般固体废物的综合利用和资源化。①工业固体废物是由矿物开采、火力发电以及金属冶炼产生的大量一般工业固体废物，积存量大，处置占地多，主要有煤矸石、锅炉渣、钢渣、尘泥等，这些废物多以 SiO_2、Al_2O_3、CaO、MgO、Fe_2O_3 为主要成分，只要适当进行调配，经加工即可生产水泥等多种建筑材料，这不仅实现了资源的再利用，而且由于其生产量大，可以大大减少处置的费用和难度；②农业固体废物的资源化：依据国家环境保护部于2010年10月18日发布的《农业固体废物污染控制技术导则》（HJ 588—2010），利用农业固体废物的特点，采取秸秆还田、堆肥、饲料化、能源利用、工业原料利用等多种途径，实现农业植物性废物的资源化利用，采取高温好氧堆肥、沼气生产等生物处理和利用方式，实现畜禽粪便的资源化利用，采取废旧膜的回收和再加工利用，结合回收地膜再生加工技术，开发深加工产品等。

（3）一般固体废物的焚烧技术。焚烧法是一种高温热处理技术，废物中的有害有毒物质在高温下氧化、热解而被破坏，是一种可同时实现废物无害化、减量化、资源化的处理技术。焚烧不但可以处置城市垃圾和一般工业废物，而且可以处置危险废物。焚烧处置技术对环境的最大影响是尾气造成的污染，常见的焚烧尾气污染物包括粒状污染物、酸性气体、氮氧化物、重金属、一氧化碳和有机氯化物。

（4）一般固体废物的卫生填埋技术。填埋技术是利用天然地形或人工构造，形成一定空间，将固体废物填充、压实、覆盖达到贮存的目的。它是固体废物最终归宿或最终处置并且是保护环境的重要手段。固体废物的填埋技术包括卫生填埋和安全填埋两种。对于一般固体废物应进行卫生填埋。区别于传统的填埋法，卫生填埋法采用严格的污染控制措施，使整个填埋过程的污染和危害减少到最低限度。

三、危险废物处理处置措施

（1）危险废物的焚烧技术。危险废物的焚烧要采用先进实用、成熟可靠的技术，切实实现安全处置。选址要符合要求，收集、处理、处置、综合利用全过程必须符合《危险废物焚烧污染控制标准》（GB 18484—2001）等环保与卫生标准、技术规范的要求。焚烧后的飞灰、残渣等应送入危险废物安全填埋场进行处置，不得混入生活垃圾填埋场。

（2）危险废物的安全填埋。安全填埋是一种把危险废物放置或贮存在环境中，使其与环境隔绝的处置方法，也是对其经过各种方式的处理之后所采取的最终处置措施。安全填埋的目的是割断废物和环境的联系，使其不再对环境和人体健康造成危害。所以，能否阻断废物和环境的联系便是填埋处置成功与否的关键，也是安全填埋潜在风险的所在。对于危险废物要进行固化稳定化处理，对填埋场则需要做严格的防渗构造。

（3）危险废物的收集、贮存及运输。由于危险废物固有的属性包括化学反应性、毒性、腐蚀性、传染性或其他特性，对人类健康或环境产生危害。因此，在其收集、贮存及转运期间必须进行不同于一般废物的特殊管理。具体方法如下：①收集与贮存，由产出者将危险废物直接运往场外的收集中心或回收站，也可以通过地方主管部门配备的专用运输车辆按规定路线运往指定的地点贮存或作进一步处理；②危险废物的运输通常采用公路作为危险废物的主要运输途径，因而载重汽车的装卸作业是造成废物污染环境的重要环节，因此为了保证安全，必须严格执行培训、考核及许可证制度。

四、固体废物的管理措施

（1）废物交换制度。一个行业或企业的废物可能是另一个行业或企业的原料。通过信息系统对固体废物进行交换，这种废物交换已不同于一般意义上的废物综合利用，而是利用信息技术实行废物资源合理配置的系统工程。

（2）废物审核制度。废物审核制度是对废物从产生、处理到处置、排放实行全过程监督的有效手段。它的主要内容有：废物合理产生的估量；废物流向和分配及监测记录；废物处理和转化；废物有效排放和废物总量衡算；废物从产生到处置的全过程评估。废物审核的结果可以及时判断工艺的合理性，发现操作过程中是否有跑、冒、滴、漏或非法排放，有助于改善工艺、改进操作，实现废物最小量化。

（3）申报登记制度。为使环境保护主管部门掌握工业固体废物和危险废物的种类、产生量、流向以及对环境的影响等情况，有效地防治工业固体废物和危险废物对环境的污染，《中华人民共和国固体废物污染环境防治法》要求实施工业固体废物和危险废物申报登记制度。

（4）许可证制度。废物的储存、转运、加工处理、特别是处置实行经营许可证制度。经营者原则上应独立于生产者，经营者和经营人员必须经过专门的培训，并经考核取得专门的资格证书，经营者必须持有专门的废物管理机构发放的经营许可证，并接受废物管理机构的监督检查。废物经营实行收费制，促使废物最小量化。

（5）排污收费制度。排污收费制度与废水、废气排污有着本质上的不同，根据《中华人民共和国固体废物污染环境防治法》规定："企业事业单位对其产生的不能利用或者暂时不利用的工业固体废物，必须按照国务院环境保护主管部门的规定建设贮存或者处置的设施、场所。"任何单位都被禁止向环境排放固体废物。而固体废物排污费的交纳则是对那些在按照规定和环境保护标准建成工业固体废物贮存或者处置的设施、场所，或者经改造这些设施、场所达到环境保护标准之前产生的工业固体废物而言的。

（6）建立废物信息系统和转移跟踪制度。废物从产生起直至最终处置的每个环节实行申报、登记、监督跟踪管理。废物产生者和经营者要对所有产生的废物的名称、时间、地点、生产厂家、生产工艺、废物种类、组成、数量、物理化学特性和加工、处理、转移、储存、处置以及它们对环境的影响向废物管理机构进行申报、登记，所有数据和信息都存入信息系统并实行跟踪。管理部门对废物业主和经营者进行监督管理和指导。

第十章　生态环境影响评价

第一节　概　　述

一、基本概念

1. 生态影响

生态影响是指人类的经济社会活动对生态系统及其生物因子、非生物因子所产生的任何有害的或有益的作用。生态影响可以划分为不利影响和有利影响，直接影响、间接影响和累积影响，可逆影响和不可逆影响。

2. 直接生态影响

人类经济社会活动所导致的不可避免的、与该活动同时同地发生的生态影响。

3. 间接生态影响

人类经济社会活动及其直接生态影响所诱发的、与该活动不在同一地点或不在同一时间发生的生态影响。

4. 累积生态影响

人类经济社会活动各个组成部分之间或者该活动与其他相关活动（包括过去、现在、未来）之间造成生态影响的相互叠加。

5. 生态环境影响评价

通过定量揭示和预测人类活动对生态影响及其对人类健康和经济发展作用的分析，确定一个地区的生态负荷或环境容量，并提出减少影响或改善生态环境的策略和措施，应包括对区域自然系统生态完整性的评价以及对敏感生态区域或敏感生态问题的评价两大部分内容。

6. 特殊生态敏感区

特殊生态敏感区指具有极重要的生态服务功能，生态系统极脆弱或已有较为严重的生态问题，如遭到占用、损失或破坏后所造成的生态影响后果严重且难以预防、生态功能难以恢复和替代的区域，包括自然保护区、世界文化和自然遗产地等。

7. 重要生态敏感区

重要生态敏感区指具有相对重要的生态服务功能或生态系统较为脆弱，如遭到占用、损失或破坏后所造成的生态影响后果较严重，但可以通过一定措施加以预防、恢复或替代的区域，包括风景名胜区、森林公园、地质公园、重要湿地、原始天然林、珍稀濒危野生动植物天然集中分布区、重要水生生物的自然产卵场及索饵场、越冬场和洄游通道、天然渔场等。

8. 一般区域

一般区域是指除特殊生态敏感区和重要生态敏感区以外的其他区域。

9. 生态监测

运用物理、化学或生物等方法对生态系统或生态系统中的生物因子、非生物因子状况及其变化趋势进行的测定、观察。

10. 生物量

生物量指单位面积或体积内生物体的重量，又称现存量，是衡量环境质量变化的主要标志。

11. 生态因子

生态因子指生物或生态系统的周围环境因素，可归纳为两大类：非生物因子（光照、温度、盐分、水分、土壤和大气等）和生物因子（动物、植物、微生物等）。

12. 生物群落

生物群落指在一定区域或一定环境中各个生物种群相互松散结合的一种结构单元。任何一个群落都由一定的生物种和伴生种组成，每个生物种均要求一定的生态条件，并在群落中处于不同的地位和起着不同的生态作用。

13. 景观

景观指一个空间异质性的区域，由相互作用的拼块或生态系统组成，以相似的形式重复出现。景观是高于生态系统的自然系统，是生态系统的载体。生态系统是相对同质的系统，而景观是异质性的。景观是一个清晰的和可度量的单位，有明显的边界，范围可大可小，它具有可辨别性和空间上的可重复性，其边界由相互作用的生态系统、地貌和干扰状况所决定。

14. 异质性

异质性指在一个区域里（景观或生态系统）对一个生物种，或者更高级的生物组织的存在起决定作用的资源（或某种形状）在空间或时间上的变异程度（或强度）。

15. 相对同质

相对同质指自然等级体系中低于景观的等级系统（主要指生态系统）具有不同于景观的基本特征，即它是由具有相似特征的组分或元素组成的系统。这些组分和元素即表现相对同质。

16. 连通程度

连通程度指一个地域空间成分具有的隔离其他成分的物理屏障能力和具有的适宜物种流动通道的能力。在火灾多发区设置防火障，是为了降低连通性，防止火灾蔓延；在森林繁育时注意多物种团块式混交，可防止虫害扩散，同时具有一定的防火功能。

二、生态环境影响特点

1. 阶段性

项目建设对生态环境的影响往往从规划设计开始就有表现，贯穿全过程，并且在不同建设阶段影响不同。因此，生态环境影响评价应从项目开始时介入，注重整个过程。

2. 区域性或流域性

由于生态系统具有显著的地域特点，因此相同建设项目在不同区域或流域可能会产生不同的生态环境影响。这就要求在进行生态环境影响评价以及影响分析与提出相应措施时，应有针对性，分析项目所在区域或流域的主要生态环境特点与问题。

3. 高度相关性和综合性

生态因子间的关系错综复杂，生态系统的开放性也使得各系统之间彼此密切相关，项目建设通常会影响到所在地整个区域或流域的生态环境，即使只是直接影响其中一部分，也可能通过该部分直接或间接影响其全部。因此，在进行生态环境影响评价时，应有整体论的观点，即不管影响到生态系统的什么因子，其影响效应是系统综合的。

4. 累积性

项目建设对生态系统的影响往往是长期的、潜在的、间接的，当影响积累到达一定程度，超过生态系统的承载能力时，生态系统的结构或功能将发生质变，开始退化，最终将导致生态系统不可逆的质的恶化或破坏。

5. 多样性

项目建设对生态系统的影响性质是多方面的，包括直接的、间接的，显见的、潜在的，长期的、短期的，暂时的、累积的，等等。有时间接影响比直接影响更大或潜在影响比显见影响重要。如大坝建设为发展水产养殖提供了良好条件，但同时淹没了大片土地，阻碍了河谷生命网络间的联系，影响了野生动植物原有生存、繁衍的生态环境，阻隔了洄游性鱼类通道，影响了物种交流；建坝改变了河流的洪泛特性，对洪泛区环境的不利影响主要表现在使洪泛区湿地景观减少、生物多样性减损、生态功能退化等。

三、生态环境影响评价原则

生态评价是综合分析生态环境和开发建设活动特点及二者相互作用的过程，并依据国家的政策法规提出对受影响生态环境行之有效的保护途径和措施；依据生态学和生态环境保护基本原理进行生态系统的恢复和重建的设计，在进行生态评价时，应遵循以下原则：

（1）坚持重点与全面相结合的原则。既要突出评价项目所涉及的重点区域、关键时段和主导生态因子，又要从整体上兼顾评价项目所涉及的生态系统和生态因子在不同时空等级尺度上结构与功能的完整性。

（2）坚持预防与恢复相结合的原则。预防优先，恢复、补偿为辅。恢复、补偿等措施必须与项目所在地的生态功能区划的要求相适应。

（3）坚持定量与定性相结合的原则。生态影响评价应尽量采用定量方法进行描述和分析，当现有科学方法不能满足定量需要或因其他原因无法实现定量测定时，生态影响评价可通过定性或类比的方法进行描述和分析。

四、生态环境影响评价工作等级和范围

1. 评价工作等级的划分

（1）依据影响区域的生态敏感性和评价项目的工程占地（含水域）范围，包括永久占地和临时占地，将生态影响评价工作等级划分为一级、二级和三级，见表 10－1。位于原厂界（或永久用地）范围内的工业类改扩建项目，可做生态影响分析。

（2）当工程占地（含水域）范围的面积或长度分别属于两个不同评价工作等级时，原则上应按其中较高的评价工作等级进行评价。改扩建工程的工程占地范围以新增占地（含水域）面积或长度计算。

（3）在矿山开采可能导致矿区土地利用类型明显改变，或拦河闸坝建设可能明显改

表10-1　生态影响评价工作等级划分表

影响区域生态敏感性	工程占地（水域）范围		
	面积≥20 km² 或长度≥100 km	面积2~20 km² 或长度50~100 km	面积≤2 km² 或长度≤50 km
特殊生态敏感区	一级	一级	一级
重要生态敏感区	一级	二级	三级
一般区域	二级	三级	三级

变水文情势等情况下，评价工作等级应上调一级。

2. 评价等级要求

（1）一级评价：深入全面地调查与评价，生态环境保护要求严格，须进行技术经济分析和编制生态环境保护实施方案或行动计划，评价要满足生态完整性的需要，对生态负荷及环境容量要进行分析确定。凡造成生态环境不可逆变化或影响程度大的开发建设项目，需进行一级影响评价。

（2）二级评价：一般评价与重点因子评价相结合，生态环境保护要求较严格，针对重点问题编制生态环境保护计划和进行相应的技术经济分析，二级评价同样满足生态完整性的需要，对生态负荷或环境容量要进行分析确定。

（3）三级评价：对重点因子评价或一般性分析，生态环境保护要求一般，须按规定完成绿化指标和其他保护与恢复措施。

3. 评价工作范围

生态影响评价应能够充分体现生态完整性，涵盖评价项目全部活动的直接影响区域和间接影响区域。评价工作范围应依据评价项目对生态因子的影响方式、影响程度和生态因子之间的相互影响和相互依存关系确定。可综合考虑评价项目与项目区的气候过程、水文过程、生物过程等生物地球化学循环过程的相互作用关系，以评价项目影响区域所涉及的完整气候单元、水文单元、生态单元、地理单元界限为参照边界。

生态影响工作范围一般宜大不宜小。对于一、二、三级评价项目，要以重要评价因子受影响方向为扩展距离，一般不能小于8~30 km、2~8 km和1~2 km。

五、生态环境影响判定依据

生态影响的判定依据有以下几个方面：

（1）国家、行业和地方已颁布的资源环境保护等相关法规、政策、标准、规划和区划等确定的目标、措施与要求。

（2）科学研究判定的生态效应或评价项目实际的生态监测、模拟结果。

（3）评价项目所在地区及相似区域生态背景值或本底值。

（4）已有性质、规模以及区域生态敏感性相似项目的实际生态影响类比。

（5）相关领域专家、管理部门及公众的咨询意见。

第二节　工程调查与分析

一、工程资料收集和分析

工程分析内容应包括：项目所处的地理位置、工程的规划依据和规划环评依据、工程类型、项目组成、占地规模、总平面及现场布置、施工方式、施工时序、运行方式、替代方案、工程总投资与环保投资、设计方案中的生态保护措施等。工程分析时段应涵盖勘察期、施工期、运营期和退役期，以施工期和运营期为调查分析的重点。工程分析应根据评价项目自身特点、区域的生态特点以及评价项目与影响区域生态系统的相互关系，确定工程分析的重点，分析生态影响源及其强度。工程分析重点的主要内容应包括：

（1）可能产生重大生态影响的工程行为。

（2）与特殊生态敏感区重要生态敏感区有关的工程行为。

（3）可能产生间接、累积生态影响的工程行为。

（4）可能产生重大资源占用和配置的工程行为。

二、关键问题识别和评价因子的筛选

生态环境影响识别是一种定性的和宏观的生态影响分析，其目的是明确主要影响因素、主要受影响的生态系统和生态因子，从而筛选出评价工作的重点内容。影响识别包括影响因素的识别、影响对象的识别和影响性质和程度的识别。

1. 影响因素的识别

影响因素的识别是对拟建项目的识别，目的是明确主要作用因素，包括以下几个方面：

（1）作用主体。作用主体包括主要工程（或主设施、主装备）和全部辅助工程在内，如施工道路、作业场地、重要原材料产地、储运设施建设、拆迁居民安置等。

（2）项目实施的时间序列。项目实施的全时间序列包括设计期（如选址和决定施工布局）、施工建设期、运营期和服务期满后（如矿山闭矿、渣场封闭与复垦）；至少应识别施工建设期和运营期。

（3）项目实施地点。包括集中开发建设地和分散影响点、永久占地和临时占地等。

（4）其他影响因素。包括影响方式、作用时间长短、物理性作用化学性作用还是生物性作用，直接还是间接作用等。其中，物理性作用是指因土地用途改变、清除植被、收获生物资源、引来外来物种、分割生境、改变河流水系、以人工生态系统代替自然生态系统，使组成生态系统的成分、结构形态或生态系统的外部条件发生变化，从而导致结构和功能的变化；化学性作用是指环境污染的生态效应；生物性作用是指人为的引进外来物种或严重破坏生态平衡导致的生态影响，但这种作用在开发建设项目中发生的概率不高。很多情况下，生态系统都同时处在人类和自然力的双重作用下，两种作用常常相互叠加，加剧危害。

2. 影响对象的识别

影响对象识别是指对主要受影响的生态系统和生态因子的识别，识别的内容包括以下

几方面：

（1）识别受影响的生态系统的生态类型及生态系统的构成要素。如生态系统的类型、组成生态系统的生物因子（动物和植物）、组成生态系统的非生物因子（如水和土）、生态系统的区域性特点及区域性作用与主要环境功能。

（2）识别受影响的重要生境。生物多样性受到的影响往往是由于所在的重要生境受到占据、破坏或威胁等造成的，故在识别影响对象时对此类生境应予足够重视并采取有效措施加以防护。重要生境识别方法见表10－2。

表10－2　重要生境识别方法

生境的性质	重要性比较
天然性	真正的原始生境>次生生境>人工生境（如农田）
生境面积大小	在其他条件相同的情况下，面积大的生境>面积小的生境
多样性	群落或生境类型多、复杂的区域>类型单一、简单的区域
稀有性	拥有一个或多个稀有物种的生境>没有稀有物种的生境
可恢复性	易天然恢复的生境>不易天然恢复的生境
完整性	完整性的生境>破碎性生境
生态联系	功能上相互联系的生境>功能上孤立的生境
潜在价值	经过自然过程或适当管理最终能发展成较目前更具有自然保护价值的生境>无发展潜力的生境
功能价值	有物种或群落繁殖、成长生境>无此功能的生境
存在期限	历史久远的生境>新近形成的生境
生物丰富度	生物多样性丰富的生境>生物多样性贫乏的生境

（3）识别区域自然资源及主要生态问题。区域自然资源对拟建项目及区域生态系统均有较大的影响或限制作用。在我国，诸如耕地资源和水资源等都是在影响识别及保护时首先考虑的。同时，由于自然资源的不合理利用以及生境的破坏等原因，一些区域性的生态环境问题如水土流失、沙漠化、各种自然灾害等也需要在影响识别中予以注意。

（4）识别敏感生态保护目标或地方要求的特别保护目标。这些目标往往是人们的关注点，在影响评价中应予以足够的重视，一般包括以下目标：具有生态学意义的保护目标，如珍稀濒危野生生物、自然保护区、重要生境等；具有美学意义的保护目标，如风景名胜区、文物古迹等；具有科学意义的保护目标，如著名溶洞、自然遗迹等；具有经济价值的保护目标，如水源地、基本农田保护地等；具有社会安全意义的保护目标，如排洪泄洪通道等；生态脆弱区和生态环境严重恶化区，如脆弱生态系统、严重缺水区等；人类社会特别关注的保护对象，如学校、医院、科研文教区和集中居民区等；其他一些有特别纪念或科学价值的地方，如特产地、繁育基地等，均应加以考虑。

（5）识别受影响的途径和方式。指直接影响、间接影响或通过相关性分析确定的潜在影响。

3. 影响性质和程度的识别

影响效应的识别主要是识别影响作用产生的生态效应，即影响后果与程度的识别，具体包括以下几个方面的内容：

（1）影响的性质。影响的性质应考虑是正影响还是负影响、可逆影响还是不可逆影响、可补偿影响还是不可补偿影响、短期影响还是长期影响、累积影响还是一次性影响；渐进的、累积性的或是有临界值的影响，凡是不可逆变化应给予更多关注，在确定影响可否接受时应给予更大权重。

（2）影响的程度。影响的程度包括影响范围的大小、持续时间的长短、作用剧烈程度、受影响的生态因子多少、生态环境功能的损失程度、是否影响到敏感目标或影响到生态系统主导因子及重要资源。在判别生态受到影响的程度时，受到影响的空间范围越大、强度越高、时间越长、受到影响因子越多或影响到主导因子，则影响越大。

（3）影响发生的可能性分析。影响发生的可能性分析即分析影响发生的可能性和概率，影响可能性可按极小、可能、很可能来识别。

4. 评价因子筛选

生态环境影响评价的评价因子选择应考虑以下几个方面：

（1）应反映建设项目的性质与特点。根据建设项目特点、影响因素及其效应等选择评价因子，如水库和水坝建设等水利工程项目，主要影响有土地利用方式与生物栖息地变化（淹没等）、敏感目标保护、水生生物通道、景观变化、移民、生态安全等，此时应考虑土地资源、生物资源、生物生产能力等。

（2）应能代表和反映受影响生态环境的性质和特点。受到影响的生态系统类型不同，涉及的生态层次不同，应选择不同的评价因子与对应的评价方法。例如项目建设涉及森林生态系统，则应主要考虑其系统的完整性、生物资源受到的影响、系统的生态过程及其服务功能是否发生改变等，评价因子应考虑从森林生态系统的类型及其稳定性、生物多样性水平、珍稀濒危或重要物种、生产力、生态服务功能等方面选择，如面积、覆盖率，生物资源的种类、分布、珍稀濒危程度、重要性，生产力与生产量，生态效益及其价值，环境退化程度，景观结构指标等。

（3）应表征出生态资源与生态环境问题。对于生态资源与生态环境方面评价因子的选择，可以采用相关的资源部门与管理部门的标准或规范中涉及的评价指标；区域敏感目标可以按其性质、规划目标、功能分区等确定评价因子，如生态环境问题可以选择水土流失中的侵蚀类型、模数、面积、分布，土地沙漠化中的沙化程度、沙化面积及其分布、发展趋势、生态损失、法定保护区域或对象，土地盐渍化中的类型与全盐含量、面积、级别、危险与危害指数、地下水状况。

第三节　生态环境现状评价

一、生态环境现状调查

生态环境现状调查是实施生态影响评价的基础工作。生态现状调查应在收集资料基础上开展现场工作，生态现状调查的范围应不小于评价工作的范围。

一级评价应给出采样地实测、遥感等方法测定的生物量、物种多样性等数据，给出主要生物物种名录、受保护的野生动植物物种等调查资料；二级评价的生物量和物种多样性调查可依据已有资料推断，或实测一定数量的、具有代表性的样方予以验证；三级评价可充分借鉴已有资料进行说明。

生态环境调查的主要内容包括生态背景调查和主要生态问题调查。

1. 生态背景调查

根据生态影响的空间和时间尺度特点，调查影响区域内涉及的生态系统类型、结构、功能和过程，以及相关的非生物因子特征（如气候、土壤、地形地貌、水文以及水文地质等），重点调查受保护的珍稀濒危物种、关键种、土著种、建群种和特有种，天然的重要经济物种等。如涉及国家级和省级保护物种、珍稀濒危物种和地方特有物种时，应逐个或逐类说明其类型、分布、保护级别、保护状况等；如涉及特殊生态敏感区和重要生态敏感区时，应逐个说明其类型、等级、分布、保护对象、功能区划、保护要求等。

2. 主要生态问题调查

调查影响区域内已经存在的制约本区域可持续发展的主要生态问题，如水土流失、沙漠化、石漠化、盐渍化、自然灾害、生物入侵和污染危害等，指出其类型、成因、空间分布、发生特点等。

二、生态环境现状调查方法

1. 资料收集法

资料收集法是收集现有的能反映生态现状或生态背景的资料，从表现形式上分为文字资料和图形资料，从时间上分为历史资料和现状资料，从收集行业类别上可分为农、林、牧、渔和环境保护部门，从资料性质上可分为环境影响报告书、有关污染源调查、生态保护规划、规定、生态功能区划、生态敏感目标的基本情况以及其他生态调查资料等。使用资料收集法时，应保护资料的现时性，引用资料必须建立在现场校验的基础上。

2. 现场勘查法

现场勘查应遵循整体与重点相结合的原则，在综合考虑主导生态因子结构与功能完整性的同时，突出重点区域和关键时段的调查，并通过对影响区域的实际踏勘，核实收集资料的准确性，以获取实际资料和数据。

3. 专家和公众咨询法

专家和公众咨询法是对现场勘查的有益补充。通过咨询有关专家，收集评价工作范围内的公众、社会团体和相关管理部门对项目影响的意见，发现现场勘查中遗漏的生态问题。专家和公众咨询应与资料收集和现场勘查同步开展。

4. 生态监测法

当资料收集、现场勘查、专家和公众咨询提供的数据无法满足评价的定量需求，或项目可能产生潜在的或长期累积效应时，应考虑选用生态监测法。生态监测应根据监测因子的生态学特点和干扰活动的特点确定监测位置和频次，有代表性地布点。生态监测方法与技术要求须符合国家现行的有关生态监测规范和检测标准分析方法；对于生态系统生产力的调查，必要时需现场采样、实验室测定。

5. 遥感调查法

当涉及区域范围较大或主导生态因子的空间等级尺度较大，通过人力踏勘较为困难或难以完成评价时，可采用遥感调查法。遥感调查过程中必须辅助必要的现场勘查工作。

三、生态环境现状评价

生态环境现状评价是在区域生态环境基本特征调查的基础上，采用文字和图件相结合的表现形式，对评价区域的生态质量现状进行定量或定性的分析评估，对区域生态环境功能状况进行评价。

1. 评价要求

生态现状评价应在现状调查的基础上阐明生态系统现状，分析工程影响生态系统的因素，评价生态系统总体存在的问题、变化趋势。分析影响区域内动、植物等生态因子的组成、分布；涉及敏感区时，分析其生态现状、保护现状和存在的问题。

在区域生态基本特征现状调查的基础上，对评价区域的生态现状进行定量或定性的分析评价，评价应用文字和图件相结合的表现形式，图件由基本图件和推荐图件构成，具体内容见表 10－3。

表 10－3　生态影响评价图件构成要求

评价工作等级	基本图件	推荐图件
一级	（1）项目区域地理位置图 （2）工程平面图 （3）土地利用现状图 （4）地表水系图 （5）植被类型图 （6）特殊生态敏感区和重要生态敏感区空间分布图 （7）主要评价因子的评价成果和预测图 （8）生态监测布点图 （9）典型生态保护措施平面布置示意图	（1）当评价工作范围内涉及山岭重丘区时，可提供地形地貌图、土壤类型图和土壤侵蚀分布图 （2）当评价工作范围内涉及河流、湖泊等地表水时，可提供水环境功能区划图；当涉及地下水时，可提供水文地质图件等 （3）当评价工作范围涉及海洋和海岸带时，可提供海域岸线图、海洋功能区划图，根据评价需要选作海洋渔业资料分布图、主要经济鱼类产卵场分布图、滩涂分布现状图 （4）当评价工作范围内已有土地利用规划时，可提供已有土地利用规划图和生态功能分区图 （5）当评价工作范围内涉及的不同生态系统类型，选作动植物资源分布图、珍稀濒危物种分布图、基本农田分布图、绿化布置图、荒漠化土地分布图等 （6）可根据评价工作范围内涉及的不同生态系统类型，选作动植物资源分布图、珍稀濒危物种分布图、基本农田分布图、绿化布置图、荒漠化土地分布图等
二级	（1）项目区域地理位置图 （2）工程平面图 （3）土地利用现状图 （4）地表水系图 （5）特殊生态敏感区和重要生态敏感区空间分布图 （6）主要评价因子的评价成果和预测图 （7）典型生态保护措施平面布置示意图	（1）当评价工作范围内涉及山岭重丘区时，可提供地形地貌图、土壤类型图和土壤侵蚀分布图 （2）当评价工作范围内涉及河流、湖泊等地表水时，可提供水环境功能区划图；当涉及地下水时，可提供水文地质图件等 （3）当评价工作范围涉及海域时，可提供海域岸线图、海洋功能区划图 （4）当评价工作范围内已有土地利用规划时，可提供已有土地利用规划图和生态功能分区图 （5）评价工作范围内，陆域可根据评价需要选作植被类型图或绿化布置图
三级	（1）项目区域地理位置图 （2）工程平面图 （3）土地利用现状图 （4）典型生态保护措施平面布置示意图	（1）评价工作范围内，陆域可根据评价需要选做植被类型图或绿化布置图 （2）当评价工作范围内涉及山岭重丘区时，可提供地形地貌图 （3）当评价工作范围内涉及河流、湖泊等地表水时，可提供地表水系图 （4）当评价工作范围涉及海域时，可提供海域岸线图、海洋功能区划图 （5）当涉及重要生态敏感区时，可提供关键评价因子的评价成果图

生态现状评价要解决的主要问题为：①从生态完整性的角度评价生态现状，即注意区域内生态系统的结构与功能状况（如水源涵养、防风固沙、生物多样性保护等主导生态功能）；②用可持续发展观点评价自然资源现状、发展趋势和承受干扰的能力；③植被破坏、荒漠化、珍稀濒危动植物物种消失、自然灾害、土地生产能力下降等生态系统面临的压力和存在的问题及其产生的历史、现状和生态系统的总体变化趋势等；④分析和评价受影响区域内动、植物等生态因子的现状组成、分布；⑤当评价区域涉及受保护的敏感物种时，应重点分析该敏感物种的生态学特征；⑥当评价区域涉及特殊生态敏感区时，应分析其生态现状、保护现状和存在的问题等。

由于生态系统结构的层次特点决定了生态现状评价也具有层次性，生态现状评价一般可按两个层次进行：一是生态因子层次上的因子状况评价；二是生态系统层次上的整体状况评价。两个层次上的评价都是由若干指标来表征的。在建设项目的生态环境影响评价中，一般对可控因子要作较详细的评价，以便采取保护或恢复性措施；对人力难以控制的因子，如气候因子，一般只作为生态系统存在的条件和影响因素看待，不作为评价的对象。

2. 生态现状评价内容

1）生态因子现状评价

植被包括植被的类型、分布、面积和覆盖率、历史变迁原因，植物群系及优势植物种，植被的主要环境功能，珍稀植物的种类、分布及其存在的问题等。植被现状评价应以植被现状图表达。

动物包括野生动物的栖息地现状、破坏与干扰，野生动物的种类、数量、分布特点，珍稀动物各类与分布等。动物的有关信息可从动物地理区划资料、动物资源收获（如皮毛收购）、实地考察与走访、调查，从栖息地与动物习性相关性等获得。

土壤包括土壤的成土母质，形成过程、理化性质、土壤类型、性状与质量（有机质含量、全氮、有效磷含量，并与选定的标准比较而评定其优劣）、物质循环速度、土壤厚度与密度、受外环境影响（淋溶、侵蚀）以及土壤生物丰度、保水蓄水性能和土壤碳氮比（保肥能力）等以及污染水平。

水资源包括地表水资源与地下水资源评价两大领域，评价内容主要是水质与水量两个方面。水质评价是污染性环评的主要内容之一。生态环评中水环境的评价亦有两个方面：一是评价水的资源量；二是与水质和水量都有紧密联系的水生生态评价。

2）生态系统结构与功能的现状评价

不同类型的生态系统难以进行结构上的优劣比较，但可借助于图件并辅之以文字阐明生态系统的空间结构和运行情况，亦可借助景观生态的评价方法进行结构的描述，还可通过类比分析定性地认识系统的结构是否受到影响等。

生态功能是可以定量或半定量地评价的。例如生物量、植被生产力和种群量都可定量地表达；生物多样性亦可量化和比较。运用综合评价方法，进行层次分析，设定指标和赋值，可以综合地评价生态系统的整体结构和功能。

3）生态资源的现状评价

无论是水土资源还是动植物资源，因其巨大的经济学意义，一般已在使用中，都有相应的经济学评价指标。例如土地资源需进行分类，阐明其适宜性与限制性、现状利用情况以及开发利用潜力；耕地分等级，并可用历年的粮食产量来衡量其质量，评价中应阐明其肥力、通透性、利用情况、水利设施、抗洪涝能力、主要灾害威胁等。

4）区域生态现状评价

一般区域生态问题是指水土流失、沙漠化、自然灾害和污染危害等。这类问题亦可以进行定性与定量相结合的评价，用通过土壤流失方程计算工程建设导致的水土流失量；用侵蚀模数、水土流失面积和土壤流失量指标，可定量地评价区域的水土流失状况；测算流动沙丘、半固定沙丘和固定沙丘的相对比例，辅之以荒漠化指示生物的出现，可以半定量地评价土地沙漠化程度；通过类比，可以定性地评价生态系统防灾减灾功能。

第四节 生态环境影响预测与评价

一、生态环境影响预测内容和要求

生态环境影响预测就是在生态现状调查与评价、工程分析与环境影响识别的基础上，有选择、有重点地对某些评价因子的变化和生态功能变化进行预测。

1. 生态影响预测内容

生态影响预测内容包括影响因素分析、生态环境受体分析、生态影响效应分析。自然资源开发项目对区域生态（主要包括土地、植被、水文和珍稀濒危动、植物五种生态因子）影响的预测内容包括以下方面：

（1）评价工作范围内涉及的生态系统及其主要生态因子的影响评价。通过分析影响作用的方式、范围、强度和持续时间来判别生态系统受影响的范围、强度和持续时间；预测生态系统组成和服务功能的变化趋势，重点关注其中的不利影响、不可逆影响和累积生态影响。

（2）敏感生态保护目标的影响评价在明确保护目标的性质、特点、法律地位和保护要求的情况下，分析评价项目的影响途径、影响方式和影响程度，预测潜在后果。

（3）预测评价项目对区域现在主要生态问题的影响趋势。

2. 生态影响预测要求

（1）三级项目要对关键评价因子（如对绿地、珍稀濒危物种、荒漠等）进行预测；二级项目要对所有重要评价因子均进行单项预测；一级项目除进行单项预测外，还要对区域性全方位的影响进行预测。

（2）为便于分析和采取对策，要将生态影响划分为有利影响与不利影响、可逆影响与不可逆影响、近期影响与长期影响、一次性影响与累积性影响、明显影响与潜在影响、局部影响与区域影响。

（3）要根据不同因子受开发建设影响在时间和空间的表现和累积情况下进行预测评估。从时间分布上，可表现为年内（月份）和年际（准备期、施工期、运转期）变化两个方面；从空间分布上，可以划分为宏观（开发区域及其周边地区）和微观（影响因子分布）两个部分。

（4）自然资源开发建设项目的生态影响预测要进行经济损益分析。

二、生态影响预测与评价方法

生态影响预测与评价方法应根据评价对象的生态学特征，在调查、判定该区主要的、辅助的生态功能以及完成功能必需的生态过程的基础上，分别采用定量分析和定性分析相结合的方法进行预测和评价。常用的方法包括列表清单法、图形叠置法、生态机理分析法、景观生态学法、指数法与综合指数法、类比分析法、系统分析法和生物多样性评价法等。

1. 列表清单法

列表清单法是Little等人于1971年提出的一种定性分析方法。该方法的特点是简单明了，针对性强。列表清单法的基本做法是将拟实施的开发建设活动的影响因素与可能受影响的环境因子分别列在一张表格的行与列内，逐点进行分析，并逐条阐明影响的性质、强度等，由此分析开发建设活动的生态影响。

2. 图形叠置法

该方法把两个或更多的环境特征重叠表示在同一张图上，构成一份复合图，来表示生态变化的方向和程度。

该方法的特点是预测结果直观，容易被人理解，如用带方格的透明纸还可以定量地估测受影响的地区的面积。该方法使用简便，但不能作精确的定量评价。目前该方法被用于公路或铁路选线、滩涂开发、水库建设、土地利用等方面评价，也可将污染影响程度和植被或动物分布叠置成污染物对生物的影响分布图。

3. 生态机理分析法

生态机理分析法是根据建设项目的特点和受其影响的动、植物生物学特征，依照生态学原理分析、预测工程生态影响的方法。动物或植物与其生长环境构成有机整体，当开发项目影响植物生长环境时，对动物或植物的个体、种群和群落也产生影响。生态机理分析法的工作步骤如下：

（1）调查环境背景现状和搜集工程组成和建设等有关资料。

（2）调查植物和动物分布、动物栖息地和迁徙路线。

（3）根据调查结果分别对植物或动物种群、群落和生态系统进行分析，描述其分布特点、结构特征和演化等级。

（4）识别有无珍稀濒危物种及重要经济、历史、景观和科研价值的物种。

（5）监测项目建成后该地区动物、植物生长环境的变化。

（6）根据项目建成后的环境变化，对照无开发项目条件下动、植物或生态系统演替趋势，预测项目对动、植物个体、种群和群落的影响，并预测生态系统演替方向。

（7）评价过程中有时要根据实际情况进行相应的生物模拟试验，如环境条件、生物习性模拟试验、生物毒理学试验、实地种植或放养试验等；或进行数学模拟，如种群增长模型的应用。

该方法需与生物学、地理学、水文学、数学及其他多学科合作评价，才能得出较为客观的结果。

4. 景观生态学法

景观生态学法是通过研究某一区域、一定时段内的生态系统类群的格局、特点、综合资源状况等自然规律，以及人为干预下的演替趋势，揭示人类活动在改变生物与环境方面作用的方法。景观生态学法通过两个方面评价生态质量状况：一是空间结构分析；二是功能与稳定性分析。景观生态学认为，景观的结构与功能是相当匹配的，且增加景观异质性和共生性也是生态学和社会学整体论的基本原则。

空间结构分析基于景观是高于生态系统的自然系统，是一个清晰的和可度量的单位。空间结构分析认为，景观由斑块、基质和廊道组成，其中基质是区域景观的背景地块，是景观中一种可以控制环境质量的组分。因此，基质的判定是空间结构分析的重点。基质的判定有3个标准：相对面积大、连通程度高、有动态控制功能。基质的判定多借用传统生态学中计算植被重要性的方法。某一斑块类型在景观中的优势程度用优势度指数（D_0）进行表征。优势度指数由密度（R_d）、频率（R_f）和景观比例（L_P）3个参数计算得到，而这3个参数的综合比较好地反映了该类斑块占有区域的相对面积（数量）、分布的均匀程度和连通程度（正是几个度量区域生态质量的参数）等，能较好地表示生态系统的整体性。

景观的功能与稳定性分析包括以下4个方面的内容：

（1）生物恢复力分析。分析景观基本元素的再生能力或高亚稳定性元素能否占主导地位。

（2）异质性分析。基质为绿地时，异质化程度高的基质很容易维护它的基质地位，从而达到增强景观稳定性的作用。

（3）种群源的持久性和可达性分析。分析动植物物种能否持久保持能量流、养分流，分析物种流可否顺利地从一种景观元素迁移到另一种元素，从而增强共生性。

（4）景观组织的开放性分析。分析景观组织与周边生境的交流渠道是否畅通。开放性强的景观组织可以增强抵抗力和恢复力。

景观生态学方法是目前在生态现状评价和生态影响评价中普遍应用的一种方法，是国内外生态影响评价学术领域中较先进的方法。主要应用于城市和区域土地利用规划与功能区划、区域生态影响评价、特大型建设项目环境影响评价以及景观资源评价等。

5. 指数法与综合指数法

指数法是利用同度量因素的相对值来表明因素变化状况的方法。指数法简明扼要，且符合人们所熟悉的环境污染影响评价思路，但困难在于需明确建立表征生态质量的标准体系，且难以赋权和准确定量。综合指数法是从确定同度量因素出发，把不能直接对比的事物变成能够同度量的方法。

指数法与综合指数法的基本原理：通过对环境因子性质及变化规律的研究与分析，建立其评价函数曲线，通过评价函数曲线将这些环境因子的现状值（项目建设前）与预测值（项目建设后）转换为统一的无量纲的环境质量指标，由好至差用1~0表示，由此可计算出项目建设前、后各因子环境质量指标的变化值。最后，根据各因子的重要性赋予权重，再将各因子的变化值综合起来，便得出项目对生态环境的综合影响。

$$\Delta E = \sum (E_{hi} - E_{qi}) \times W_i \tag{10-1}$$

式中 ΔE——开发建设活动前后生态质量变化值；

E_{hi}——开发建设活动后 i 因子的质量指标；

E_{qi}——开发建设活动前 i 因子的质量指标；

W_i——i 因子的权重。

该方法的核心问题是建立环境因子的评价函数曲线，通常是先确定环境因子的质量标准，再根据不同标准规定的数值确定曲线的上、下限。对于已被国家标准或地方标准明确规定的环境因子，如水、大气等，可以直接用标准值确定曲线的上、下限；对于一些无明确标准的环境因子，需要对其进行大量工作，选择其相对的质量标准，再用以确定曲线的上、下限。权值的确定大多采用专家咨询法。

指数法可用于生态因子单因子质量评价、生态系统多因子综合质量评价、生态系统功能评价等。

6. 类比分析法

许多生态影响的因果关系十分错综复杂，通过类比调查有工程已经发生的环境影响，并类比分析拟建工程的环境影响。类比分析法是生态影响预测与评价比较常用的定性和半定量评价方法，一般有生态整体类比、生态因子类比和生态问题类比。

7. 系统分析法

系统分析法是指把要解决的问题作为一个系统，对系统要素进行综合分析，找出解决问题可靠方案的咨询方法。系统分析法因其能妥善解决一些多目标动态性问题，目前已广泛应用于各行各业，尤其在进行区域规划或解决优化方案选择问题时，系统分析法显示出其他方法所不能达到的效果。

系统分析法具体步骤包括限定问题、确定目标、调查研究、收集数据、提出备选方案和评价标准、备选方案评估和提出最可行方案。

在生态系统质量评价中使用系统分析的具体方法有专家咨询法、层次分析法、模糊综合评判法、综合排序法、系统动力学、灰色关联等方法，这些方法原则上都适用于生态环境影响评价。

8. 生物多样性评价方法

生物多样性评价是指通过实地调查，分析生态系统和生物种的历史变迁、现状和存在的主要问题，以有效地保护生物多样性。

生物多样性通常用香农－威纳指数（Shannnon－Weiner index）表征：

$$H = -\sum_{i=1}^{S} P_i \ln(P_i) \tag{10-2}$$

式中 H——样品的信息含量，即群落的多样性指数；

S——种数；

P_i——样品属于第 i 种的个体比例，如样品总个数为 N，第 i 种个体数为 n_i，则 $P_i = n_i/N$。

第五节 生态环境保护措施

资源开发与建设项目的施工与运行过程对生态环境的影响是不可避免的，其影响的性质分为可逆转和不可逆转两大类。在环境影响评价过程中，确定生态影响的类别、性质、程度和范围，并针对上述问题制定减缓、避免或补偿生态影响的防护措施、恢复计划和替代方案，向建设者、管理者或土地权属部门提供生态管理建议。因此，建设项目生态影响减缓措施和生态保护措施是整个生态影响评价工作成果的集中体现，也是环境影响报告书中最精华部分。

一、生态环境保护措施的基本要求

生态环境保护措施的基本要求如下：

（1）体现法规的严肃性。

（2）体现可持续发展思想与战略。

（3）体现产业政策方向与要求。生态环境保护战略特别注重保护3类地区：①生态环境良好的地区，要预防对其破坏；②生态系统特别重要的地区，要加强对其保护；③资源强度利用，生态系统十分脆弱，处于高度稳定或正在发生退行性变化的地区。

（4）满足多方面的目的要求。

（5）注重生态保护的整体性，以保护生物多样性为核心。

（6）遵循生态环境保护科学原理。

（7）全过程评价与管理。

（8）措施包括勘探期、可行性研究阶段、设计期、施工建设期、营运期及营运后期的措施。

（9）突出针对性与可行性。

二、生态环境保护的主要措施与对策

1. 生态环境保护措施遵守的基本原则

生态影响的防护与恢复应遵守以下原则：

（1）凡涉及珍稀濒危物种和敏感地区等生态因子发生不可逆影响时，必须提出可靠的保护措施和方案。

（2）凡涉及尽可能需要保护的生物物种和敏感地区，必须制定补偿措施加以保护。

（3）对于再生周期较长，恢复速度较慢的自然资源损失，要制定恢复和补偿措施。

（4）对于普遍存在的再生周期短的资源损失，当其恢复的基本条件没有发生逆转时，不必制定补偿措施。

（5）需要制定区域的绿化规划。

（6）要明确生态影响防护与恢复费用的数量及使用科目，同时论述必要性。

2. 生态保护措施的主要内容

1）减少生态影响的工程措施

减少生态影响的工程措施一般可以从以下方面考虑：

（1）合理选址选线。①避绕敏感的环境保护目标；②不使规划区的主要功能受到影响；③选址选线环境问题清楚，不存在说不清的问题，不存在潜在环境风险；④保障区域可持续发展的能力不受到损害或威胁。

（2）方案优化。①选择减少资源消耗的方案；②采用环境友好的方案；③采用循环经济理念，优化建设方案；④发展环境保护工程设计方案。

（3）施工方案合理化。①建立规范化操作程序和制度；②合理安排施工次序、季节、时间；③改变落后的施工组织方式，采用科学的施工组织方法。

（4）加强工程的环境保护管理。①施工期环境工程监理与施工队伍管理；②营运期生态环境监测与动态管理。

2）生态影响的防护与恢复措施

生态影响的防护对于建设项目的设计、施工、运行和管理是非常重要的。生态影响评价工作不但要发现建设项目可能产生的生态影响，更重要的是能够提出避免、削减或补偿的措施建议。防护重要生境及野生生物可能受工程影响的措施，按优先次序选择，应遵循"避免→削减→补偿"这一顺序。即能避免的尽量避免，实在不能避免的则采取措施削减，削减不能奏效的应有必要的补偿方案。

生态影响避免就是采取适当的措施、尽可能在最大程度上避免潜在的不利生态影响。生态影响的防护、恢复就是采取适当的措施，尽量减少不可避免的生态影响的程度和范围。生态影响的补偿就是当重要物种（如树木）、生境（如林地）及资源受到工程影响时，可采取在当地或异地（工程场址内或场址外）提供同样物种或相似生境的方法得到补偿。生态的恢复就是建设项目产生的不可避免的生态影响或暂时性的生态影响，可以通过生态恢复技术予以消除。生态恢复技术的理论基础是恢复生态学，恢复生态学的理论基础是生态系统的群落演替。

3）绿化方案

绿化是经常采用的生态保护措施，一般需认真对待。

（1）原则：乡土物种、生态绿化、因土种植、因地制宜。

（2）方案：目标指标——面积、覆盖率、预计生物量。

（3）实施方法：立地条件、植物类型、绿化结构、实施时间。

（4）保障措施：投资估算、投资效益、技术培训。

（5）管理措施：质控、制度、机构。

建立较高等级和相对稳定的生态系统时，需与水土保持、美化、防灾减灾相结合。

4）生态影响的补偿与建设

补偿是一种重建生态系统以补偿因开发建设活动而损失的环境功能的措施。补偿有就地补偿和异地补偿两种形式。就地补偿类似于恢复，但是建立的新生态系统和原生态系统没有一致性；异地补偿是在开发建设项目发生地无法补偿损失的生态功能时，在项目发生地之外实施补偿措施。补偿中最常见的是耕地和植被补偿，植被补偿按照生物物质产量等当量的原理确定具体的补偿量。

在生态已相当恶劣的地区，为保护建设项目的可持续运营和促进区域的可持续发展，开发建设项目除保护、恢复、补偿直接受其影响的生态系统及其环境功能外，还需要采取改善区域生态，建设具有更高环境功能的生态系统的措施。

5）替代方案

替代方案主要相对于设计推荐方案以外的其他方案，一般有零方案和非零方案之分。

（1）零方案。零方案就是不作为方案，或者说是维持现状的方案。对建设项目来说，零方案就是取消对建设项目的方案。有些项目可能因为环境影响的重大而完全得不到补偿，这种建设项目不如不建设。此外，有一些地区环境具有特殊性和敏感性，建设项目或人类的其他活动可能会破坏其环境的稳定性或带来灾害问题，对这些地区，零方案或许是最好的方案。

(2) 非零方案。

a. 项目总体替代方案。前述的“零方案”属于一种项目总体方案。从项目总体来看，重大的替代方案有：建设项目选址的变更、公路铁路选线的变更、整套工艺技术和设备的变更等。建设项目环境影响评价应该有替代方案比选论证。

b. 工艺技术替代方案。建设项目环境影响评价应从技术方面论述和提出替代方案建议。在生态保护方面，建设项目采取不同的方案设计会有不同的环境影响，因而以新的环保理念优化方案设计，是环境影响评价中的一项重要工作。如公路建设中以桥代填（高填土），以隧（洞）代挖（深挖方）等，都是工艺技术方面的替代方案。

c. 环保措施替代方案。建设项目的环保措施都有污染防治和生态防护与恢复两个方面，环境影响评价人员应针对特定的环境条件提出环保措施替代方案。

6）生态环境监理

生态环境监理的内容：资源利用、水土保持、污染控制、野生动植物保护以及施工废物的管理（含弃土弃石）等。生态环境监理的方式：定点观察、巡回监视、抽查、仪器监控等。生态环境监理的范围：一般在施工建设活动直接影响区内，对影响到环境敏感区的建设活动尤其应列入监理。

7）生态监测

建设项目的生态监测应包括：①生态环境问题的概述；②重要生态因素（检测对象或检测项目）的确定：A 影响因素、B 对象因素（特别是敏感目标）；③生态监测的因子或指标体系；④监测点位、时段和频率；⑤监测人员、监测设备和经费；⑥监测结果的评价与报告；⑦应急与持续改进措施。

三、生态环境保护措施的有效性评估

1. 科学性评估

科学性评估主要是评估是否符合生态学基本原理，如生态恢复措施是要求恢复生态系统的服务功能，不仅仅是其结构或部分功能。替代性保护措施尤其是生境替代，常常被作为非常重要的保护措施，但是人工建设的新系统，在结构和功能方面总是不完全的，即使再精细的恢复措施也只能做到某种“相似”而不能“相同”。在替代生境的有效性或可替代性评估中可采用的评估指标有：

(1) 物种组成。物种组成或主要（目标的、保护的、土著的、珍稀的等）物种组成相同或基本相同，可视为有效替代。

(2) 生境条件。生境条件包括面积、环境条件、植被类型（含物种组成的含义）与覆盖率等，也是重要指标，生境条件应能满足动物的特定需求。

在替代生境评估中，还可以使用“参照系”方法，即将某种生物或生态系统的结构和功能用某些指标定量化，以此为标准来评价替代生境的情况。

2. 经济技术可行性评估

经济技术可行性评估主要是考察环境保护措施经济投资的可承受能力和投资效益，即投资的费效比高低，评估时应考虑投资方向选择、项目决策是否值得投资建设。

建设项目生态环境保护措施的技术可行性评估主要考察技术先进性、技术可靠性或成

熟性以及技术的有效性。提供措施与技术的应用实例、实际应用效果或翔实的中试或工业化试验资料，均可说明其成熟性。

3. “残余影响”的评估

建设项目不应该有“残余影响”或“净”环境损失，因为可能产生同一区域内多个建设项目的长期累积或累积影响会很严重，完全不能接受，或从根本上破坏可持续发展的资源基础和环境支撑条件。“残余影响”评估的内容和指标与前述的影响评估并无本质区别，只是在（假定）采取了一系列环境保护措施后的受影响生态环境。“残余影响”评估也可以考察拟采用环境保护措施的有效性，类比调查和分析是一种有效的方法；在缺乏类比对象的条件下，“残余影响”可能需要通过长期的生态监测来认定，此时，生态监测就是一种主动环境保护措施。

“残余影响”评估的重要任务之一就是评估其是否可降到“可接受”的水平，同时应评估这种“残余影响”的长期作用或影响后果，以便采取进一步的补救措施。

4. 生态环境保护措施的影响评估

建议的生态环境保护措施本身可能会带来一些不良的生态环境影响，对这些影响应该进行评估，最常见的此类影响可能有以下方面：

（1）建议的生物措施可能造成外来物种入侵，如安置移民可能建议引入广谱性鱼类进行养殖，由此可能使原生水生态系统的土著种遭到灭绝。

（2）建议为减缓某种生态环境影响的措施可能带来另一类环境问题。例如，为满足水土保持要求而大面积地在公路边用水泥固化或砌石，可能造成严重的景观影响。

第十一章　区域环境影响评价

第一节　概　　述

一、建设项目环境影响评价的局限性

建设项目环境影响评价主要指项目实施后可能带来的负面环境影响预测、分析与评估，进而提出预防不良环境影响的有效措施，实施跟踪监测。但是目前我国建设项目环境影响仍具有一定局限性，只有充分认识到存在的问题，积极改进，才能发挥评价的真正作用。

由于建设项目环境影响评价主要是对单要素、单项目进行环境影响评价，并不能全面识别区域开发的环境影响，也就不可能采取合理的环境保护对策，因而也就难以保证区域环境质量目标的实现。由于对建设项目进行的环境影响评价往往忽略了所处区域的环境质量现状、污染等资料的调查与收集工作，只局限于建设项目本身，在实际工作中，容易与区域实际环境状况和其他建设项目产生矛盾，使得区域环境质量得不到保护。

二、区域开发建设项目特点

建设项目环境影响评价是为建设项目的优化选址和制定环保措施服务的。这一评价的基本任务是：根据某一建设项目的性质、规模和所在地区的自然环境、社会环境状况，通过调查分析和环境影响预测，找出对环境的影响程度，在此基础上得出项目是否可行的结论，提出环保对策建议。

区域环境影响评价的对象是该区域内所有开发建设行为，不仅要找出这些行为对环境的影响程度，而且要找出其影响规模。评价的重点是论证区域内未来建设项目的布局、结构、时序，提出对区域环境影响最小的整体优化方案和综合防治对策，协调人口、环境与开发建设行为之间的关系，为制定环境规划提供依据。

与单项建设项目相比，区域开发建设具有以下特点：

1. 规模大

一个区域开发往往涉及几十、几百亿元的工程投资和几万到几十万人口的定居；消耗大量的物资和能源。

2. 占地广

区域开发建设项目，少则占地数平方千米，多则占地几十、几百甚至几千平方千米。

3. 门类复杂

许多区域开发属多功能综合开发，在区内要建设不同门类、不同规模的建设工程。这些建设项目对环境有不同的影响。

4. 多部门负责

开发区内各建设项目，往往隶属不同的系统和业主，多业主多门类，造成环境管理上的困难。

5. 长距离、大范围的环境复合影响

由于开发区内建设项目多、建设规模大，开发区内各建设项目之间会产生相互之间的环境影响，而且这些项目作为整体会对开发区外部产生长距离、大范围的复合影响。

6. 集中的环境保护对策

开发区内众多的建设项目有可能在企业之间实行废物回用，并且采用集中控制污染的措施，以花费最小的代价取得最佳的污染控制效果。

三、区域环境影响评价的概念和特点

1. 区域环境影响评价的概念

在一定区域内，以可持续发展为目标，以区域发展规划为依据，从整体出发，综合考虑区域内拟开展的各种社会经济活动对环境产生的影响，并据此制定和选择维护区域良性循环，实现经济可持续发展的最佳行动规划或方案，同时也为区域开发规划和管理提供决策依据的过程称为区域环境影响评价。

2. 区域环境影响评价的特点

区域开发活动的环境影响评价涉及的因素多，层次复杂，相对于单项开发活动环境影响评价而言具有以下特点：

1）广泛性和复杂性

区域环境影响评价范围广，内容复杂，其范围在地域上、空间上、时间上均远远超过单个建设项目对环境的影响，一般小则几十平方千米，大至一个地区、一个流域；其影响涉及面包括区域内所有开发行为及其对自然、社会、经济和生态的全面影响。

2）战略性

区域环境影响评价是从区域发展规模、性质、产业布局、产业结构及功能布局、土地利用规划、污染物总量控制、污染综合治理等方面论述区域环境保护和经济发展的战略规划。

3）不确定性

区域开发一般是逐步、滚动发展的，在开发初期只能确定开发活动的基本规模、性质，而具体入区项目、污染源种类、污染物排放量等不确定因素多。因此，区域环境影响评价具有一定的不确定性。

4）评价时间的超前性

区域环境影响评价应在制定区域环境规划、区域开发活动详细规划以前进行，以作为区域开发活动决策不可缺少的参考依据。只有在超前的区域环境影响评价的基础上才能真正实现区域内未来项目的合理布局，以最小的环境损失获得最佳社会、经济和生态效益。

5）评价方法多样化

由于区域环境影响评价内容多，可能涉及社会经济影响评价、生态环境影响评价和景观影响评价等。因此，评价方法也随区域开发的性质和评价内容的不同而有所不同。

区域环境影响评价既要在宏观上确定开发活动的规模、性质、布局的合理性，又要评价不同功能是否达到微观环境指标的要求。既应评价开发活动的自然环境影响，又要考虑对社会、经济的综合影响。而某些评价指标是很难量化的，因此，评价过程是定性分析与定量预测相结合。

6）更强调社会、生态环境影响评价

由于区域开发活动往往涉及较大的地域、较多的人口，对区域的社会、经济发展有较大的影响，同时区域开发活动是破坏一个旧的生态系统，建立一个新的生态系统的过程，因此，社会和生态环境影响评价应该是区域环境影响评价的重点。

四、区域环境影响评价的主要类型

区域环境影响评价的类型与环境规划的类型是相对应的。一般来讲，制定某种类型的环境规划，就应该开展相同类型的区域环境影响评价。

为了达到特定的目的和要求，根据评价的性质、行政区划、区域类型、环境要素等，可以把区域环境影响评价划分为若干类型，与开发建设项目紧密相连的主要有流域开发、开发区建设、城市新区建设、旧区改建4种类型。

五、区域环境影响评价的目的及意义

1. 区域环境影响评价目的

区域开发活动是在一定地域范围内有计划地进行的一系列开发建设活动，区域环境影响评价的目的是通过对区域开发活动的环境影响评价，以完善区域开发活动规划，保证区域开发的可持续发展。通常情况下，区域环境影响评价发生在开发规划计划编制之后和区域开发规划方案编制之前。在实际工作中，区域环境影响评价在区域开发活动规划的一开始就介入，从区域环境的特征等因素出发，考虑区域开发的性质、规划和布局，帮助指定区域开发规划方案，并对形成的每一个方案进行评价，提出修改意见，对修改后的方案进行环境影响分析，直至帮助最终形成区域经济发展与区域环境保护协调的区域开发规划和区域环境管理规划，促进整个区域开发的可持续性。

2. 区域环境影响评价的意义

根据区域环境影响评价在区域开发规划与区域环境管理中的地位和作用，区域环境影响评价的意义如下：

（1）区域环境影响评价是从宏观角度对区域开发活动的选址、规模、性质的可行性进行论证，可避免重大决策失误，最大限度地减少对区域自然生态环境和资源的破坏。

（2）可为区域开发各种功能的合理布局、入区项目的筛选提供决策依据。

（3）有助于了解区域的环境状况和区域开发带来的环境问题，从而有助于制定区域环境污染总量控制规划和建立区域环境保护管理体系，促进区域真正地可持续发展。

（4）可以作为单项入区项目的审批依据和区域内单项工程评价的基础和依据，减少各单项工程环境影响评价的工作内容，也使单项工程的环境影响评价兼顾区域宏观特征，使其更具有科学性、指导性，同时缩短其工作周期。

第二节　区域环境影响评价工作程序与内容

一、区域环境影响评价的指导思想及原则

区域经济发展规划、区域环境规划与区域环境影响评价有着密切的联系。区域环境影响评价是区域环境规划的重要组成部分。区域环境影响评价着重研究区域环境质量现状，确定区域各自然要素的环境容量，预测开发活动的环境影响。在此基础上，为新开发区的功能分区、产业配置及污染防治提供依据；为已开发区的产业调整、污染治理指明方向。所以区域环境影响评价是一项综合性、预测性、规划性和动态性很强的工作。区域环境影响评价的基本指导思想是：评价必须符合客观实际、技术可行、经济合理、社会满意。要做到这一点应注意以下几个原则问题：

（1）区域环境影响评价的目的性决定了它与区域环境规划的同一性原则。要把区域环境影响评价纳入环境规划之中，应该在制定环境规划的同时开展区域环境影响评价工作。

（2）区域环境影响评价的多元性决定了评价的整体性原则。区域环境影响评价涉及协调和解决开发建设活动中产生的各种环境问题，包括所有产生污染和生态破坏的各个部门、地区和建设单位。从系统观点来看，环境问题的产生、发展和解决过程仅仅是区域发展在环境问题这一侧面上的具体体现。所以认识、解决环境问题必须从整体考虑。

（3）区域环境影响评价地域、空间的广泛性决定了评价的综合性原则。在广大的地区和空间范围内，评价工作不仅要考虑社会环境，而且要考虑自然环境，以及各种环境要素。因此，在评价的分析工作中必须强调采用综合的方法，以期得到正确的评价结论。

（4）区域环境影响评价中各种建设项目的不确定性决定了评价成果的动态性原则。在进行评价时应该考虑随着时间推移，区域发展规划会有适当的调整，甚至发生较大的改变。所以原来预测的环境质量与客观现实总有一定差异。但是诸如环境目标、环境标准以及对策、方案应该在实践活动中基本兑现。所取得的大气输送规律和水体自净规律等技术成果也能满足日后项目评价的需要。

（5）区域环境影响评价基础资料的准确、全面、连续性决定了必须充分利用现有资料和与当地例行监测工作相结合的必要性原则。

二、区域环境影响评价的工作程序

区域环境影响评价与建设项目环境影响评价的工作程序基本相同，大体分为3个阶段，即准备阶段、正式工作阶段和报告书编写阶段。

需要说明的是区域开发建设项目涉及多项目、多单位，不仅需要评价现状，而且需要预测和规划未来，协调项目间的相互关系，合理分摊污染物分担率。因此，为使区域环境评价工作更有针对性和符合实际，应在评价中间阶段提交阶段性中间报告，向建设单位、环保部门通报情况和预审，以便完善充实，修订最终报告。

三、区域环境影响评价的内容

区域环境影响评价的内容包括以下方面：

1. 区域特点与主要环境问题的剖析

包括大气环境、水环境、土地利用、区域生态系统和社会经济状况等，对于较大区域还有必要进行环境小区的划分。

2. 区域环境承载力的研究

包括环境容量和人口承载力两个方面。这对于实现区域内各单元承纳污染物的总量控制目标是至关重要的。

3. 区域综合环境规划的预期目标与发展过程的研究

首先要确定生产力布局的远景目标，为骨干建设项目的选址提供环境评价方面的比较，还要包括污染控制规划与生态环境保护规划。

4. 区域规划方案的环境影响评价

包括对资源的合理利用、区域经济结构的调整、城镇规划与布局、工农业规划与布局4个方面进行深入的影响分析，特别要处理好局部与总体、当前与长远的关系。

5. 开发区选址合理性分析

开发区选址合理性分析主要从开发区的性质或发展方向出发，分析其与所在地区或城市总体发展规划的要求是否一致。

6. 拟定开发区环境管理体系规划

开发区环境管理体系规划是开发区环境保护工作的制度保证，其内容包括：开发区环境管理方针、开发区环境管理机构的设置、开发区环境管理规划方案、开发区环境监控系统的规划等。

第三节　区域环境现状调查及评价

一、区域环境背景调查

区域环境背景调查是指在进行区域环境质量评价时，弄清楚调查区域环境背景特征，再确定地区环境中污染物的背景值的过程。环境背景值是指环境要素在未受污染影响的情况下，其化学元素的正常含量以及环境中能量分布的正常值。若环境要素中的化学元素含量超过了环境背景值及能量分布异常，则表明环境要素可能受到了污染。在人类的长期活动中，特别是受现代工农业生产活动的影响，自然环境要素中的化学元素含量水平发生了明显变化，要找到某一区域的环境要素的背景值是很困难的。因此，环境背景值实际上仅指相对不受直接污染情况下环境要素中化学元素的基本含量水平。

环境背景特征包括自然环境背景特征和社会环境背景特征。自然环境背景特征调查通常包括地质、地理、地形、地貌、气象、气候、水文、土壤、生物等情况；社会环境背景特征调查包括区域内城镇和村落的分布和功能分区、人口密度、经济结构、资源、能源及城乡发展规划等。

环境背景值的调查和研究是环境科学的一项基础工作，也是环境质量评价中不可缺少的内容，能为环境质量评价和预测、污染物在环境中迁移转化规律的研究和环境标准的制定等提供依据。对于地方病的环境病因研究，国民经济计划、工农业和城市合理布局等，环境背景值是必需的参考资料。

区域环境背景调查工作内容主要有：①背景区的选择，选择在基本未受污染影响并远离污染源，自然环境和社会环境与评价区域基本相同的地区；②背景值的确定，在背景区采集各环境要素的样品（其数量应满足统计要求），分析测定其化学元素的含量。然后用数理统计等方法，检验分析结果，剔去异常值，取分析数据的平均值（或平均值 ± 标准差）作为背景值。

二、污染源调查及评价

污染源排放的污染物质的种类、数量、排放方式、途径及污染源的类型和位置直接关系到其影响对象、范围和程度。污染源调查就是要了解、掌握上述情况及其他有关问题，通过污染源调查，找出建设项目和所在区域内现有的主要污染源和主要污染物，作为评价的基础。

在进行一个地区的污染源调查或某一单项污染源调查时，都应同时进行自然环境背景调查和社会背景调查。根据调查的目的不同、项目不同，调查内容可以有所侧重。自然背景调查包括地质、地貌、气象、水文、土壤、生物；社会背景调查包括居民区、水源区、风景区、名胜古迹、工业区、农业区、林业区。

要防治污染，必须先了解污染源的状况，通过调查，掌握污染源的类型、数目及其分布；各种类型污染源排放的污染物的种类、数量及其随时间变化状况；各类污染源的排放方式、排放规律等。

1. 污染源调查的原则

（1）明确目的要求。污染源调查和评价的目的要求不同，其方法步骤也就不同。

（2）要把污染源、环境、生态和人体健康作为一个系统考虑，在调查时不仅要注意污染物的排放量，还要重视污染物的物理、化学特性，进入环境的途径以及对人体健康的影响等。

（3）重视污染源所处的位置及周围的环境状况。

（4）必须采用同一基础、同一标准、同一尺度，以便把各种污染源所排放的污染物进行比较。

2. 污染源调查程序

根据污染源调查的目的要求，先制定出调查工作计划、程序、步骤、方法。一般污染源调查可分 3 个阶段：准备阶段、调查阶段、总结阶段。

3. 污染源调查方法

通常把深入到工厂、企业、机关、学校，进行访问，召开各种类型座谈会的调查方法称为社会调查法，它可以使调查者获得许多关于污染源的活资料，对于污染源评价有着重要的作用。

为搞好污染源调查，可采用点面结合的方法，分为普查和详查两种。

普查是首先从有关部门查清区域或流域内的工矿、交通运输等企、事业单位名单，采用发放调查表的方法对各单位的规模、性质和排污情况作概略调查。对于农业污染源和生活污染源也可到主管部门调查农业、渔业和禽畜饲养业的基础资料、人口统计资料、供排水和生活垃圾排放等方面资料，通过分析和推算得出本区域和流域内污染物排放的基本情况。在普查的基础上筛选出重点污染源，再进行详查。

详查是对重点污染源进行调查。各类污染源都应有自己的侧重点，同类污染源中，应选择污染物排放量大、影响范围广泛、危害程度大的污染源作为重点污染源，进行详查。对详查单位应派调查小组蹲点进行调查。详查的工作内容从广度和深度上，都超过普查。重点污染源对一个地区的污染影响较大，要认真调查好。

三、环境质量现状调查

1. 环境质量现状评价的基本程序

环境质量现状评价一般按以下程序进行：

（1）确定评价目的。进行环境质量现状评价首先要确定评价目的，主要是指本次评价的性质、要求以及评价结果的作用。评价目的决定了评价区域的范围、评价参数、采用的评价标准。同时，要制定评价工作大纲及实施计划。

（2）收集与评价有关的背景资料。由于评价的目的和内容不同，所收集的背景资料也要有所侧重。如以环境污染为主，要特别注意污染源与污染现状的调查；以生态环境破坏为主，要特别进行人群健康的回顾性调查；以美学评价为主，要注重自然景观资料的收集。

（3）环境质量现状监测。在背景资料收集、整理、分析的基础上，确定主要监测因子。监测项目的选择因区域环境污染特征而异，但主要应依据评价的目的。

（4）背景值的预测。在评价区域比较大或监测能力有限的条件下，就需要根据监测到的污染物浓度值，建立背景值预测模式。

（5）环境质量现状的分析。分析区域主要污染源及污染物种类数量。

（6）评价结论与对策。对环境质量状况给出总的结论并提出污染防治对策。

2. 环境质量现状评价方法的分类

国内外已提出并应用的环境质量评价方法是多种多样的，至今我国尚未形成统一的方法，较成熟的方法有环境质量指数法、概率统计法、模糊数学法、生物指标法。

第四节　区域环境容量与总量控制

一、区域环境容量分析

1. 环境容量的概念

环境容量是指在保持环境不致受损害的情况下，某一环境单元所能容纳污染物的最大负荷。

环境容量一般有两种表达方式：一是在满足一半目标值的限度内，区域环境容纳污染物的能力；二是在保证不超出环境目标值的前提下，区域环境能够容许的最大允许排放量。

环境容量包括两个组成部分：基本环境容量（差值容量）和变动环境容量（同化容

量）。

某环境单元容量的大小，与该环境本身的组成、结构及其功能有关。因此，在地表不同区域内，环境容量的变化具有明显的地带性规律和地区差异。通过人为的调节，控制环境的物理、化学及生物学过程，改变物质的循环转化方式，可以提高环境容量，改善环境的污染状况。

2. 环境容量的类型

环境容量可分为区域环境（整体环境单元）容量和某环境单元单一要素的环境容量。按照环境要素分类，可分为大气环境容量、水环境容量、土壤环境容量和生物环境容量等。按照污染物性质划分，可分为有机污染物环境容量和重金属与非金属污染物环境容量。按污染物在环境中的迁移转化机理划分，可分为物理扩散环境容量和化学净化环境容量。

总之，在目前的环境容量研究中，对区域环境中存在的主要环境污染问题进行不同类型环境容量的研究，主要是开展区域环境要素中污染物的环境容量计算，可作为环境目标管理的依据，是区域环境规划的主要环境约束条件，也是污染物总量控制的关键参数。

二、区域环境污染物总量控制

1. 区域环境污染物总量控制的概念

区域污染物总量控制是指在某一区域环境范围内，为了达到预定的环境目标，通过一定的方式，核定主要污染物的环境最大容许负荷，并依此进行合理分配，最终确定区域范围内污染源容许的污染物排放量。

近年来，我国开始试运行污染物总量控制，以环境质量达到环境功能所要求的质量标准为依据，控制并合理分配污染源的污染物排放量和削减总量，以满足环境质量要求。我国自实行污染物排放总量控制管理制度以来，已取得了良好的效果，这是我国环境管理向纵深发展的重要标志之一。在区域环境影响评价中，也必须实行污染物排放的总量控制制度。

2. 污染物总量控制分类

污染物总量控制分类方法总体上有两种形式：一是指令控制下的总量控制，即国家和地方按照一定原则在一定时期内所下达的主要污染物排放总量控制指标，所做的分析工作主要是如何在总指标范围内确定各小区域的合理分担率，一般要根据区域社会、经济、资源和面积等代表性指标比例关系，采用对比分析和比例分配法进行综合分析来确定；二是环境容量控制下的总量控制，环境容量的定义是自然环境和环境组成要素对污染物的承受量和负荷量。目前，在区域评价中通常使用的方法，是将环境目标或相应的标准，看作确定环境容量的基础。

3. 技术路线

区域开发要坚持可持续发展，实施总量控制，资源问题应作为分析研究的首要问题。重点要从资源利用的宏观全过程分析中，探讨通过资源合理利用与分配、提高科技水平、调整发展因子、提高资源利用率等途径降低资源需求量、减少流失量、减轻环境压力，并针对各类资源消耗过程中产生的主要污染物，实现宏观总量控制。

4. 区域开发主要资源预测

1）资源预测方法

资源需求预测方法主要有：人均资源消耗法、部分资源预测法、时间序列法、投入产出法和弹性系数法等，这里我们介绍弹性系数法。所谓弹性系数可以看做是经济指标增长率和资源指标增长率之比，计算公式为

$$Q_{wi} = Q_0(1 + K + N_i)t \tag{11-1}$$

式中 Q_{wi}——资源需求总量；

Q_0——基年资源消耗总量；

K——经济增长速度；

N_i——资源消耗弹性系数；

t——规划期年限。

与污染物排放量有关的资源主要是能源和水资源，对于这两种资源的分析主要采用生态功能流的方法。

2）能源流分析

在区域生态系统中，能源包括自然能和辅助能两大部分。自然能主要是指生物能、太阳能、风能等可再生资源，而更重要的是以矿物燃料为代表的辅助能。按照现状用能的实际情况，将最终用能按部门划分并采用网络方法加以概括和抽象，形成宏观能源流平衡网络。

在能源流平衡网络中能源流可以分为4个阶段：能源的输入、能源的集中转换与加工、能源的输送与分配、能源的最终使用。

现状能源流分析主要是计算各阶段内能源流之间的比例关系和随着能源流产生或者将要产生的污染物之间的比例关系。这种比例关系直接反映输入能源结构的优劣和大气污染物的潜在排放量。

3）水流分析

水流系统从资源开采到向受纳水体排污的全过程，可以分为：水资源开采、水的使用、污水产生和排放、分散处理与集中处理、向受纳水体排放与回用等阶段。

在水资源开采阶段，重点分析水资源开发极限和水资源开发带来的主要生态环境问题。如地下水位下降、地面沉降、地面水径流减小、海水上溯和土壤盐渍化等，以及水资源分配的合理性，在水资源严重短缺的沿海区域应考虑海水利用和污水的回用。

在水的使用阶段，重点分析各方面的用水系数。一般情况下生活和市政用水系数应是逐年增加的，工业和农业用水系数应逐年下降。工业用水要充分考虑节水、重复利用的措施。

5. 区域发展环境污染总量控制分析

1）区域主要污染物总量测算

目前国家规定的总量控制指标有12项，其中大气污染物3项、水污染物8项、工业固体废物1项。其中除工业粉尘和COD外的其他7项水污染物属于企业及控制的污染物，主要与工业项目有关，并且可以通过各类处理设施实施高强度处理，以达到严格控制的目的。需要预测的污染物指标主要有二氧化碳、烟尘和COD，可以根据前节介绍的能源流和水流分析，计算能源流和水流中所携带的污染物量，并考虑各环节的污染物衰减，得到这些污染物的最终排放量。

2）总量合理分配分析

为了确定一个合理的分担率，可以采用等比例分配方法计算。公式如下：

$$q_{ij} = Q_j \frac{t_{ik}}{t_k} \tag{11-2}$$

式中 q_{ij}——第 i 区域第 j 类污染物应分配总量指标；

Q_j——地区第 j 类污染物总量指标；

t_{ik}——第 i 区域第 k 类指标分量；

t_k——地区第 k 类指标总量；

k——经济、资源、土地面积、人口数量，也可以是综合平均指标。

3）主要污染物总量控制措施技术经济分析

主要污染物总量控制措施技术经济分析包括技术、经济和环境效益等方面，主要看技术上是否可行，贷款回收年限、财务内部收益率是否可以接受，环境效益是否显著等，并采用对比的方法确定最优的方案。

4）预测总量的环境影响分析

在合理分担和技术经济允许的情况下，所确定的总量还必须满足环境质量的要求。一般情况下，可以采用建立总量与环境质量输入相应关系的方法，常用的是模拟计算的方法。

第五节 区域环境承载力分析

一、区域环境承载力的概念

由于环境系统的组成物质在数量上存在一定的比例关系，在空间上有一定的分布规律，所以它对人类活动的支持能力有一定的限度，或者说存在一定的阈值，我们把这一阈值定义为环境承载力，所以就有了环境承载力的概念。

环境承载力是指在某一时期、某种状态或者条件下，某地区的环境所能够承受人类活动影响的阈值。

区域开发和可持续发展是当前区域经济发展中所面临的两个重要问题，实际上表现为如何协调区域经济社会活动与环境系统结构的相互关系，这就是区域环境承载力所要解决的问题，所以就有了区域环境承载力的概念。

区域环境承载力是指在一定的时期和一定区域范围内，在维护区域环境系统结构不发生质的改变，区域环境功能不朝着恶化方向转变的条件下，区域环境系统所能够承受人类各种社会经济活动的能力，即区域环境系统结构与社会经济活动的适宜程度。

二、区域环境承载力研究的对象和内容

1. 区域环境承载力研究的对象

环境承载力的研究致力于人类与环境的协调，多年的实践经验表明，仅仅从污染物的预防治理方面来考虑已经不能解决问题，必须从区域环境系统结构和区域社会经济活动两个方面来分析。因此，区域环境承载力的研究对象是区域社会经济—区域环境结构系统。

它包括两个方面的内容：一是区域环境系统的微观结构、特征和功能；二是区域社会经济活动的方向、规模。把这两个方面结合起来，以量化手段标准表征两方面的协调程度，就是区域环境承载力研究的目的。

2. 区域环境承载力研究的内容

区域环境承载力主要研究区域环境承载力指标体系、区域环境承载力大小表征模型及求解、区域环境承载力综合评估。

1）区域环境承载力的指标体系

要准确客观地反映区域环境承载力，必须有一套完整的指标体系，它是分析研究区域环境承载力的根本条件和理论基础。建立环境承载力指标体系的原则如下：

（1）科学性原则：即环境承载力的指标体系应从为区域社会经济活动提供发展的物质基础条件及对区域社会经济活动起限制作用的环境条件两方面来构造，并且各指标应有明确的界定。

（2）完备性原则：即尽量全面地反映环境承载力的内涵。

（3）可量性原则：即所选指标必须可以度量。

（4）区域性原则：环境承载力具有明显的区域性特征，选取指标时应重点考虑能明显代表区域特征的指标。

（5）规范性原则：即必须对各项指标进行规范化处理以便于计算，并对最终结果进行比较等。

2）区域环境承载力指标体系分类

区域环境承载力指标体系一般可分为3类：

（1）自然资源供给类指标：如水资源、土地资源、生物资源等。

（2）社会条件支持类指标：如经济实力、公用设施、交通条件等。

（3）污染承受能力的指标：如污染物的迁移、扩散和转化能力，绿化状况等。

三、土地利用和生态适宜性分析

1. 土地利用适宜性分析

土地利用适宜性分析目前具体采取的方法有矩阵法、图解分析法、叠图法以及环境质量评价法等，这些方法往往结合在一起使用。

土地利用适宜性分析可用于分析自然环境对各种土地利用的潜力和限制，确保开发行为与环境保护目标相符合，对资源进行最适宜的空间分配。

土地利用适宜性分析过程如下：

1）确定土地使用类型

土地利用类型一般可根据城市规划或区域总体规划中的土地利用功能进行划分，如可分为住宅社区、工业区、大型游乐区、金融商贸区、文化教育区等。

2）环境潜能分析

分析各种土地利用类别与土地利用需求以及环境潜能的关系，以了解环境特性对不同土地开发行为所具有的发展潜力条件。针对已确定的土地利用类型，可建立两个关联矩阵：一是土地利用类型与土地利用需求的关联矩阵；二是土地利用需求与环境潜能的关联矩阵。通过这两个关联矩阵的结果分析，可以得到土地利用类型与环境潜能的关联性，从而进行发展潜力分析。

3）发展限制分析

发展限制是指土地利用过程中由于其不当的开发活动或利用行为所导致的环境负效应。分析发展限制，正是通过分析各种土地利用类型与土地利用行为以及环境敏感性之间的关系，来了解环境特性对不同土地利用的限制。

4）土地利用适宜性分析

综合上面环境潜能与环境限制的分析结果，可分别将环境潜能和环境限制分级。

5）综合分析

比较区域中各种土地利用类型的适宜性分级，并进行社会、经济评价。

2. 生态适宜度分析

生态适宜度分析是在城市生态登记的基础上寻求城市最佳土地利用方式的方法。生态适宜度分析具体方法如下：

1）选择生态因子

生态适宜度分析是对土地特定用途的适宜性评价。选择能够准确或比较准确描述(影响)该种用途的生态因子,通过多种生态因子的评价,得出综合评价值。生态因子的选择必须遵守一条基本原则,这就是生态因子必须是对所确定的土地利用目的影响最大的因素。

2）单因子分级评价

对特种土地利用目的选择的生态因子，在综合分析前，首先必须进行单因子分级评分。单因子分级一般可分为5级：很不适宜、不适宜、基本适宜、适宜、很适宜。

3）生态适宜度分析

在各单因子分级评分的基础上，进行各种用地形式的综合适宜度分析。由单因子生态适宜度计算综合适宜度的方法有两种：

（1）直接叠加。直接叠加法应用的条件是各生态因子对土地的特定利用方式的影响程度基本接近。在我国城市生态规划中，直接叠加法应用较为广泛。计算公式如下：

$$B_{ij} = \sum_{s=1}^{n} B_{isj} \qquad (11-3)$$

式中 B_{ij}——第 i 个网格、利用方式为 j 时的综合评价值，即 j 种利用方式的生态适宜度；

B_{isj}——第 i 个网格、利用方式为 j 时第 s 个生态因子的适宜度评价值（单因子评价值）；

i——网格号（或地块编号）；

j——土地利用方式编号（或用地类型编号）；

s——影响为 j 种土地利用方式的生态因子编号；

n——影响为 j 种土地利用方式的生态因子总数。

（2）加权叠加。各种生态因子对土地的各种利用方式的影响程度差别很明显时，就不能直接叠加求综合适宜度了，必须应用加权叠加法，对影响大的因子赋予较大的权值。计算公式如下：

$$B_{ij} = \frac{\sum_{s=1}^{n} W_s B_{isj}}{\sum_{s=1}^{n} W_s} \qquad (11-4)$$

式中　W_s——第 i 个网格、利用方式为 j 时第 s 个生态因子的权重值。

4）综合适宜度分级

综合适宜度可以分不适宜、基本适宜、适宜 3 级；也可以分 5 级，即很不适宜、不适宜、基本适宜、适宜、很适宜。

通过环境承载力分析、土地及生态适宜度分析，可以找出区域可持续发展的限制因子，并对土地利用进行合理规划。

四、区域开发方案合理性分析

区域开发方案合理性分析主要包括两个方面：一是区域开发与城市总体规划的一致性分析；二是开发区总体布局与功能分区合理性分析。

1. 区域开发与城市总体规划的一致性分析

区域总体发展规划是为确定区域性质、规模、发展方向，通过合理利用区域土地，协调空间布局和各项建设，实现区域经济和社会发展目标而进行的综合部署。区域总体规划侧重于从区域形态设计上落实经济、社会发展目标，环境的保护与建设是其中的重要内容，是区域开发中环境问题识别与筛选的依据和基础，同时，区域环境影响评价也需要对其发展规划的合理性、可行性给出评价和建议。因此，区域开发一定要与城市总体规划相一致，严格按照城市总体规划的方针和要求进行建设。

2. 开发区总体布局与功能分区合理性分析

开发区总体布局与功能分区合理性分析主要分 3 个方面：

1）工业用地布局的合理性分析

（1）工业用地与其他用地的关系分析。分析内容包括：①是否与居住等用地混杂；②污染重的工业布置与风频、风向关系。

（2）工业用地内部合理性分析。分析内容包括：①企业间的组合是否有利于综合利用；②相互干扰或易产生污染的企业是否分开；③污染重的企业是否布局在远离居住区处。

2）交通布局的合理性分析

分析内容包括：①根据不同交通运输及其特点明确分工，人车分离，减少交叉；②防止干线穿过居住区，防止道路断头；③对外交通设施布局在开发区边缘。

3）绿地系统合理性分析

分析内容包括：①绿化面积或覆盖率；②绿化防护带的设置。

第十二章　环境风险评价

第一节　概　　述

一、基本概念

1. 风险

风险一般指遭受损失、损伤或毁坏的可能性，或者说发生人们不希望出现的后果的可能性。它存在于人的一切活动中，不同的活动会带来不同性质的风险，如经常遇到的灾害风险、工程风险、投资风险、健康风险、污染风险、决策风险等。目前比较通用和严格的定义是：风险指在一定时期产生有害事件的概率与有害事件后果的乘积。

2. 环境风险

环境风险是指突发性事故对环境（健康）的危害程度，用风险值 R 表征，其定义为事故发生概率 P 与事故造成的环境（或健康）后果 C 的乘积，用 R 表示，即

$$R[\text{危害/单位时间}]=P[\text{事故/单位时间}]\times C[\text{危害/事故}]$$

3. 建设项目环境风险评价

对建设项目建设和运行期间发生的可预测突发性事件或事故（一般不包括人为破坏及自然灾害）引起有毒有害、易燃易爆等物质泄漏，或突出事件产生的新的有毒有害物质，所造成的人身安全与环境的影响和损害，进行评估，提出防范、应急与减缓措施。

4. 最大可信事故

在所有预测的概率不为零的事故中，对环境（或健康）危害最严重的重大事故。

5. 重大事故

导致有毒有害物泄漏的火灾、爆炸和有毒有害物泄漏事故，给公众带来严重危害，对环境造成严重污染。

6. 危险物质

一种物质或若干物质的混合物，由于它的化学、物理或毒性，使其具有导致火灾、爆炸或中毒的危险。

7. 重大危险源

长期或短期生产、加工、运输、使用或贮存危险物质，且危险物质的数量等于或超过临界量的功能单元。

二、环境风险评价标准

环境风险评价标准是为环评系统的风险性而制定的标准，是识别系统的安全水平、安全管理有效性和对环境所造成的危害程度及制定相应应急措施的依据。风险评价标准是为管理决策服务的，是社会对某一风险所能承受的最大阈值，也即风险的最大可接受水平。

风险评价标准需要包含两方面内容：第一，风险事故的发生概率，如海堤或河堤，其设计堤坝中采用的百年一遇或千年一遇标准即为此内容；第二，风险事故的危险程度，主要反映风险事故所致的损失率，包括财产损失率和人员的死亡、重伤、轻伤率等。

在环境风险评价中常用的标准有以下 3 类：

1. 补偿极限标准

风险所造成的损失主要有两类：一是事故造成的物质损失；二是事故造成的人员伤亡。物质损失可核算成经济损失，其相应的风险标准常用补偿极限标准，即随着减少风险的措施投资的增加，年事故发生率就会下降，但当达到某点时，如果继续增加投资，从减少事故损失中得到的补偿就很少，此时的风险度可作为风险评价的标准。

2. 人员伤亡风险标准

普通人受自然灾害的危害或从事某种职业而造成伤亡的概率是客观存在的，且一般人能接受，这样的风险度可以作为评价标准。正常情况下因各种原因而造成的死亡率范围内是可接受的，要将风险水平降到 10^{-8} ~ 10^{-4} 范围内是可接受的，要将风险水平降到 10^{-8} 以下所需的代价太大，是不现实的。一般公众对风险的认识，可认为是风险背景，也可以看作是评价标准。

3. 恒定风险标准

当存在多种可能的事故，而每种事故不论其产生的后果强度如何，它的风险概率与风险后果强度的乘积规定为一个可接受的恒定值。当投资者有足够的资金去补偿事故的损失时，该恒定风险值作为评价和管理标准是最客观和合理的。但是投资者往往只对其中某类事故更为关注，常常愿意花钱去降低低概率高强度的事故风险，而不愿意花钱去降低高概率低强度的事故风险，尽管二者的乘积（即可能的风险损失）相差无几。

三、环境风险评价与其他评价的区别

1. 环境风险评价与环境影响评价的区别

环境影响评价中考虑的影响是指由系统引起的，其影响后果是相对确定的，影响程度也相对较易度量，而对影响的条件性、不确定性或概率性方面一般是不考虑的。而环境风险评价主要是预测不确定性事件发生后所造成后果的严重程度和波及范围。可以这样说，在环境影响评价中引入风险评价不是为了增加另外一个评价体系，而是为了提高整个环境影响评价的质量。

表 12-1 列举了环境风险评价与环境影响评价的主要区别。从中可以看出，环境影响评价研究重点是正常运行工况下，长时间释放污染物，采用确定性的评价方法，评价时段较长，采用的多为确定论方法和长期措施；而环境风险评价其重点是事故情况，瞬时或短时间释放污染物，评价方法多以概率论和随机方法为主，评价时段较短，其对策主要是以防范措施和应急计划为主。

2. 环境风险评价与安全评价的区别

由于环境风险评价与安全评价两者联系紧密，在实际工作中很容易混淆。但在实际评价工作中，两者的侧重点不同，在研究内容上也存在着较大的差别。

安全评价以实现工程和系统安全为目的，应用安全系统工程原理和方法，对工程、系统中存在的危险、有害因素进行辨识与分析，判断工程、系统发生事故和职业危害的可能

表 12－1　环境风险评价与环境影响评价的主要不同点

序号	项　目	环 境 风 险 评 价	环 境 影 响 评 价
1	分析重点	突发事故	正常运行工况
2	持续时间	很短	很长
3	应计算的物理效应	火灾、爆炸，向空气、水体中释放污染物	向空气、地面水、地下水释放污染物、噪声、热污染等
4	释放类型	瞬时或短时间连续释放	长时间的连续释放
5	应考虑的影响类型	突发性的激烈的效应及事故后期长远效应	连续的、累积效应
6	主要危害受体	人、建筑、生态	人和生态
7	危害性质	急性中毒、灾难性的	慢性中毒
8	扩散模式	烟团模式、分段烟羽模式	连续烟羽模式
9	照射时间	很短	很长
10	源项确定	较大的不确定性	不确定性很小
11	评价方法	概率方法	确定论方法
12	防范措施与应急计划	需要	不需要

性及其严重程度，从而为制定预防措施和管理决策提供科学依据。

表 12－2 为常见事故类型下环境风险评价与安全评价的内容对比。

表 12－2　常见事故类型下环境风险评价与安全评价的内容对比

序号	事 故 类 型	环 境 风 险 评 价	安 全 评 价
1	石油化工厂输管线油品泄漏	土壤污染和生态系统	火灾、爆炸
2	大型码头油品泄漏	海洋污染	火灾、爆炸
3	储罐、工艺设备有毒物质泄漏	空气污染、人员毒害	火灾、爆炸，人员急性中毒
4	油井井喷	土壤污染和生态系统	火灾、爆炸
5	高硫化氢井井喷	空气污染、人员毒害	火灾、爆炸
6	石化工艺设备易燃烧烃类泄漏	空气污染、人员毒害	火灾、爆炸，人员急性中毒
7	炼化厂二氧化硫等事故排放	空气污染、人员毒害	人员急性中毒

由表 12－2 可以总结出，环境风险评价与安全评价的主要区别在于：

（1）环境风险评价主要关注事故对厂（场）界外环境和人群的影响，而安全评价主要关注事故对厂（场）界内环境和职工的影响。

（2）环境风险评价不仅关注由火灾产生的热辐射、爆炸产生的冲击波带来的破坏影响，而且更关注于由发生火灾、爆炸产生、伴生或诱发的有毒有害物质泄漏于环境造成的危害或环境污染影响；安全评价主要关注火灾产生的热辐射、爆炸产生的冲击波带来的破坏影响。

（3）我国目前环境风险评价导则关注的是概率很小或极小但环境危害最严重的最大

可信事故，而安全评价主要关注的是概率相对较大的各类事故。

第二节　环境风险评价工作的具体内容

一、环境风险评价的目的和重点

环境风险评价的目的是分析和预测建设项目存在的潜在危险、有害因素，建设项目建设和运行期间可能发生的突发性事件或事故（一般不包括人为破坏及自然灾害），引起有毒有害和易燃易爆等物质泄漏所造成的人身安全与环境影响和损害程度，提出合理可靠的防范、应急与减缓措施，以使建设项目事故率、损失和环境影响达到可接受水平。

环境风险评价应把事故引起厂（场）界外人群的伤害、环境质量的恶化及对生态系统影响的预测和防护作为评价工作重点。

二、环境风险评价工作等级

根据评价项目的物质危险性和功能单元重大危险源判定结果，以及环境敏感程度等因素，环境风险评价工作分为一级、二级。评价工作等级划分见表12－3。

表12－3　评价工作级别（一、二级）

	剧毒危险性物质	一般毒性危险物质	可燃、易燃危险性物质	爆炸危险性物质
重大危险源	一	二	一	一
非重大危险源	二	二	二	二
环境敏感地区	一	一	一	一

（1）一级评价按《建设项目环境风险评价技术导则》（HJ/T 169—2004）对事故影响进行定量预测，说明影响范围和程度，提出防范、减缓和应急措施。

（2）二级评价可参照标准进行风险识别、源项分析和对事故影响进行简要分析，提出防范、减缓和应急措施。

经过对建设项目的初步工程分析，选择生产、加工、运输、使用或贮存中涉及的1～3个主要化学品，按导则中的规定进行物质危险性判定，分为有毒物质、易燃物质和爆炸性物质。

三、环境风险评价范围

按照危险性物质的工业场所有害因素职业接触限值（如无职业接触限值，按伤害域），以及环境敏感保护目标位置，确定环境影响预测评价范围。大气环境影响预测一级评价范围距离源点不低于5 km；二级评价范围距离源点不低于3 km范围。地表水环境影响预测评价范围不低于《环境影响评价技术导则》地面水环境确定的评价范围，虽然在预测范围以外，但估计有可能受到事故影响的水环境保护目标，应设立预测点。

四、环境风险评价内容

1. 风险识别

通过风险识别辨识出风险因素，确定出风险的类型。风险识别主要是利用建设项目工程分析、环境现状调查与评价、相似建设项目所属行业事故统计的结果等资料，通过定性分析、经验判断进行的。风险识别的对象包括生产设施、所涉及物质、受影响的环境要素和环境保护目标。根据有毒有害物质排放起因，将风险类型分为泄漏、火灾、爆炸3种。

2. 风险源项分析

风险源项分析既是环境风险评价中的基础工作，也是环境风险评价中最为重要的内容。在风险识别的基础上，通过源项分析，识别评价系统的危险源、危险类型和可能的危险程度，确定主要危险源。根据潜在事故分析列出的事故树，筛选确定最大可信事故，对最大可信事故给出源强发生概率、危险物泄漏量（泄漏速率）等源项参数，为计算、评价事故的环境影响提供依据。源项分析准确与否直接关系到环境风险评价的质量和结论，其中最大可信事故是指在所有预测概率不为零的事故中环境（或健康）风险最大的事故。

3. 后果计算

后果计算的主要任务是确定最大可信事故发生后对环境质量、人群健康、生态系统等造成的影响范围和危害程度。可以根据危险物相态、危险类型（火灾、爆炸、有毒有害物扩散等）分别采用不同的模式、方法进行计算，得到影响评价所需的数据和信息。

4. 风险计算和评价

根据最大可信事故的发生概率、危害程度，计算项目风险的大小，并确定是否可以接受。风险大小多采用风险值作为表征量。

$$R = PC \tag{12-1}$$

式中 R——风险值，损害/单位时间，具体环境评价中常以“死亡数/a”为单位；

P——最大可信事故概率，事件数/单位时间；

C——最大可信事故造成的危害，损害/事件。

风险评价需要从各功能单元的最大可信事故风险 R_j 中，选出风险最大的事故，作为本项目的最大可信灾害事故，并将其风险值 R_{max} 与同行业可接受水平 R_L 比较，若 $R_{max} \leqslant R_L$，认为项目风险水平可以接受，若 $R_{max} > R_L$，认为本项目需要采取措施降低风险，否则不具备环境可行性。

5. 风险管理

风险管理主要是结合成本效益分析等工作，制定和执行合理的风险防范措施和应急预案，以防范、降低和应对可能存在的风险。由于事故的不确定性和现有资料、评价方法的局限性，在进行建设项目环境风险评价时，制定严格、可行的环境风险管理方案极为重要。

风险防范措施主要包括调整选址、优化总图布置、改进工艺技术、加强危险化学品贮运管理和电器安全防范、增加自动报警和在线分析系统等。

应急预案包括应急组织机构、人员，报警和通信方式，抢险、救援设备，应急培训计划，公众教育和信息发布等内容。应特别注意，必须根据具体情况制定防止二次污染的应急措施。

五、环境风险评价工作程序

一般来说，一个完整的环境风险评价工作包括：历史数据分析、风险识别和危害分析、事故频率和后果估算、风险计算和评价、风险减缓和应急措施等。具体工作程序如图12－1所示。

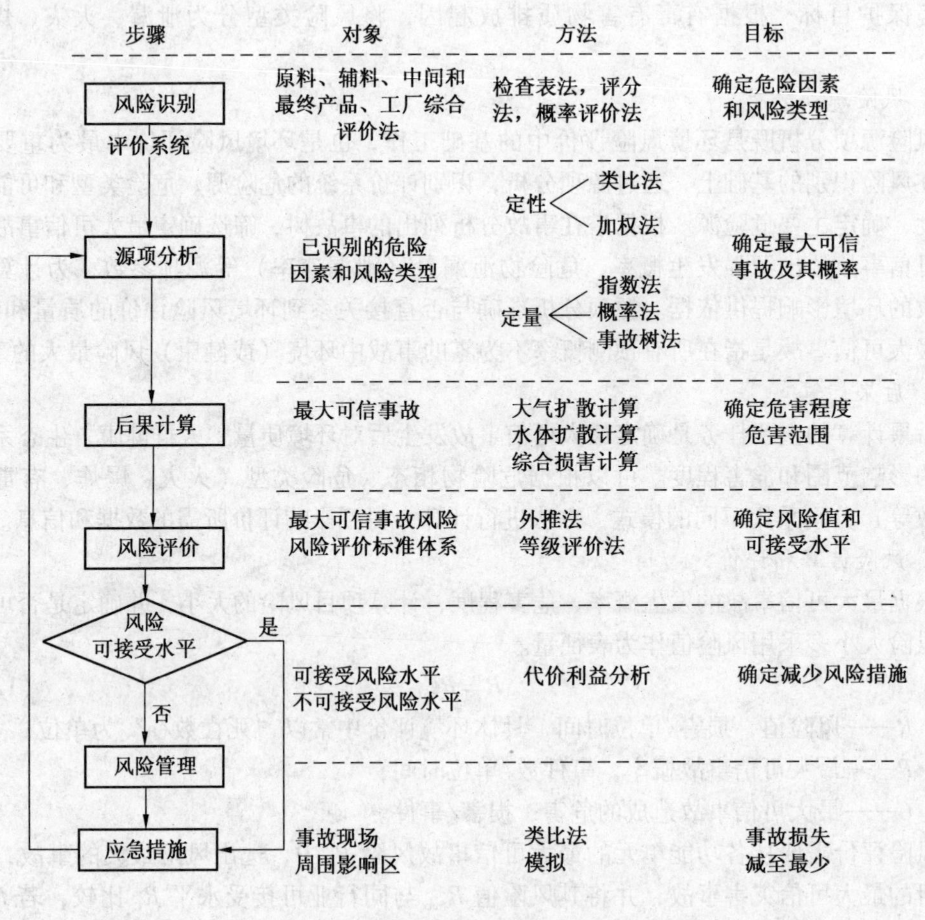

图12－1 环境风险评价工作程序

第三节 环境风险评价方法

一、环境风险识别方法

对于具体的建设项目而言，环境风险存在于各个方面，没有必要对各种环境风险都进行分析论证，只需要对那些事件发生并产生较大环境影响或事件发生概率较高的风险事故进行分析。

1. 风险识别的范围和类型

风险识别范围包括生产设施风险识别、生产过程所涉及物质的风险识别、受影响的环境因素识别。

（1）生产设施风险识别范围：主要生产装置、贮运系统、公用工程系统、辅助生产设施及工程环保设施等，目的是确定重大危险源。

（2）物质风险识别范围：主要原材料及辅助材料、燃料、中间产品、最终产品以及“三废”污染物等，目的是确定环境风险因子。

（3）受影响的环境因素识别范围：可能受事故影响的特殊保护地区、生态敏感脆弱区、社会关注区等，目的是确定风险目标。

2. 风险识别内容和方法

在收集、分析建设项目工程资料、环境资料和事故资料的基础上，识别环境风险。识别的主要内容有：

1）物质危险性识别

（1）重大危险源识别：对于单种危险物质按《危险化学品重大危险源辨识》（GB 18218—2009）中相关规定进行确定。对于多种物质同时存放或使用场所，若满足式（12－2），则应定为重大危险源。

$$\sum\left(\frac{q_i}{Q_i}\right) \geq 1 \tag{12-2}$$

式中 q_i——i 危险物质的实际储存量；

Q_i——i 危险物质对应的生产场所或储存区的临界量；$i=1\sim n$。

（2）危害程度的识别：按《职业性接触毒物危害程度分级》（GB 2230—2010）进行识别，包括对致畸、致癌、致突变物质、持久性污染物、活性化学物质以及恶臭污染等物质进行识别。

（3）火灾、爆炸物质：危险物质包括火灾、爆炸等伴生/次生的危险物质。

2）系统生产过程危险性识别

根据建设项目的生产特征，结合物质危险性识别，以图表给出单元划分结果，给出单元内存在危险物质的数量。

按生产、贮存、运输、管道系统，确定危险源点的范围和危险源区域的分布。按危险源潜在风险性、存在条件和触发因素进行危险性分析。

二、确定最大可信事故概率的方法

最大可信事故是指在多种预测概率不为零的事故中，对环境（或健康）风险最大的事故。在所评价的系统中，如其最大可信事故风险值在同类系统的可接受风险值范围内，则认为该系统从风险角度是可以接受的。

事故概率分析一般是定性分析方法和定量分析方法相结合。定性分析方法主要包括类比法、加权法、因素图法、事故树分析法（FTA）、事件树分析法（ETA）、归纳统计法等。由于事故的诱发因素较多，事故发生具有较强的不可预见性和不确定性，因此通过事故树分析法、事件树分析法来识别主要危险源，筛选最大可信事故并确定其发生概率，是重要且实用的方法。

1. 事故树分析法

事故树分析法是对单元可能出现的故障、事故，按工艺流程、先后次序和因果关系层层分析其发生原因，直到原因事件不能再分解为止，并据此绘制程序方框图，表示导致事故发生的各种因素之间的逻辑关系。通过事故树分析，可由基本事件（底事件）的概率算出特定事故的概率。

运用事故树分析法通常依照以下的分析程序：

（1）划分事故系统，确定事故树的顶事件。

（2）分析导致顶事件发生的原因事件及其逻辑关系，作事故树图。

（3）求解事故树的最小割集，进行事故树定性分析。最小割集是指导致顶事件发生所必需的最小限度的基本事件的集合。通过求解最小割集，可以获得顶事件发生的所有可能途径的信息。

（4）求解顶事件概率，进行事故树定量分析。计算时可将事故树经布尔代数化简后，求得事故树的最小割集后再进行计算，并通过结构重要度、概率重要度以及临界重要度的分析来确定出基本事件的重要度，以便分出基本事件对顶事件的发生所起的作用大小，分出轻重缓急，有的放矢地采取措施，控制事故的发生。

2. 事件树分析法

事件树分析法是在给定一个初因事件时，按事故发展的先后顺序、因果关系，分析初因事件可能导致的后果，并逐步向事故的方向推导，直到分析出可能发生的事故为止。通过事件树分析，可由初因事件的频率算出事故的概率。

需要注意的是，事件树分析中后继事件的出现是以前一事件发生为条件而与在前面的事件无关的，是许多事件按时间顺序相继出现、发展的结果。针对所选择的不同故障事件作为初因事件，事件树分析可能得出不同的相应事件链。事故排放事件树分析所确定的能导致向环境排放污染物的各种事件，由于其故障原因和所导致的污染物排放形态各异，使得事故排放的强度有所差别，因此都应作为源强事件树分析初因事件。简单的污染源源强分析可取其事故排放顶事件作为事件树的初因事件。

三、泄漏量计算方法

泄漏量计算包括液体泄漏速率、气体泄漏速率、两相流泄漏、泄漏液体蒸发量计算。

1. 液体泄漏速率

液体泄漏速率 Q_L 可用伯努利方程计算（限制条件为液体在喷口内不应有急骤蒸发）：

$$Q_L = C_d A\rho \sqrt{\frac{2(P-P_0)}{\rho} + 2gh} \tag{12-3}$$

式中 Q_L——液体泄漏速率，kg/s；

P——容器内介质压力，Pa；

P_0——环境压力，Pa；

ρ——泄漏液体密度，kg/m^3；

g——重力加速度，9.81 m/s^2；

h——裂口之上液位高度，m；

C_d——液体泄漏系数，常用0.6~0.64；

A——裂口面积，m^2，按事故实际裂口情况选取。

2. 气体泄漏速率

当式（12－4）成立时，气体流动属音速流动（临界流）：

$$\frac{P_0}{P} \leqslant \left(\frac{2}{k+1}\right)^{\frac{k}{k+1}} \tag{12-4}$$

当式（12－5）成立时，气体流动属亚音速流动（次临界流）：

$$\frac{P_0}{P} > \left(\frac{2}{k+1}\right)^{\frac{k}{k-1}} \tag{12-5}$$

式中 P——容器内介质压力，Pa；

P_0——环境压力，Pa；

k——气体的绝热指数（热容比），即定压热容 C_p 与定容热容 C_v 之比。

假定气体的特性是理想气体，气体泄漏速度 Q_G 按下式计算：

$$Q_G = YC_dAP\sqrt{\frac{Mk}{RT_G}\left(\frac{2}{k+1}\right)^{\frac{k+1}{k-1}}} \tag{12-6}$$

式中 Q_G——气体泄漏速度，kg/s；

P——容器内介质压力，Pa；

C_d——液体泄漏系数，当裂口形状为圆形时取 1.00，三角形时取 0.95，长方形时取 0.90；

A——裂口面积，m^2；

M——分子量；

R——气体常数，J/(mol·K)；

T_G——气体温度，K；

Y——流出系数，对于临界流 $Y=1.0$，对于次临界流按下式计算：

$$Y = \left[\frac{P_0}{P}\right]^{\frac{1}{k}} \times \left\{1 - \left[\frac{P_0}{P}\right]^{\frac{(k-1)}{k}}\right\}^{\frac{1}{2}} \times \left\{\left[\frac{2}{k-1}\right] \times \left[\frac{k+1}{2}\right]^{\frac{(k+1)}{(k-1)}}\right\}^{\frac{1}{2}} \tag{12-7}$$

3. 两相流泄漏

假定液相和气相是均匀的，且互相平衡，两相流泄漏按下式计算：

$$Q_{LG} = C_dA\sqrt{2\rho_m(P-P_C)} \tag{12-8}$$

式中 Q_{LG}——两相流泄漏速度，kg/s；

C_d——两相流泄漏系数，可取 0.80；

A——裂口面积，m^2；

P——操作压力或容器压力，Pa；

P_C——临界压力，Pa，可取 $P_C=0.55P$；

ρ_m——两相混合物的平均密度，kg/m^3，可由下式计算：

$$\rho_m = \frac{1}{\frac{F_V}{\rho_1} + \frac{1-F_V}{\rho_2}} \tag{12-9}$$

式中 ρ_1——液体蒸发的蒸气密度，kg/m^3；

ρ_2——液体密度，kg/m^3；

F_V——蒸发的液体占液体总量的比例，可由下式计算：

$$F_V = \frac{c_p(T_{LG} - T_C)}{H} \tag{12-10}$$

式中　c_p——两相混合物的定压比热容，J/(kg·K)；

T_{LG}——两相混合物的温度，K；

T_C——液体在临界压力下的沸点，K；

H——液体的汽化热，J/kg。

当 $F_V > 1$ 时，表明液体将全部蒸发成气体，这时应按气体泄漏完计算；如果 F_V 很小，则可近似地按液体泄漏公式计算。

4. 泄漏液体蒸发量

泄漏液体的蒸发分为闪蒸蒸发、热量蒸发和质量蒸发3种，其蒸发总量为这3种蒸发之和。

1）闪蒸量的估算

过热液体闪蒸量可按下式估算：

$$Q_1 = FW_T/t_1 \tag{12-11}$$

式中　Q_1——闪蒸量，kg/s；

W_T——液体泄漏总量，kg；

t_1——闪蒸蒸发时间，s；

F——蒸发的液体占液体总量的比例，按下式计算：

$$F = C_p \frac{T_L - T_b}{H} \tag{12-12}$$

式中　C_p——液体的定压比热，J/(kg·K)；

T_L——泄漏前液体的温度，K；

T_b——液体在常压下的沸点，K；

H——液体的汽化热，J/kg。

2）热量蒸发估算

当液体闪蒸不完全，有一部分液体在地面形成液池，并吸收地面热量而汽化称为热量蒸发。某些地面的热传递性质见表12-4。热量蒸发的蒸发速度 Q_2 按下式计算：

$$Q_2 = \frac{\lambda S \times (T_0 - T_b)}{H\sqrt{\pi a t}} \tag{12-13}$$

式中　Q_2——热量蒸发速度，kg/s；

T_0——环境温度，K；

T_b——沸点温度，K；

S——液池面积，m^2；

H——液体的汽化热，J/kg；

λ——表面热导系数，W/(m·K)；

a——表面热扩散系数，m^2/s；

t——蒸发时间，s。

3）质量蒸发估算

当热量蒸发结束后，转由液池表面气流运动使液体蒸发，称之为质量蒸发。液池蒸发模式参数见表 12－5。

表 12－4　某些地面的热传递性质

地面情况	$\lambda/[W\cdot(m\cdot k)^{-1}]$	$a/(m^2\cdot s^{-1})$
水泥	1.1	1.29×10^{-7}
土地（含水 8%）	0.9	4.3×10^{-7}
干阔土地	0.3	2.3×10^{-7}
湿地	0.6	3.3×10^{-7}
砂砾地	2.5	11.0×10^{-7}

质量蒸发速度 Q_3 按下式计算：

$$Q_3=a\times p\times M/(R\times T_0)\times u^{(2-n)(2+n)}\times r^{(4+n)(2+n)} \tag{12-14}$$

式中　Q_3——质量蒸发速度，kg/s；

a、n——大气稳定度系数，见表 12－5；

p——液体表面蒸气压，Pa；

R——气体常数，J/(mol·K)；

T_0——环境温度，K；

u——风速，m/s；

r——液池半径，m。

表 12－5　液池蒸发模式参数

稳定度条件	n	a
不稳定（A，B）	0.2	3.846×10^{-3}
中性（D）	0.25	4.685×10^{-3}
稳定（E，F）	0.3	5.285×10^{-3}

液池最大直径取决于泄漏点附近的地域构型、泄漏的连续性或瞬时性。有围堰时，最大等效半径为液池半径；无围堰时，设定液体瞬间扩散到最小厚度时，推算液池等效半径。

5. 液体蒸发总量的计算

$$W_P=Q_1t_1+Q_2t_2+Q_3t_3 \tag{12-15}$$

式中　W_P——液体蒸发总量，kg；

Q_1——闪蒸量，kg/s；

Q_2——热量蒸发速率，kg/s；

t_1——闪蒸蒸发时间，s；

t_2——热量蒸发时间，s；

Q_3——质量蒸发速率，kg/s；

t_3——从液体泄漏到液体全部处理完毕的时间，s。

四、后果计算

后果计算的主要任务是确定最大可信事故发生后，对环境质量、人群健康、生态系统等造成的影响和危害程度，可以根据危险物相态、危险类型（火灾、爆炸、事故扩散等，必要时可绘制事故情况判断图和事故分析判断图以辅助分析），分别采用不同的模式、方法计算。

后果计算的内容：火灾、爆炸和泄漏 3 种风险类型发生后，其直接、次生和伴生的污染物均会以不同的形式进入大气环境和水环境，因此后果计算的基本内容应包括大气环境风险影响后果计算和水环境影响后果计算。

大气环境风险影响后果计算：大气环境风险评价，按照有毒有害物质的伤害阈值和半致死浓度给出有毒有害物质在最不利气象条件下的网格点最大浓度、时间和浓度分布图；给出网格点最大浓度及分布图中大于 LC_{50}浓度和大于 IDLH 浓度包络线范围；给出范围内的环境保护目标情况（社会关注区、人口分布等）；给出有毒有害物质在最不利气象条件下主要关心点方向轴线最大浓度及位置。

水环境风险影响后果计算：预测有毒有害物质在水体中的分布，给出损害阈值范围内的环境保护目标情况、相应的影响时段。对于相对密度大于 1 的有毒有害物质，还应分析吸附在底泥中的有毒有害物质数量。对于敞开区域，应分析有毒有害物质在该水域的输移路径。

五、风险计算及评价

1. 环境风险事故危害

1）急性中毒和慢性中毒

有毒物质泄漏对人体的危害，可分为急性中毒和慢性中毒。急性中毒发生在短时间毒物高浓度情况下，引起人体机体发生某种损伤。按影响程度，又可分为刺激、麻醉、窒息甚至死亡等。刺激是指毒物影响呼吸系统、皮肤、眼睛；麻醉指毒物影响人们的神经反射系统，使人反应迟钝；窒息指因毒物使人体缺氧，身体氧化作用受损的病理状态；慢性中毒指在较长时间接触低毒毒物，引起人体发生某种损伤。

2）物质毒性的常用表示方法

有毒物质泄漏引起的影响程度，取决于暴露时间和暴露浓度以及物质的毒性。已有的大部分资料都是通过动物实验获得的，实验时毒物的浓度和持续时间可以人为控制，但将这些实验结果用到人体上就有问题了，因为两者体重及生理机能皆不相同，另一方面，人群易损伤性也是不同的。因此，毒物影响表达式中的人群数只能表明某一特定人群所受的影响。由于以上诸多原因，要想总结物质的毒性并作比较是非常困难的。毒物的摄入有呼吸道吸入、皮肤吸收和消化道吸收 3 种形式。比较物质毒性的常用方法如下：

（1）绝对致死剂量或浓度（LD_{100}或 LC_{100}）：染毒动物全部死亡的最小剂量或浓度。

（2）半致死剂量或浓度（LD_{50}或 LC_{50}）：染毒动物半数致死的最小剂量或浓度。

（3）最小致死剂量或浓度（MLD 或 MLC）：全部染毒动物中个别动物死亡的剂量或浓度。

（4）最大耐受剂量或浓度（LD_0 或 LC_0）：染毒动物全部存活的最大剂量或浓度，也称极限阈值浓度。

2. 风险计算

风险计算和评价是根据上述工作所得最大可信事故的发生概率、危害程度，计算项目风险大小，并确定是否可以接受，多采用风险值作为风险大小表征量：

$$R = P \cdot C \tag{12-16}$$

式中　R——风险值（危害/时间），具体环境评价中常以个人风险“死亡数/（a·人）”，或者社会风险“死亡数/a”等为单位；

P——最大可信事故概率（事故次数/时间）；

C——最大可信事故造成的危害（危害/事故次数）。

C 与下列因素相关：

$$C \propto f[C_L(x,y,t), \Delta t, n(x,y,t), P_E] \tag{12-17}$$

式中　$C_L(x, y, t)$——在 x、y 范围和 t 时刻，$\geqslant LC_{50}$ 的浓度；

$n(x, y, t)$——t 时刻相应于该浓度包络范围内的人数；

P_E——人员吸入毒性物质而导致急性死亡的频率。

对同一最大可信事故，n 种有毒有害物泄漏所致环境危害 C 为各种危害的总和：

$$C = \sum_{i=1}^{n} C_i \tag{12-18}$$

3. 风险评价

风险评价需要从各功能单元的最大可信事故风险 R_j 中，选出风险最大的事故，作为本项目的最大可信灾害事故，并将其风险值 R_{max} 与同行业可接受风险水平 R_L 比较：

若 $R_{max} \leqslant R_L$，认为项目风险水平可以接受；

若 $R_{max} > R_L$，认为本项目需采取措施降低风险，以达到可接受水平，否则项目的建设不可接受。

第四节　环境风险管理

一、环境风险管理概念、目的与内容

环境风险管理是指由环境管理机构、企事业单位和环境科研机构等运用各种先进的管理工具，通过对环境风险的分析、评估，研究并实施各种控制环境风险的措施，力求以较少的成本将环境风险控制在经济社会发展可以承受的范围内，从而实现经济社会的可持续发展。

环境风险管理过程一般包括以下几个主要步骤：

（1）环境风险识别：识别各种重要的环境风险。

（2）环境风险评价：分析环境风险事件发生的可能性、后果。

（3）开发并选择适当环境风险管理方法。

（4）实施所选定的风险管理方法。

（5）持续地监督风险管理方法的实施情况和适用性，并加以改进。

环境风险管理是在环境风险基础之上，在行动方案效益与其实际或潜在的风险以及降低的代价之间谋求平衡，以选择较佳的管理方案。通常，环境风险管理者在需要对人体健康或生态风险做出管理决策时，可有多种可能的选择。

环境风险管理内容包括：①制定污染物的环境管理条例和标准；②加强对风险源的控

制；③风险的应急管理及其恢复技术。

二、环境风险管理方法

环境风险管理方法有如下几种：

1. 政府的职责

作为政府行为，风险管理与灾害管理是密切联系的。通常包括制定和修改法规，要求全国各地达到确定的目标；在各部门形成良好的管理制度和工作方法；要求企业修改或采用与提高安全性有关的操作规程和技术措施等。

2. 建设单位的职责

建设单位在政府环保和有关职能部门的监督指导下，拟定风险管理计划和方法，并具体落实防范措施。

3. 企业的职责

每个工厂、企业都努力不出现环境污染，从而制止地球环境的恶化，并进一步改善地球的环境。每个工厂企业应建立和运用环境管理系统，从而达到保护环境性能的最终目标。为了建立高水准的环境管理系统，降低或避免环境风险，有必要引入防范风险的方法，包括企业领导的保证，企业和利害关系者之间的协调，企业环境风险管理等。

三、减少环境风险危害的措施

依据风险的特性，环境风险管理可采取以下措施：

（1）抑制风险。抑制风险是指在事故发生时或之后为减少损失而采取的各项措施。

（2）转移风险。转移风险是指改变风险发生的时间、地点及承受风险的客体的一种处理方法。

（3）减轻风险。减轻风险就是在风险损失发生前，为了消除或减少可能引起损失的各种因素采取具体措施，以减少风险造成的损失。

（4）避免风险。避免风险是指考虑到风险损失的存在或可能发生而主动放弃或拒绝实施某项可能引起风险损失的方案。

最根本的措施是将风险管理与全局管理相结合，实现“整体安全”。

四、风险应急管理计划

应急预案随事故类型和影响范围而异，但事故应急预案一般应由应急组织、应急措施、应急设施和外援机构组成。风险应急管理计划具体有以下几项：

（1）建立应急组织和指挥中心，明确应急组织各级人员的职责，任命指挥者和协调人员。指挥者应是企业最高管理机构的成员，能代表企业进行决策。指挥者应熟悉企业情况，能估计事故发生的原因和可能发生的情况，负责事故的总体协调指挥，要及时做出人员疏散和停产等决定。各级应急组织在应对事故时应服从指挥，相互配合，高效有序地控制事故的蔓延扩大。健全的应急组织应包括处理紧急事故的领导机构、专业和自愿救护队伍以及医疗、后勤、保卫等机构和人员。领导组织有力和专业人员技术过硬、组织纪律严密、行动迅速是实施应急救援的重要保障。指挥中心应装备精良、反应灵敏，具有足够的通信设备及其他必要设施。

（2）制定有效的应急计划和措施，将事故灾害控制在萌芽时期，尽量减小事故对人员和财产的影响。任何事故从隐患形成到灾害发生都有一定的发展过程和各自的特殊规律，应根据事故发生规律，建立灾情感知和信息传递系统，及早发现灾情并立即通知相关人员将其消灭在萌芽时期。事故发生时要求操作人员和紧急事故处理人员必须迅速行动，科学有效地启用应急设施，防止事故扩大。

（3）应急设施包括警报系统、通信器材、消防器材、疏散通道、急救器材和设备等。应建立灵敏的警报系统和可靠的通信联络网，确保一旦事故发生就能立即通知相关机构和人员。通信设备、线路及方式进行合理安排，以保证紧急状态下能够联络。要有足够的消防和救灾器材，消防和救灾器材应取用方便，简单实用。应对安全通道与安全出口进行合理设计并标志明确，确保事故发生时疏散路径畅通。

（4）外部救援包括消防部门、公安部门、公共卫生机构、上级主管部门等。在企事业单位本身不能够应对突发事故时，应及时地寻求外部支援。

第十三章　规划环境影响评价

第一节　概　　述

一、规划环境影响评价概念与特点

1. 规划环境影响评价概念

规划环境影响评价是指在规划编制阶段，对规划实施可能造成的环境影响进行分析、预测和评价，并提出预防或者减轻不良环境影响的对策和措施的过程。

规划环境影响评价在规划过程的早期就全面地考虑其对环境的影响，充分评价各种替代方案，广泛咨询公众，并在实施前作出相关决策，从而有效预防可能出现的环境问题，是一种在规划层次及早协调环境与发展关系的决策手段与规划手段，是规划决策的辅助工具，为规划的环境管理提供科学依据。

实施规划环境影响评价的目的是通过规划评价，提供规划决策所需的资源与环境信息，识别制约规划实施的主要资源（如土地资源、水资源、能源、矿产资源、旅游资源、生物资源、景观资源和海洋资源等）和环境要素（如水环境、大气环境、土壤环境、海洋环境、声环境和生态环境），确定环境目标，构建评价指标体系，分析、预测与评价规划实施可能对区域、流域、海域生态系统产生的整体影响、对环境和人群健康产生的长远影响，论证规划方案的环境合理性和对可持续发展的影响，论证规划实施后环境目标和指标的可达性，形成规划优化调整建议，提出环境保护对策、措施和跟踪评价方案，协调规划实施的经济效益、社会效益与环境效益之间以及当前利益与长远利益之间的关系，为规划和环境管理提供决策依据。

2. 规划环境影响评价特点

规划开发活动具有建设规模大、范围广、开发强度高等特点，通常会在较短的时间内对规划区域的自然、社会、经济、生态环境产生较大、较复杂的影响。规划环境影响评价与项目环境影响评价相比，具有以下几个特点：

1）广泛性和复杂性

规划环境影响评价范围广、内容复杂，其范围在地域上、空间上、时间上都远超过单位建设项目对环境的影响，一般小至几十平方千米，大至一个地区、一个流域，它的影响评价涉及区域内所有规划及其对规划区域内外的自然、社会、经济和生态环境的全面影响。

2）不确定性

不确定性是指规划编制及实施过程中可能导致环境影响预测结果和评价结论发生变化的因素，主要来源于两个方面：一是规划方案本身在某些内容上不全面、不具体或不明确；二是规划编制时设定的某些资源环境基础条件，在规划实施过程中发生不能够预期的变化。

3）累积性

累积性是指评价的规划及与其相关的规划在一定时间和空间范围内对环境目标和资源环境因子造成的复合的、协同的、叠加的影响。规划环境影响评价能综合考虑规划区域内的环境累积影响，把区域排污总量的控制指标落实到具体的规划上，从而将区域发展规模控制在环境容量许可的范围内。

4）跟踪评价

跟踪评价是指在规划的实施过程中对规划已经及正在造成的环境影响进行实地的监测、分析和评价的过程，用以检验规划环境影响评价的准确性以及不良环境影响减缓措施的有效性，并根据评价结果，提出不良环境影响减缓措施的改进意见，以及规划方案修订或终止其实施的建议。

规划环境影响评价与建设项目的环境影响评价之间的比较见表13－1。

表13－1　规划环境影响评价与建设项目的环境影响评价之间的比较

评价内容	规划环境影响评价	建设项目环境影响评价
评价对象	包括规划方案中的所有拟开发建设行为，项目多、类型复杂	单一或几个建设项目，具有单一性
评价范围	地域广、范围大，属区域性或流域性	地域小、范围小，属局域性
评价时间	在规划方案确定之前进行，超前于开发活动	与建设项目的可行性研究同时进行，与建设项目同步
评价方法	多样性	单一性
评价任务	调查规划范围内的自然、社会和环境状况，分析规划方案中拟开发活动对环境的影响，论述规划布局、结构、资源的配置合理性，提出规划优化布局的整体方案和污染综合防治措施，为制定和完善规划提供宏观的决策依据	根据建设项目的性质、规模和所在地区的自然、社会和环境状况，通过调查分析、预测项目建设对环境的影响程度，在此基础上做出项目建设的可行性结论，提出污染防治的具体对策建议
评价指标	反映规划范围内环境与经济协调发展的环境、经济、生活质量的指标体系	水、大气、声环境质量指标等
评价精度	规划项目具有不确定性，只能采用系统分析方法进行宏观分析，认证规划方案的合理性，难以进行细化，评价精度要求不高	确定的建设项目，评价精度要求高，预测计算结果准确

二、规划环境影响评价原则与方法

1. 规划环境影响评价原则

规划环境影响评价是区域规划的重要组成部分，主要研究环境质量现状、确定规划涉及的各环境要素的容量以及预测开发活动的影响。规划环境影响评价是一项科学性、综合性、预测性、规划性和实用性很强的工作，进行规划环境影响评价时应遵循以下原则：

1）客观、公开、公正原则

《规划环境影响评价条例》明确规定，对规划进行环境影响评价，应当遵循客观、公开、公正的原则。在规划环境影响评价过程中必须科学客观、综合考虑规划实施后对各种环境要素及其所构成的生态系统可能造成的影响，为决策提供科学依据。

2）全程互动原则

评价应在规划纲要编制阶段（或规划启动阶段）介入，并与规划方案的研究和规划的编制、修改、完善全过程互动。

3）一致性原则

评价的重点内容和专题设置应与规划对环境影响的性质、程度和范围相一致，应与规划涉及领域和区域的环境管理要求相一致。

4）整体性原则

评价应统筹考虑各种资源环境要素及其相互关系，重点分析规划实施对生态系统产生的整体影响和综合效应。

5）层次性原则

评价的内容与深度应充分考虑规划的层次和属性（综合性规划、指导性规划、专项规划），依据不同层次和属性规划的决策需求，提出相应的宏观决策建议以及具体的环境管理要求。

6）科学性原则

评价选择的基础资料和数据应真实、有代表性，选择的评价方法应简单、适用，评价的结论应科学、可信。

7）公众参与原则

《规划环境影响评价技术导则　总纲》(HJ 130—2014）中提出对可能造成不良环境影响并直接涉及公众环境权益的专项规划，应当公开征求有关单位、专家和公众对规划环境影响评价实施方案和环境影响报告书的意见。在规划环境影响评价过程中鼓励和支持公众参与，充分考虑社会各方面利益。

2. 规划环境影响评价范围

按照规划实施的时间跨度和可能影响的空间尺度确定评价范围。评价范围在时间跨度上，一般应包括整个规划周期。对于中、长期规划，可以规划的近期为评价的重点时段，必要时，也可根据规划方案的建设时序选择评价的重点时段。评价范围在空间跨度上，一般应包括规划区域、规划实施影响的周边地域，特别应将规划实施可能影响的环境敏感区、重点生态功能区等重要区域整体纳入评价范围。确定规划环境影响评价的空间范围一般应同时考虑3个方面的因素：一是规划的环境影响可能达到的地域范围；二是自然地理单元、气候单元、水文单元、生态单元等的完整性；三是行政边界或已有的管理区界(如自然保护区界、饮用水水源保护区界等)。

3. 规划环境影响评价方法

规划环境影响评价由于种类繁多，涉及的行业千差万别，因此目前还没有针对所有规划环境影响评价的通用方法，很多适用于建设项目环境影响评价的方法仍适用于规划环境影响评价。由于规划的影响范围和不确定性较大，对规划的环境影响进行预测、评价时可以更多地采取定性和半定量的方法，内容上更强调累积影响分析和不确定性分析。

目前规划环境影响评价各环节采用的评价方法见表13-2。

表13-2　规划环境影响评价的常用方法

评价环节	可采用的方式和方法
规划分析	核查表、叠图分析、矩阵分析、专家咨询（如智暴法、德尔斐法等）、情景分析、博弈论法
环境现状调查与评价	现状调查：资料收集、现场踏勘、环境监测、生态调查、社会经济学调查（如问卷调查、专门访谈、专题座谈会等） 现状分析与评价：专家咨询、综合指数法、叠图分析、生态学分析法（生态系统健康评价法、指示物种评价法、景观生态学评价等）
环境影响的识别与环境目标、评价指标的确定	核查表、矩阵分析、网络分析、叠图分析、灰色系统分析法、层次分析、情景分析、专家咨询、压力—状态—响应分析
环境要素影响预测与评价	类比分析、对比分析、负荷分析（单位GDP物耗、能耗和污染物排放量等）、弹性系数法、趋势分析、系统动力学法、投入产出分析、供需平衡分析、数值模拟、环境经济学分析（影子价格、支付意愿、费用效益分析等）、综合指数法、生态学分析法（如生态系统健康评价法、指示物种评价法、景观生态学评价等）、灰色系统分析法、叠图分析、情景分析
环境风险评价	灰色系统分析法、模糊数学法、风险概率统计、事件树分析、生态学分析法（生态系统健康评价法、指示物种评价法、景观生态学评价等）
累积影响评价	矩阵分析、网络分析、叠图分析、数值模拟、生态学分析法（如生态系统健康评价法、指示物种评价法、景观生态学评价等）、灰色系统分析法
资源与环境承载力评估	情景分析、类比分析、供需平衡分析、系统动力学法

规划环境影响评价中的部分常用方法介绍如下：

1）矩阵法

利用矩阵法，可将拟议行动（比如规划目标、指标、规划方案等）与环境因素作为矩阵的行与列，并在相对应位置填写符号、数字或文字，以表示行为与环境因素之间的因果关系。矩阵法有简单矩阵、定量的分级矩阵（即相互作用矩阵，又叫Leopold矩阵）、Phillip－Defillipi改进矩阵、Welch－Lewis三维矩阵等。矩阵法可应用于评价规划的筛选、规划环境影响识别、累积环境影响评价等多个环节。

矩阵法的方法步骤如下：找出规划涉及的人类行为，作为矩阵的行；识别主要的受影响因子，作为矩阵的列；最后，确定每种人类活动与受影响因子之间的直接关系。

矩阵法的优点是可直观地表示交叉或因果关系，可表示和处理那些由模型、图形叠置和主观评估方法取得的量化结果，以及可将矩阵中每个元素的数值与对各环境资源、生态系统和人类社区的各种行为产生的累积效应的评估很好地联系起来；缺点是对影响产生的机理解释较少，不能表示影响作用是立即发生的还是延后的、长期的还是短期的，以及难以处理间接影响和反映规划在复杂时空关系上的不同层次的影响。

矩阵法普遍适用于各类规划的环境影响评价。

2）网络法

网络图来表示活动造成的环境影响及其与各种影响的因果关系，尤其是由初级影响所引起的次级、三级或更高级的影响，通过多级影响逐步展开，呈树枝状，因此又称为影响树。网络法可用于规划环境影响识别，尤其是累积影响或间接影响的识别。目前，网络法主要有因果网络法和影响网络法两种形式。

（1）因果网络法。因果网络法实质是一个包含有拟议规划及其所包含或调整的人类行为、行为与受影响环境因子以及各因子之间联系的网络图。它的优点是可以识别环境影响发生途径、依据其因果联系设计减缓及补救措施；缺点是过于烦琐，需要花费较多的人力、资源和时间去考虑可能不太重要或不太可能发生的影响，有时也会由于太笼统而遗漏一些重要的影响。

（2）影响网络法。影响网络法是把影响矩阵中的关于拟议行动与可能受影响的环境因子进行分类，并对影响进行描述，最后形成一个包含所有评价因子（即拟议行动、环境因子及影响或效应联系）的网络。

网络法的优点是简捷、使用成本低，易于理解，能明确地表述环境因子间的关联性和复杂性。能够有效识别实施规划的制约因素；缺点是无法定量，不能反映空间关系和时间跨度的变化影响以及图表可能变得非常复杂。

网络法普遍适用于各类规划的环境影响评价。

3）压力—状态—响应分析法

压力—状态—响应分析法可用于筛选规划环境影响评价指标体系的常用方法。该评价框架由三大类指标构成，即状态、压力和响应指标。状态指标衡量环境质量或环境状态的变化；压力指标则表述拟议行动对环境的压力或导致的环境问题，比如由于过度开发导致的资源耗竭，污染物和废弃物向环境的排放，其他的干预活动；响应指标是指为减轻环境污染和生态、资源破坏，需要调整的规划行为以及建立起来相应制度机制。

由压力—状态—响应分析法构建的指标体系，反映了指标之间的相互关系，尤其是因果关系和层次结构。这种方法具有以下特点：指标体系将压力指标摆在首位，突出了压力指标的重要性，强调了拟议行动对环境与生态系统的改变；其涵盖面广，综合性强。

4）数学模型和数值模拟

用数学模型定量表示环境系统、环境要素时空变化的过程和规律，比如大气或水体中污染物的输运和转化规律。环境数学模型包括大气扩散模型、水文与水动力模型、水质模型、土壤侵蚀模型、沉积物迁移模型和物种栖息地模型等。环境数学模型适用于较低层次或者说是更接近项目层次的规划类型，如城市建设规划中的详细规划类型、国民经济与社会发展规划中的近期规划或年度计划、开发区建设规划、行业规划等。

在规划环境影响评价中，数学模型法可将最优化分析与模拟（仿真）模型结合起来，量化分析因果关系，用于选择最佳的规划方案，确定多个污染或者其他影响源产生的累积影响，并能找到每一种影响源的最优控制水平。该方法的优点是能够可定量化表达因果关系，能得到明确的结果；缺点是数学模型是建立在一些假设基础上，而且假设条件是否成立在规划环境影响评价中难以核实与检测，使用中需要大量的数据，计算方法复杂，耗费大量的时间和资源，约束条件过多，不宜于层次高、范围广、涉及领域多且复杂的规划环境影响评价中。

数学模型和数值模拟法适用于较小范围（如开发区）、较低层次（控制性详细规划）、近期的规划（如三年行动计划）和行业规划（如石化产业发展规划）的环境影响评价。

5）费用效益分析法

费用效益分析将一项规划实施带来的环境效益与投入的货币价值进行比较。其目的是通过把环境和社会成本与效益货币化，从而为决策提供依据。费用效益分析法除可应用于规划环境影响评价的预测阶段，还可应用于评价及减缓措施与环境管理阶段。费用效益分析原则有 3 条：效益相等时，费用越小的规划方案越好；费用相等时，效益越大的规划方案越好；效益与费用的比率越大的规划方案越好。

规划环境影响类型通过可分为 4 类：生产力、健康、舒适性和环境存在价值等，针对规划的不同影响，需要采用不同的方法进行价值评估。对不同影响方面的评估技术选择可参考表 13－3。

表 13－3　价值评估方法特点、适用性与选择

政策影响	评估方法	计量模型	参数含义	适用范围
生产力	直接市场法	$P=\Delta Q\cdot(P_1+P_2)/2$	P：环境价值损失；ΔQ：受污染产品的减产量；P_1：减产前的市场价格；P_2：减产后的市场价格	受污染的农作物、森林、水产、餐饮、酿造等损失
	防护支出法	无一般模型	由采取防护措施、购置环境替代品、搬迁等所发生的支出确定	各种环境污染与生态破坏
	重置成本法	无一般模型	由被破坏的环境恢复至原状所需支出确定	具有相同或类似参照物的资源环境损失
	机会成本法	无一般模型	由资源环境的机会成本确定	有唯一性的资源环境
健康	人力资本法与残病费用法	$P_1=\sum_{i=1}^{k}(L_i+M_i)$ $P_2=\sum_{i=1}^{T-1}\frac{\pi_{t+i}\cdot E_{t+i}}{(1+r)^i}$	P_1：疾病损失；P_2：早亡损失；L_i：i 类人生病的工资损失；M_i：i 类人的医疗费用；π_{t+i}：从 t 年龄活动 $t+i$ 年龄的概率；E_{t+i}：在年龄为 $t+i$ 时的预期收入；r：折现率；T：退休年龄	大气、水、噪声、光污染等对人体健康造成的疾病损失和早亡损失
	防护支出法			
	意愿调查价值法	无一般模型	由人们对改善环境的支付意愿或忍受环境损失的受偿意愿确定	其他方法无法评价的资源环境价值或损失
舒适性	旅行费用法	$p_i=\int_e^{\infty}F(e,z)\mathrm{d}e$ $P=\sum_{i=1}^{n}P_i$	P_i：第 i 位消费者对景点的支付意愿；e：出发点到景点的旅行费用；z：人口的社会经济特征；P：景点总价值	自然保护区、园林等具有休闲娱乐价值的景点价值或损失
	内涵资产价值法			
	意愿调查价值法	$P=a_0+\sum_{i=1}^{k}(a_i\cdot h_i)$	P：房地产价格；h_i 住房各内部特征（如面积等）的价格；a_i：各内部特征的权重；a_0：房地产造价	环境性房地产的价值或损失
存在价值	意愿调查价值法			

该方法可从整个社会的角度出发，分析规划对国民经济的净贡献大小，包括对就业、

收入分配、外汇及环境等方面的影响，目前在世界各国的环境评价中得到广泛应用。但是，该方法的缺点是不同的评价方法将得到不同的结果，而且有些环境资源的货币价值难以确定；规划实施及其影响年限较长，使用不同种贴现率将得到不同的结果，而不使用贴现率会与代内的可持续发展原则相抵触；需要大量准确的数据，一些数据难以获取。

6）投入产出分析

投入是指产品生产所消耗的原材料、燃料、动力、固定资产折旧和劳动力；产出是指产品生产出来后所分配的去向、流向，即使用方向和数量，例如用于生产消费、生活消费和积累。在国民经济部门，投入产出分析主要是编制棋盘式的投入产出表和建立相应的线性代数方程体系，构成一个模拟现实的国民经济结构和社会产品再生产过程的经济数学模型，综合分析和确定国民经济各部门间错综复杂的联系和再生产的重要比例关系。

在规划环境影响评价中，投入产出分析可以用于拟定规划引导下，区域经济发展趋势的预测与分析，也可以将环境污染造成的损失作为一种“投入”（外在化的成本），对整个区域经济环境系统进行综合模拟。

该方法已被广泛接受，适用于研究多个变量在结构上的相互关系，但只能分析某一发展阶段的投入产出关系，不适用于较长时间段，而且通常需要大量的数据，计算方法也较复杂，并耗费大量的时间和资源。

该方法适用于经济类规划，如产业/行业发展规划和区域国民经济发展规划的环境影响评价。

三、规划环境影响评价工作程序与内容

1. 规划环境影响评价的工作程序

规划环境影响评价的工作程序如图 13－1 所示。

2. 规划环境影响评价的工作内容

根据规划对环境要素的影响方式、程序以及其他客观条件确定规划环境影响评价的工作内容。规划环境影响评价的工作要包括以下几个方面的内容：

1）规划分析

规划分析应包括规划概述、规划的协调性分析和不确定性分析等。通过规划分析，从环境影响评价角度对规划内容进行分析和初步评估，从多个规划方案中初步筛选出备选的规划方案，作为环境影响分析、预测与评价的对象，并结合规划的不确定性分析结果，给出可能导致预测结果和评价结论发生变化的不同的预测情景。

2）现状调查与评价

现状调查与评价一般包括自然环境状况、社会经济概况、资源分布与利用状况、环境质量和生态状况等内容。通过调查与评价，掌握评价范围内主要资源的利用状况，评价生态、环境质量的总体水平和变化趋势，辨析制约规划实施的主要资源和环境要素。

3）环境影响识别与评价指标体系构建

按照一致性、整体性和层次性原则，识别规划实施可能影响的资源与环境要素，建立规划要素与资源、环境要素之间的关系，初步判断影响的范围和程度，确定评价重点。并根据环境目标，结合现状调查与评价的结果，以及确定的评价重点，建立评价的指标体系。

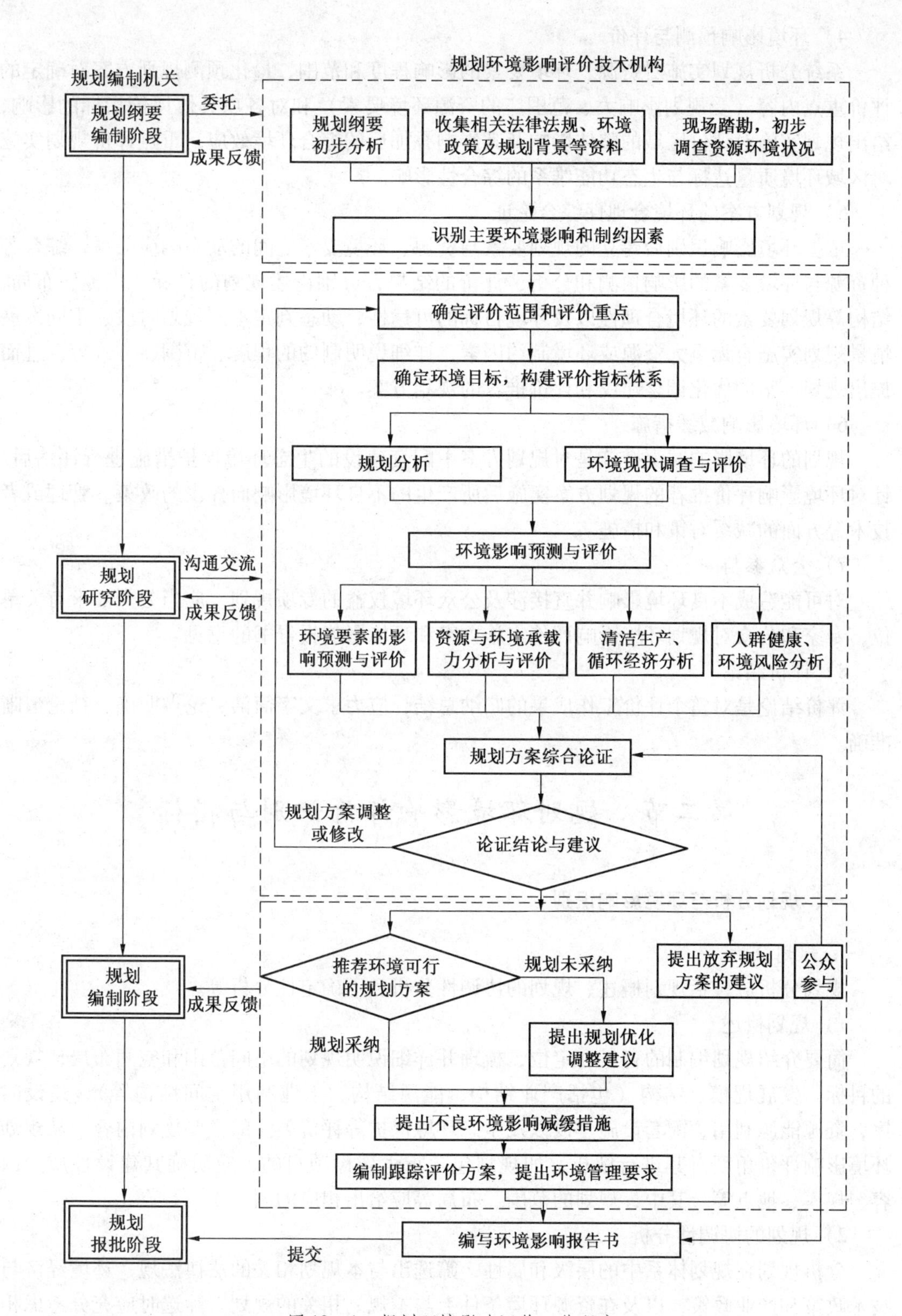

图 13－1　规划环境影响评价工作程序

4）环境影响预测与评价

系统分析规划实施对资源、环境要素的影响程度和范围，量化预测规划方案对确定的评价重点内容（受规划影响大、范围广的资源环境要素）和对各项具体评价指标的影响，给出规划实施对评价区域的整体影响及其影响叠加后的综合环境效应，重点评价规划实施对区域环境质量达标与生态功能维系的综合性影响。

5）规划方案的环境合理性综合论证

依据环境影响识别后建立的规划要素与资源、环境要素之间的动态响应关系，综合各种资源与环境要素的影响预测和分析、评价的结果，分别论述规划的目标、规模、布局、结构等规划要素的环境合理性以及环境目标的可达性，动态判定不同规划时段、不同发展情景规划实施有无重大资源或环境制约因素，详细说明制约的程度、范围、方式等，进而提出规划方案的优化调整建议和评价推荐的规划方案。

6）环境影响减缓措施

规划的环境影响减缓措施是对规划方案中配套建设的生态环境保护措施进行评估后，针对环境影响评价推荐的规划方案实施后所产生的不良环境影响而提出的政策、管理或者技术等方面的减缓对策和措施。

7）公众参与

对可能造成不良环境影响并直接涉及公众环境权益的专项规划，应当公开征求有关单位、专家和公众对规划环境影响评价实施方案和环境影响报告书的意见。

8）评价结论

评价结论是对整个评价工作成果的归纳总结，应力求文字简洁、论点明确、结论清晰准确。

第二节　规划环境影响评价识别与指标

一、规划分析与环境影响识别

1. 规划分析

规划分析应包括规划概述、规划的协调性分析和不确定性分析等。

1）规划概述

简要介绍规划编制的背景和定位，梳理并详细说明规划的空间范围和空间布局，规划的目标、发展规模、结构（包括产业结构、能源结构、土地利用空间结构等）、建设时序，资源能源利用、配套设施建设以及生态环境保护等评价关注的主要规划内容，从规划环境影响评价角度对其进行解析。如规划包含重大建设项目的，应明确其建设性质、内容、规模、地点等。其中，规划的范围、布局等应给出相应的图、表。

2）规划的协调性分析

分析规划在规划体系中的层级和属性，筛选出与本规划相关的法律法规、环境经济与技术政策和产业政策，以及在资源环境条件上与本规划相关的规划。筛选时应充分考虑相关政策、规划的法律效力和时效性。

分析规划与相关法律法规、环境经济与技术政策和产业政策的符合性。

逐项分析规划目标、布局、规模等各规划要素与上层规划的符合性与协调性，重点分析规划之间的冲突和矛盾。

在考虑累积环境影响的基础上，逐项分析规划要素与所在区域（或行业）同层位其他规划在环境目标、资源利用、环境容量与承载力等方面的一致性和协调性，重点分析规划与同层位的环境保护、生态建设、资源保护与利用等规划之间的冲突和矛盾。

3）规划的不确定性分析

规划的不确定性分析主要包括规划基础条件的不确定性分析、规划具体方案的不确定性分析及规划不确定性的应对措施 3 个方面。

（1）规划基础条件的不确定性分析：应重点分析规划实施所依托的资源、环境条件可能发生的变化情况，如水资源分配方案、土地资源使用方案、污染物总量分配方案等，论证规划各项内容顺利实施的可能性与必要条件，预测规划方案可能发生的变化、调整情况。

（2）规划方案的不确定性分析：从能够预测、评价规划实施的环境影响的角度，分析规划方案中需要具备但没有具备、应该明确但没有明确的内容，明确规划产业结构、规模、布局及时序等方面可能存在的变化情况。

（3）规划不确定性的应对措施：针对规划基础条件、具体方案两方面不确定性的分析结果，将各种可能出现的情况，经筛选后进行排列组合，设置针对规划环境影响预测的不同情景，用以预测、分析和评价不同情景下规划阶段性目标的可达性及其环境影响。

4）规划分析方法

规划分析方法主要有：核查表、叠图分析、矩阵分析、专家咨询、情景分析、博弈论、类比分析、系统分析等。

2. 环境影响识别

环境影响识别是指识别环境可行的规划方案实施后可能导致的主要环境影响及其性质，编制规划的环境影响识别表。

环境影响识别应在规划分析和环境现状评价的基础上进行，重点从规划的目标、结构、布局、规模、时序及重大规划项目的实施方案等方面，全面识别各规划要素及各时段产生的环境影响的性质、范围及程度。进行环境影响识别时应重点分析规划实施对资源、环境要素造成的不良环境影响，包括直接影响、间接影响，短期影响、长期影响，各种可能发生的区域性、综合性、累积性的环境影响或环境风险。其中，应考虑的资源要素包括土地资源、水资源、生物资源等，应考虑的环境要素包括水环境、大气环境、土壤环境、声环境和生态环境。对于某些有可能产生具有“三致”效应（致癌、致突变、致畸）污染物、致病菌和病毒的规划，还应识别规划对人群健康的影响。

通过环境影响识别，以图、表的形式，建立规划要素与资源、环境要素之间的动态响应关系，从中筛选出受规划影响大、范围广的资源、环境要素，作为分析、预测与评价的重点内容。

二、环境目标与规划环境影响评价指标

1. 环境目标

环境目标是开展规划环境影响评价的依据，可根据规划区域、规划实施直接影响的周

边地域的生态功能和环境保护、生态建设规划确定的目标，遵照有关环境保护政策、法规和标准，以及区域、行业的其他环境保护要求，确定规划应满足的环境目标。

针对规划可能涉及的环境主题、敏感环境要素以及主要制约因素，按照有关的环境保护政策、法规和标准拟定或确认规划环境影响评价的环境目标，包括规划涉及的区域和行业的环境保护目标以及规划设定的环境目标。规划涉及的环境问题可按当地环境（包括自然景观、文化遗产、人群健康、社会经济、噪声、交通等）、自然资源（包括水、空气、土壤、动植物、矿产、能源、固体废物）、全球环境（包括气候、生物多样性）三大类分别表述。

2. 评价指标

评价指标是用以评价规划环境可行性的、量化了的环境目标，一般可将环境目标分解成环境质量、生态保护、资源可持续利用、社会环境、环境经济等评价主题，筛选出表征评价主题的具体评价指标。对于现状调查与评价中确定的制约规划实施的生态、环境、资源因素，应作为筛选的重点。

评价指标应优先选取能体现国家环境保护的战略、政策和要求，突出规划的行业特点及其主要环境影响特征，同时符合评价区域环境特征的易于统计、比较、量化的指标。

评价指标值的确定应符合相关环境保护政策、法规和标准中规定的限值要求，如国内政策、法规和标准中没有的指标值也可参考国际标准限值；对于不易量化的指标应经过专家论证，给出半定量的指标值或定性说明。目前较为通用指标包括生物量指标、生物多样性指标、土地占用指标、土壤侵蚀量指标、大气环境容量指标、温室气体排放量指标、声环境功能区划、地面水功能区划、水污染因子排放标准等。

第三节　规划环境影响现状调查与评价

现状调查与评价一般包括自然环境状况、社会经济概况、资源分布与利用状况、环境质量和生态状况等内容。实际工作中应遵循以点带面、点面结合、突出重点的原则，针对规划的环境影响特点和环境目标要求，选择应调查、评价的具体内容，并确定具体的参数。

现状调查可充分搜集和利用近期（一般为一个规划周期，或更长）已有的有效资料。当已有资料不能满足评价要求，特别是需要评价规划方案中重大规划建设项目的环境影响时，需进行补充调查和现场监测。

一、现状调查内容

1. 自然环境状况调查

自然环境状况调查的主要内容包括评价范围内的地质、地形、地貌情况，河流、湖泊（水库）、海湾的水文情况，气候与气象情况等，特别应重视极端自然条件调查。

2. 社会经济概况调查

社会经济概况调查重点包括调查评价范围内的人口结构、规模和增长状况，人群健康和地方病状况，人均能源及水资源利用情况，经济规模与增长率，交通运输结构、空间布局及运量情况。特别是评价范围内的产业结构、主导产业及其布局、重大基础设施布局及建设情况等，并附相应图件。

3. 环保基础设施建设及运行情况调查

应明确评价范围内污水治理设施规模、分布、处理能力及处理工艺；清洁能源利用及大气污染综合治理情况；区域噪声污染控制情况；固体废物处理与处置方式及危险废物安全处置情况（包括规模、分布、处理能力及处理工艺等）；现有生态保护工程建设及实施效果；已发生的环境风险事故情况；环保投资情况等。

4. 资源分布与利用状况调查

（1）主要用地类型、面积及其分布状况，区域水土流失现状，并附土地利用现状。

（2）水资源总量、时空分布及开发利用强度（包括地表水和地下水），主要集中式饮用水源地分布、保护范围及开发利用强度，其他水资源利用状况（如海水、雨水、污水及中水）等，并附水系图及水文地质相关图件。

（3）能源生产和消费总量、结构与弹性系数，能源利用效率等情况。

（4）矿产资源类型与储量、生产和消费总量、资源利用效率等，并附矿产资源分布图。

（5）旅游资源和景观资源的地理位置、范围及主要保护对象、保护要求等，并附相关图件。

5. 环境质量与生态状况调查

（1）水环境功能区划、保护目标及各功能区水质达标情况，主要水污染因子和特征污染因子、主要污染物排放总量及其控制目标、控制断面位置及达标情况、主要污染源分布和污染贡献率、单位GDP废水及主要水污染物排放量，并附水环境功能区划图、控制断面位置图及主要污染源排放口分布图。

（2）大气环境功能区划、保护目标及各功能区环境空气达标情况、主要污染因子和特征污染因子、主要污染物排放总量及其控制目标、主要污染源分布和污染贡献率（包括工业、农业和生活污染源）、单位GDP主要大气污染物排放量，并附大气环境功能区划图及重点污染源分布图。

（3）声环境功能区划、保护目标及各声功能区达标情况，并附声环境功能区划图。

（4）主要土壤类型及其分布，土壤的肥力与使用情况，土壤污染的主要来源及其质量现状。

（5）生态系统的类型、结构及功能、植物区系与主要植被类型，特有、珍稀、濒危野生生物的种类、分布和生境状况，生态功能区划与保护目标等，附生态功能区划图、生态功能保护区划图及野生动、植物分布图。

（6）固体废物（分一般工业固体废物、一般农业固体废物、危险废物、生活垃圾）产生量及单位GDP固体废物产生量，危险废物的产生量、产生源分布等。

（7）调查主要环境敏感区的类型、分布、范围、敏感性（或保护级别）及相关环境保护要求，并附相关图件。

生态现状调查的方式和方法主要有：资料收集、现场踏勘、环境监测、生态调查、社会经济学调查（如问卷调查、专门访谈、专题座谈会等）。

二、现状分析与评价

规划环境影响评价的现状分析与评价主要包括以下几个方面的内容：

1. 资源利用现状评价

根据评价范围内土地资源和水资源总量，能源及主要矿产资源的储量，资源供需状况和利用效率等，分析区域资源利用和保护中存在的问题。

2. 环境与生态现状评价

(1) 按照环境功能区划的要求，评价区域水环境质量、大气环境质量、土壤环境质量、声环境质量现状和变化趋势，分析影响其质量的主要污染因子和特征污染因子及其来源；评价区域环保设施的建设与运营情况，分析区域水环境（包括地表水、地下水、海水）保护、主要环境敏感区保护、固体废物处置等方面存在的问题及原因，以及目前需解决的主要环境问题。

(2) 根据生态功能区划的要求，评价区域生态系统的组成、结构与功能状况，分析生态系统面临的压力和存在的问题，生态系统的变化趋势和变化的主要原因。评价生态系统的完整性和敏感性。当评价区面积较大且生态系统状况差异也较大时，应进行生态环境敏感性分级、分区，并附相应的图表。当评价区域涉及受保护的敏感物种时，应分析该敏感物种的生态学特征；当评价区域涉及生态敏感区时，应分析其生态现状、保护现状和存在的问题等。明确目前区域生态保护和建设方面存在的主要问题。

(3) 分析评价区域已发生的环境风险事故的类型、原因及造成的环境危害和损失，分析区域环境风险防范方面存在的问题。

(4) 分性别、年龄段分析评价区域的人群健康状况和存在的问题。

3. 主要行业经济和污染贡献率分析

分析评价区域主要行业的经济贡献率、资源消耗率（该行业的资源消耗量占资源消耗总量之比）和污染贡献率（该行业的污染物排放量占污染物排放总量之比），并与国内先进水平、国际先进水平进行对比分析，评价区域主要行业的资源、环境效益水平。

4. 已开发区域环境影响回顾性评价

对于已开发区域还应结合区域发展的历史或上一轮规划的实施情况，对区域生态系统的演变和环境质量的变化情况进行分析与评价，重点分析评价区域存在的主要环境问题与现有的开发模式、规划布局、产业结构、产业规模和资源利用效率等方面的关系。提出本次规划应注意的资源、环境问题，以及解决问题的参考途径，并为本次规划的环境影响预测提供类比资料和数据。

现状分析与评价的方式和方法主要有：专家咨询、综合指数法、叠图分析、生态学分析法（生态系统健康评价法、指示物种评价法、景观生态学评价法等）。

第四节　规划环境影响预测与评价

规划环境影响评价的主要目的是综合分析规划实施前区域的资源、环境承载能力，结合影响预测结果，评价规划实施给区域资源、环境带来的压力。并针对规划基础条件、具体方案两方面不确定性分析给出的不同发展情景，进行同等深度的影响预测与评价，为提出评价推荐的规划方案和优化调整建议提供支撑。

规划环境影响评价预测与评价的主要内容包括以下几个方面：

一、规划开发强度分析

通过规划要素的深入分析，选择与规划方案性质、发展目标等相近的国内、外同类型已实施规划进行类比分析（如区域已开发，可采用环境影响回顾性分析的资料），依据现状调查与评价的结果，同时考虑科技进步和能源替代等因素，结合不确定性分析设置的不同发展情景，采用负荷分析、投入产出分析等方法，估算关键性资源的需求量和污染物（包括影响人群健康的特定污染物）的排放量。

选择与规划方案和规划所在区域生态系统（组成、结构、功能等）相近的已实施规划进行类比分析，依据生态现状调查与评价的结果，同时考虑生态系统自我调节和生态修复等因素，结合不确定性分析设置的不同发展情景，采用专家咨询、趋势分析等方法，估算规划实施的生态影响范围和持续时间，以及主要生态因子的变化量（如生物量、植被覆盖率、珍稀濒危和特有物种生境损失量、水土流失量、斑块优势度等）。

二、规划的环境影响预测与评价

（1）预测不同开发强度对水环境、大气环境、土壤环境、声环境的影响，明确影响的程度与范围，评价规划实施后评价区域环境质量能否满足相应功能区的要求。对环境质量影响较大、与节能减排关系密切的工业、能源、城市建设及区域建设和开发利用等专项规划，应进行定量或半定量环境影响预测与评价。

（2）预测不同开发强度对区域生物多样性、生态环境功能和生态景观的影响，明确规划实施对生态系统结构和功能所造成的影响性质与程度。参照《生态功能区划暂行规程》进行规划区域的生态敏感性分区，根据分区结果，评价规划布局的生态适宜性。

（3）预测不同开发强度对自然保护区、饮用水水源保护区、风景名胜区等环境敏感区和重点环境保护目标的影响，评价其是否符合相应的保护要求。

（4）对于规划实施可能产生重大环境风险源的，应开展事故性污染风险分析；对于某些有可能产生具有“三致”效应（致癌、致突变、致畸）污染物、致病菌和病毒的规划，应开展人群健康风险分析；对于生态较为脆弱或具有重要生态功能价值的区域，应分析规划实施的生态风险。

（5）对于工业、能源及自然资源开发等专项规划，应进行清洁生产分析，重点评价产业发展的物耗、能耗和单位 GDP 污染物排放强度等的清洁生产水平；对于区域建设和开发利用规划，以及工业、农业、畜牧业、林业、能源、自然资源开发的专项规划，需要进行循环经济分析，重点评价污染物综合利用途径与方式的有效性和合理性。

三、累积环境影响预测与分析

识别和判定规划实施可能发生累积环境影响的条件、方式和途径，预测和分析规划实施与其他相关规划在时间和空间上累积环境影响。

四、资源环境承载力评估

评估资源环境承载能力的现状利用水平，在充分考虑累积环境影响的情况下，动态分析不同规划时段可供规划实施利用的剩余资源承载能力、环境容量以及总量控制指标，重点判定区域资源环境对规划实施的支撑能力，重点判断规划实施是否导致生态系统主导功能发生显著不良变化或丧失。

第五节　规划方案的环境合理性综合论证

一、环境合理性论证

依据环境影响识别后建立的规划要素与资源、环境要素之间的动态响应关系，综合各种资源与环境要素的影响预测和分析、评价结果，分别论证规划目标与发展定位、规划规模、规划布局、规划结构、环境保护目标与评价指标的环境合理性。

1. 环境合理性论证的内容与方法

（1）基于区域发展与环境保护的综合要求，结合规划协调性分析结论，论证规划目标与发展定位的环境合理性。

（2）基于资源、环境承载力评估结论，主要结合区域节能减排要求，论证规划规模的环境合理性。

（3）基于环境风险评价的结论，主要结合生态、环境功能区划以及环境敏感目标的空间分布，论证规划布局的环境合理性。

（4）基于区域环境管理和循环经济发要求，以及清洁生产水平的评价结果，主要结合规划重点产业的环境准入条件，论证规划结构的环境合理性。

（5）基于规划实施环境影响评价结果，主要结合环境保护措施的经济技术可行性，论证环境保护目标与评价指标的可达性。

2. 不同类型规划论证重点

不同类型规划的论证重点如下：

（1）进行环境合理性综合论证时，应针对不同类型规划的环境影响特点，突出论证重点。

（2）对资源、能源消耗量大、污染物排放量高的行业规划，应重点从区域资源环境对规划实施的支撑能力论述规划确定的发展规模、布局等的环境合理性。对于某些有可能产生具有“三致”效应（致癌、致突变、致畸）的污染物、致病菌和病毒的规划，还应从人群健康角度论证规划的环境合理性。

（3）对土地利用的有关规划和区域、流域、海域的建设、开发利用规划，以及农业、林业、旅游、资源开发类规划，应重点从规划实施对生态系统结构和功能所造成的影响，对区域自然保护区、风景名胜区等重要生态功能区的功能维系等方面，论述规划方案的环境合理性。

（4）对交通、水利等基础设施建设类规划，应重点从规划及其影响区域生态安全格局、生成功能区域以及景观生态格局之间的协调性等方面，论述路网、港口及水利设施布局的环境合理性。

（5）对于开发区及工业园区等区域开发类规划，应重点从区域资源环境对规划实施的支撑能力、清洁生产与循环经济水平、人群健康与环境风险等方面，综合论述规划选址及各规划要素的环境合理性。

(6) 城市规划等综合类规划则应从规划实施的各类影响能否满足人居环境质量、优化城市生态安全格局等方面，综合论述规划方案的环境合理性。

二、规划方案对可持续发展影响的综合论证

综合分析规划实施可能带来直接和间接的社会、经济、生态效应，从促进社会、经济发展与环境保护相协调和区域可持续发展能力的角度，结合相关产业政策和环保要求，针对规划目标定位和规划要素阐明规划制定、完善和实施过程中所依据的环保要求与原则和所应关注的敏感环境问题。

分析规划方案及其实施可能造成的不良环境影响、规划实施所需要占用、消耗或依赖的环境资源条件等，对其他相关部门、行业政策和规划实施造成的影响，提出协调相关规划实施或避免规划间矛盾冲突的原则或策略。

三、规划方案的优化调整建议

根据规划方案的环境合理性和对可持续发展影响的综合论证结果，对规划要素提出明确的优化调整建议。主要对出现的以下情景做出调整：

(1) 规划的选址、选线和规划包含的重大建设项目用地与环境敏感区的保护要求相矛盾。

(2) 规划本身或规划内的项目属于国家明令禁止的产业类型或不符合国家产业政策、节能减排要求。

(3) 取规划方案中配套建设的生态环境保护措施后，区域的资源、环境承载力仍无法支撑规划的实施，仍可能造成严重的生态破坏和环境污染。

(4) 规划方案中有依据现有知识水平和技术条件无法对其产生的不良环境影响的程度或者范围做出科学判断的内容。

规划的优化调整建议应全面、具体、可操作，如对规划规模提出的调整建议，应明确调整后的规划规模，并保证实施后资源、环境承载力可以支撑。明确调整后的规划方案，作为评价推荐的规划方案。

第六节　环境影响减缓措施及跟踪评价

一、减缓措施

规划的环境影响减缓措施是对规划方案中配套建设的生态环境保护措施进行评估后，针对环境影响评价推荐的规划方案实施后所产生的不良环境而提出的政策、管理或者技术等方面的减缓对策和措施。提出的减缓对策和措施应具有可操作性，能够解决规划所在区域已存在的主要环境问题，保证在相应的规划期限内实现环境目标。

减缓对策和措施包括影响预防、影响最小化及对造成的影响进行全面修复补救 3 方面的内容：

(1) 预防对策和措施可从建立健全环境管理体系、划定禁止和限制开发区域、设定环境准入条件、建立环境风险防范与应急预案等方面提出。

（2）影响最小化对策和措施可从环境保护基础设施和污染控制设施建设方案、清洁生产和循环经济实施方案等方面提出。

（3）修复补救措施主要包括生态建设、生态补偿、环境治理等措施。

如规划方案中含有明确的重大建设项目，还应针对建设项目所属行业特点及其环境影响特征，提出重大建设项目环境影响评价的重点内容和基本要求，并依据本规划环境影响评价的主要评价结论提出相应的环境准入（包括选址或选线要求、清洁生产水平、节能减排要求等）、污染防治措施建设和环境管理等要求。同时，在充分考虑规划编制时设定的某些资源环境基础条件随区域发展发生变化的情况下，提出建设项目环境影响评价的具体简化建议。

二、跟踪评价

《规划环境影响评价条例》规定，对环境有重大影响的规划实施后，规划编制机关应当及时组织规划环境影响的跟踪评价，将评价结果报告规划审批机关，并通报环境保护等有关部门。

对于可能产生重大环境影响的规划，在编制规划环境影响评价文件时，应拟定跟踪评价方案，对跟踪评价的具体内容提出要求，以指导跟踪评价的实施。跟踪评价方案应明确评价的时段、工作重点、组织形式（包括具体监督和实施单位）、资金来源、管理要求等内容。

对跟踪评价的具体内容提出要求时，应依据规划的行业特点及其主要环境影响特征，并使得跟踪评价取得数据、资料和评价结果能够为规划的调整及下一轮规划的编制提供参考，同时为规划实施区域的建设项目管理提供依据。

跟踪评价的主要内容一般包括以下几个方面：

（1）对规划实施后已经或正在造成的环境影响的监控要求，明确需要进行监控的资源、环境要素及其具体的评价指标，提出回顾性评价的具体内容。

（2）对规划实施中所采取的预防或者减轻不良环境影响的对策和措施进行分析和评价的具体要求，明确评价对策和措施有效性的方式、方法和技术路线。

（3）公众对规划实施区域生态环境的意见和对策建议的调查方案。

（4）跟踪评价结论应包含的具体内容，明确结论中应有环境目标的落实情况、减缓重大不良环境影响对策和措施的改进意见以及规划方案调整、修改直至终止规划实施的建议。

三、评价结论

在规划环境影响评价的结论中应明确给出以下内容：

（1）评价区域的生态、环境质量现状和变化趋势，资源、环境承载力现状，明确制约规划实施的重大资源、环境要素。

（2）规划实施可能造成的主要生态环境影响预测结果和风险评价结论；明确对水、土地、生物资源和能源等的需求情况。

（3）规划方案的综合论证结论主要包括规划的协调性分析结论、规划方案的环境合理性和对可持续发展影响的论证结论、环境保护目标与评价指标的可达性评价结论、规划要素的优化调整建议等。

（4）预防和减轻规划实施不良环境影响的对策和措施、规划涉及的主要建设项目环境影响评价的重点内容和要求。

（5）跟踪评价方案，跟踪评价的具体内容和要求。

（6）公众参与意见和建议处理情况，不采纳意见的理由说明。

第十四章　公　众　参　与

第一节　概　　述

一、环境影响评价中的公众参与

《中华人民共和国环境保护法》(2014 年修订) 第五章第五十三条明确规定，公民、法人和其他组织依法享有获取环境信息、参与和监督环境保护的权利；第五十六条明确规定，对依法应当编制环境影响报告书的建设项目，建设单位应当在编制时向可能受影响的公众说明情况，充分征求意见。《中华人民共和国环境影响评价法》第二十一条明确规定，除国家规定需要保密的情形外，对环境可能造成重大影响、应当编制环境影响报告书的建设项目，建设单位应当在报批建设项目环境影响报告书前举行论证会、听证会，或者采取其他形式，征求有关单位、专家和公众的意见，建设单位报批的环境影响报告书应当附具对有关单位、专家和公众的意见采纳或者不采纳的说明。《环境影响评价公众参与暂行办法》中规定，建设单位或者其委托的环境影响评价机构、环境保护行政主管部门应当按照规定采用便于公众知悉的方式，向公众公开有关环境影响评价的信息。为了为贯彻《中华人民共和国环境保护法》《中华人民共和国环境影响评价法》《建设项目环境保护管理条例》和《环境影响评价公众参与暂行办法》，规范和指导环境影响评价中的公众参与工作，中华人民共和国环境保护部于 2015 年 7 月发布了《环境保护公众参与办法》。

公众参与是指社会群众、社会组织、单位或个人作为主体，在其权利义务范围内有目的的社会行动。公众参与是一种有计划的行动，它通过政府部门和开发行动负责单位与公众之间双向交流，使公民们能参加决策过程并且防止和化解公民和政府机构与开发单位之间、公民与公民之间的冲突。公众参与的定义可以说是一个连续的、双向传递的过程，其中包括：一是促进公众充分了解负责单位如何调查和解决环境问题和环境要求的程序与方法，使公众充分了解研究项目的现状、发展以及在规划的制定和评价活动中的研究结果和结论；二是积极向有关的全体公民征求他们对目标和要求的意见。

实质上，公众参与包括信息的前馈和反馈。前馈过程是指政府官员将有关公共政策的信息传递给公民；反馈则是公民将有关公共政策的信息传递给政府官员。反馈的信息应该有助于决策者做出及时而令人满意的决策。

二、各国公众参与概况

1. 美国环境影响评价中的公众参与制度

环境影响评价制度源于美国 1969 年的《国家环境政策法》，该法规定，凡是对于人类环境有重大影响的立法或草案，以及联邦的重要行为，都必须提出环境影响报告书。1978 年环境质量委员会又发布了《国家环境政策法实施条例》(以下简称《条例》)。该

《条例》对环境影响评价制度的操作程序作了明确规定。根据《国家环境政策法》和《条例》的规定，美国公众参与环境影响评价制度的过程包括：

（1）在项目审查期。这是环境影响评价的最初阶段，一旦主管机构决定为其拟议行为编制环评报告，它就必须在《联邦公报》进行相关信息公告，以为关注的人士提供关于联邦政府正在考虑进行一项拟议行为以及正在对该拟议行为的环境影响进行分析说明。

（2）确定环境影响评价报告范围期。主管机构决定在环评报告中将要涉及的问题范围并对重要问题予以确认的公众参与程序。其目的在于及早以公开方式决定议题的范围以及认定与拟议行为相关的重要问题。

（3）准备环境影响评价报告草案期。在准备环评报告草案过程中，主管机构应当经常召开公众听证会或公众会议以积极寻求公众对于该拟议行为的意见，公众也可主动表示对拟议行为的意见。

（4）环境影响评价报告的最终文本编制期。在此期间，主管机构应当允许任何有利害关系的个人与机构对该机构是否遵守《国家环境政策法》的状况发表意见，并且在编制最终文本时，必须在最终文本中设专章以载明公众意见以及该主管机构对于公众意见的答复。

（5）环境影响评价中的公众评论期。由《国家环境政策法》规定的公众评论程序是其审查程序的核心。该程序允许其他机构或公众对主管机构之拟议行为进行监督并发表评论。

2. 日本环境影响评价中的公众参与制度

日本的环境影响评价制度较之美国起步稍晚，其主要模式及侧重点为环境影响的事前评价。所谓环境影响事前评价是指当计划开发的时候，要事先从开发行为给环境方面带来的所有的影响的角度上进行调查、预测，公开其结果并听取关系人的意见，在此基础上评价开发计划是否得当，决定是否实施开发的过程和技术手段。在环境影响事前评价之下，环境方面的综合评价得以在事前进行，这样就强制开发者经常要留意环境与开发的调整，有意识地选择对环境方面的恶劣影响最小的开发手段。更重要的是，评价的过程中允许有关的机关和居民参加，这样不仅通过关系人的监督使预测评价的错误和漏洞得到纠正，高度精度的公正调查得以确保，而且，开发与区域环境之间的协调得到重视，在预防因没有居民参加的开发引起的对区域社会的破坏上也发挥着作用。

3. 我国的公众参与概况

与国外实行的公众参与环境影响评价的方法有所不同，我国环境影响评价制度主要是依靠环境保护行政主管部门负责组织审查、批准建设项目的环境影响评价。虽然《环境影响评价法》中将规划和建设项目都列入环境影响评价的范围，但有关公众参与的法律规定以及实施、操作过程还有待进一步完善。

近年来，随着我国环境保护工作的逐步深入，社会公众参与环境保护工作的意识不断增强，力度也不断增加。一些人组织起来，积极地参与到保护环境的行动中去；很多行业组织、非环保专业的群众组织也开展多种形式的环保活动；很多类型的环保社团通过各种各样的社会活动参与环境保护。各地公众在为维护自身环境权益，保护生态环境积极举报各种污染和破坏环境的行为等方面形成了较为深远的影响，对推动我国环保工作起到了重要的作用。但我国环境保护公众参与的实施主要存在以下几个问题：

1）公众参与的过程主要侧重于末端参与

按照我国现行相关环保立法的有关规定，公众参与基本上是对环境污染和生态破坏发生之后的参与，即末端参与，公众属于“告知性参与”，因处于被告知的地位，公众的观点、建议无法得到真正的重视，在“预案参与”方面的力度相当薄弱。在公众参与环境保护的具体实践过程中，其行为也主要集中在对污染、破坏环境行为发生后，危害到自身利益时通过检举、诉讼等方式来维护自身的权益。危害的滞后性和不可恢复性是环境问题的重要特点，因此这种末端对于有效地防止环境纠纷和危害不利，与公众参与的根本性质有很大差距，也影响到现行环境保护法律的有效执行。

2）公众参与的行为以个人浅层次参与为主

由于公众本身对于环境保护相关知识的欠缺以及责任意识的淡薄，很多公众参与的环保行为主要集中在简单的、浅层次的环保行为，如日常生活中的节约用水、用电等个人的生活行为。但是，需要学习环保知识并用于日常生活，或主动参加公益环保活动能够产生一定社会效应等需要付出一些物质或者金钱为代价的环保行为，公众参与不多。

3）公众参与缺乏相应的法律制度保障

公众缺乏对社会环境影响巨大的领域的参与机会，以我国颁布的《环境影响评价法》为例，其中规定了建设项目和规划，公众可以参与，但是在国家立法、政策以及替代方案等具有战略深度的领域，公众则缺乏有效的参与。同时我国有关的法律规定，国务院和省、自治区、直辖市人民政府的环境保护行政主管部门承担着公布环境信息的义务。环境信息公布的义务主体被限制在一个窄范围内，导致一些环境信息难以及时被公众了解，甚至导致一些地方小范围内的环境信息详细资料难以被上级部门掌握，无法满足公众参与的需求。

4）公众参与的形式化

目前，我国政府主导的公众参与程序，通常是首先由各级政府或其环保部门通过新闻媒体对政府的某一环保决策宣传报道，使公众有所了解，然后让公众通过论证会、听证会等方式进行参与，但最终在环境影响报告书或审议中，公众的意见并未得到充分的重视，公众意见处理被形式化。

第二节　公众参与目的及程序

一、公众参与的目的

（1）维护公众合法的环境权益，在环境影响评价中体现以人为本的原则。

（2）更全面地了解环境背景信息，发现潜在环境问题，提高环境影响评价的科学性和针对性。

（3）通过公众参与，提高环保措施的合理性和有效性。

环境影响评价中公众参与的目的是为了让公众了解项目，集思广益，使项目建设能被当地公众认可或接受，并得到公众的支持和理解，以提高项目的社会经济效益和环境效益。公众参与程序可使环境影响评价制定的环保措施更具合理性、实用性和可操作性。公众参与过程也体现了环境影响评价工作和有关部门对公众利益和权利（如居住权）的尊重，有利于提高人民群众的环境意识。

二、公众参与的原则

1. 知情原则

信息公开应在调查公众意见前开展，以便公众在知情的基础上提出有效意见。

2. 公开原则

在公众参与的全过程中，应保证公众能够及时、全面并真实地了解建设项目的相关情况。

3. 平等原则

努力建立利害相关方之间的相互信任，不回避矛盾和冲突，平等交流，充分理解各种不同意见，避免主观和片面。

4. 广泛原则

设法使不同社会、文化背景的公众参与进来，在重点征求受建设项目直接影响公众意见的同时，保证其他公众有发表意见的机会。

5. 便利原则

根据建设项目的性质以及所涉及区域公众的特点，选择公众易于获取的信息公开方式和便于公众参与的调查方式。

三、公众参与的作用与意义

公众参与是项目建设方或者环评方同公众之间的一种双向交流，建立公众参与环境监督管理的正常机制可使项目影响区的公众及时了解关于环境问题的信息，通过正常渠道表达自己的意见。让公众帮助辨析项目可能引起的重大的尤其是许多潜在环境问题，了解公众关注的保护目标或问题，以便采取相应措施，使敏感的保护目标得到有效保护。

多年实践证明，公众参与在我国的环境影响评价工作中起到了相当大的作用，主要体现在以下 4 个方面：

（1）保障了公众的知情权，也体现了环评工作和有关部门对公众利益和权利的尊重。环保措施实施后直接受影响的人有权充分了解周围的环境现状，了解项目对自身居住环境的影响状况和环境发展的影响趋势。

（2）有利于环评工作组制定出最佳的环保措施，使环保措施更具合理性、实用性和可操作性，增加环境影响评价的有效性。因为公众作为环境资源的使用者，对本地区的资源很了解，他们有效介入可大大充实环评组织的实力。因此要保证他们在评价中的主体地位，而不能仅被视为收集意见的对象。

（3）可对环评工作进行有效的监督，增加项目审批等环保工作的透明度，建立健全环境管理体制。其中公众监督包括两方面的内容，即监督工商企业经营者认真贯彻执行环境保护相关法律和监督环保管理人员的行政行为。

（4）有利于环境保护法律的普及，提高全社会的环境保护意识和增强法制观念。公众通过亲身的参与，可以从对环境由本能、自发的关注转变为主动、自觉的参与。

四、公众参与工作程序

公众参与是环境影响评价过程的一个组成部分，其工作程序及与环境影响评价程序的关系如图 14－1 所示。

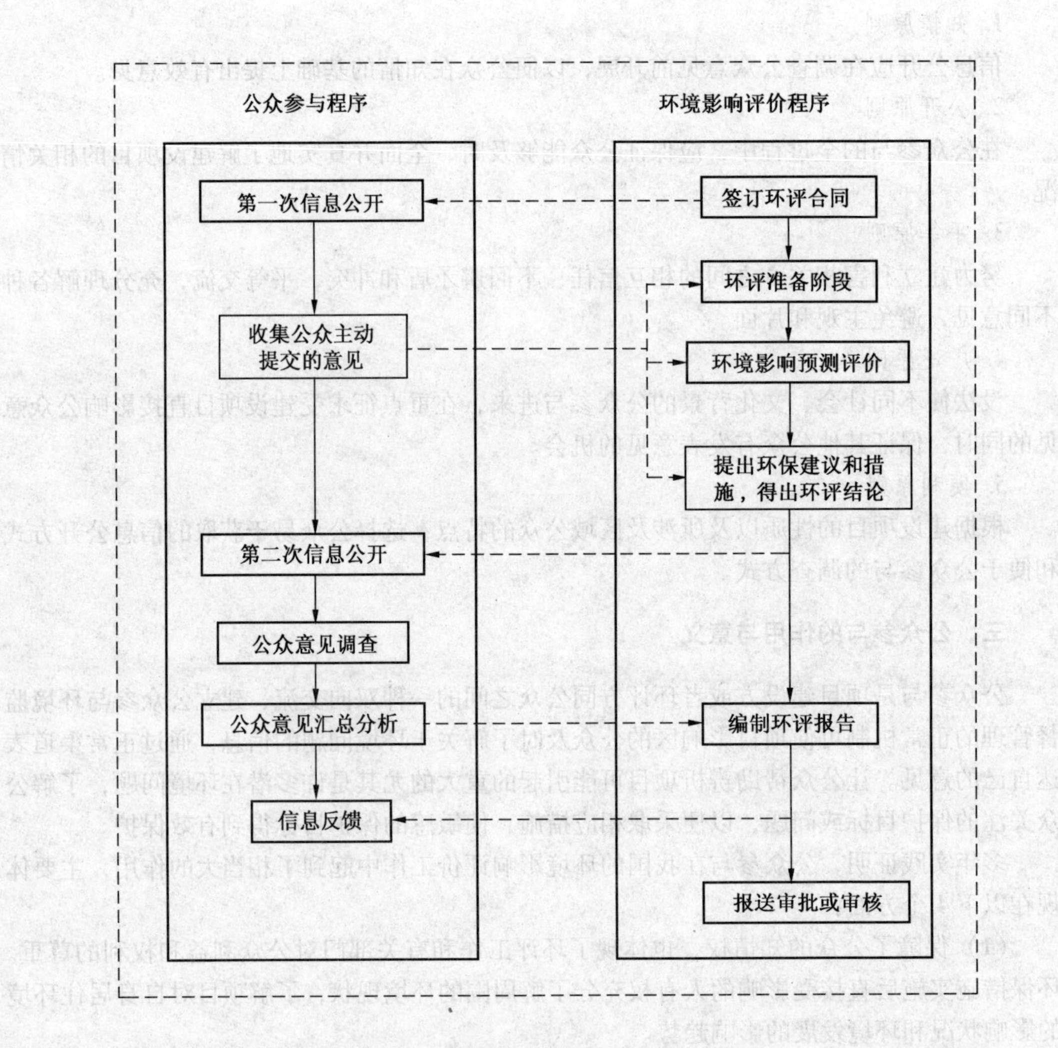

图 14－1 环境影响评价中公众参与工作程序

五、公众的范围

1. 建设项目的利益相关方

建设项目的利益相关方指所有受建设项目影响或可以影响建设项目的单位和个人，是环境影响评价中广义的公众范围，包括以下方面：

（1）受建设项目直接影响的单位和个人。如居住在项目环境影响范围内的个人；在项目环境影响范围内拥有土地使用权的单位和个人；利用项目环境影响范围内某种物质作为生产生活原料的单位和个人建设项目实施后，因各种客观原因需搬迁的单位和个人。

（2）受建设项目间接影响的单位和个人。如移民迁入地的单位和个人；拟建项目潜在的就业人群、供应商和消费者；受项目施工、运营阶段原料及产品运输、废弃物处置等环节影响的单位和个人；拟建项目同行业的其他单位或个人；相关社会团体或宗教团体。

（3）有关专家。特指因具有某一领域的专业知识，能够针对建设项目某种影响提出权威性参考意见，在环境影响评价过程中有必要进行咨询的专家。

（4）关注建设项目的单位和个人。如各级人大代表、各级政协委员、相关研究机构和人员、合法注册的环境保护组织。

（5）建设项目的投资单位或个人。

（6）建设项目的设计单位。

（7）环境影响评价单位。

（8）环境行政主管部门。

（9）其他相关行政主管部门。

2. 环境影响评价的公众范围

环境影响评价的公众范围指所有直接或间接受建设项目影响的单位和个人，但不直接参与建设项目的投资、立项、审批和建设等环节的利益相关方，是环境影响评价中狭义的公众范围，包括以下方面：

（1）受建设项目直接影响的单位和个人。

（2）受建设项目间接影响的单位和个人。

（3）有关专家。

（4）关注建设项目的单位和个人。

3. 环境影响评价涉及的核心公众群

建设项目环境影响评价应重点围绕主要的利益相关方（即核心公众群）开展公众参与工作，保证他们以可行的方式获取信息和发表意见。核心公众群包括以下方面：

（1）受建设项目直接影响的单位和个人。

（2）项目所在地的人大代表和政协委员。

（3）有关专家。

4. 公众代表的组成

（1）公众代表主要从核心公众群中产生。

（2）个人代表应优先考虑少数民族、妇女、残障人士和低收入者等弱势群体。

（3）根据建设项目的具体影响确定相应领域的专家代表，专家代表不应参与项目投资、设计、环评等任何与项目关联的事务。

5. 核心公众的代表数量

（1）受建设项目直接影响的单位代表名额不应低于单位代表总数的85%。

（2）受建设项目直接影响的个人代表名额不应低于个人代表总数的90%。

（3）核心公众代表的基本数量要求见表14－1。

（4）线性工程选择线路经过的、有代表性的人口密集区域，按照上述原则确定核心公众代表。

表 14-1　核心公众代表的基本数量要求

公众类别	受影响群体总数	代表数量
受直接影响的单位代表	单位总数≤50	实际单位数量
	50 < 单位总数≤100	总数的 75%，但不少于 50 个
	100 < 单位总数≤200	总数的 50%，但不少于 75 个
	单位总数 > 200	不少于 100 个
受直接影响的个人代表	总数≤100	实际人数
	100 < 总数≤10000	总数的 30%，但不少于 100 人
	10000 < 总数≤50000	总数的 15%，但不少于 300 人
	总数 > 50000	不少于 500 人
人大代表政协委员	—	不少于 5 人
专家	—	每个领域的专家不少于 3 人

第三节　公众参与内容

一、公众参与计划

1. 公众参与计划内容

公众参与计划应明确公众参与过程的相关细节，具体包括如下内容：

（1）公众参与的主要目的。

（2）执行公众参与计划的人员、资金和其他辅助条件的安排，公众参与工作时间表。

（3）核心公众的地域和数量分布情况。

（4）公众代表的选取方式、代表数量或代表名单。

（5）拟征求意见的事项及其确定依据。

（6）拟采用的信息公开方式。

（7）拟采用的公众意见调查方式。

（8）信息反馈的安排。

2. 公众参与计划有效性的影响因素

公众参与计划的可行性受多方面因素影响，应在制定计划的过程中予以充分考虑。其中，重要的影响因素包括以下内容：

（1）核心公众的基本情况，如年龄、性别、民族、文化程度、对环境知识的了解程度和社会背景等。

（2）当地的宗教、文化背景和管理体制。

（3）所需传达信息的情况，尤其是技术性信息的专业程度和理解的难易程度。

（4）执行公众参与计划人员的技术水平，如组织能力、沟通技巧、演讲水平和对特殊方法的掌握程度等。

（5）可用于公众参与的资金和其他辅助条件的情况。

二、信息公开

1. 信息公开次数、时间和形式

信息公开次数、时间和形式的具体要求见表14－2。

表14－2 信息公开的次数、时间和形式

次 数	时 间	形 式
第1次	建设单位确定承担环境影响评价工作的环境影响评价机构后7日内	信息公告
第2次	完成影响预测评价至报告书报送审批或重新审核前确保能够完成公众意见调查、公众参与篇章编写和信息反馈等工作内容的合理时间，最迟于环境影响报告书报送审批或审核前10日	信息公告； 环境影响报告书简本

2. 信息公告的内容

1）第一次信息公告

第一次信息公告所含信息应包括建设项目名称；建设项目业主单位名称和联系方式；环境影响评价单位名称和联系方式；环境影响评价工作程序、审批程序以及各阶段工作初步安排；备选的公众参与方式。

2）第二次信息公告

第二次信息公告的内容包括建设项目情况简述；建设项目对环境可能造成影响的概述；环境保护对策和措施的要点；环境影响报告书提出的环境影响评价结论的要点；公众查阅环境影响报告书简本的方式和期限，以及公众认为必要时向建设单位或者其委托的环境影响评价机构索取补充信息的方式和期限；征求公众意见的范围和主要事项；征求公众意见的具体形式；公众提出意见的起止时间。

3. 信息公开的方式

1）信息公告的方式

信息公告的范围应能涵盖所有受到直接和间接影响公众所处的地域范围，并应采用便于公众获得的方式，保证信息准确、及时和有效地传递。常用的发布信息公告的方式有：在建设项目所在地的公共媒体（如报纸、广播、电视、公共网站等）上发布公告；公开免费发放包含有关公告信息的印刷品；其他便于公众知情的信息公告方式。

2）环境影响报告书简本公开的方式

环境影响报告书简本公开的方式应便于受到直接影响的公众获取，可以采用以下一种或多种方式进行公开：在特定场所提供环境影响报告书简本；制作包含环境影响报告书简本的专题网页；在公共网站或者专题网站上设置环境影响报告书简本的链接；其他便于公众获取环境影响报告书简本的方式。

三、公众意见调查内容

（1）公众对建设项目所在地环境现状的看法。

（2）公众对建设项目的预期。

（3）公众对减缓不利环境影响的环保措施的意见和建议。

（4）根据建设项目的具体情况，必要时还应针对特定的问题进行补充调查。同时，应允许公众就其感兴趣的个别问题发表看法。

四、公众意见调查方法

1. 问卷调查

1）问卷调查的基本原则

问卷调查可分为书面问卷调查和网上问卷调查。书面问卷调查是征求核心公众代表意见的方法之一，适合于征求个人代表的意见；网上问卷调查主要适用于大范围征求公众主动提交的意见，或作为征求核心公众代表意见时的辅助方法。

调查问卷所设问题应简单明确、通俗易懂，避免容易产生歧义或误导的问题；对于可以简单回答"是"或"否"的问题，应进一步询问答案背后的原因；应给被咨询人足够的时间了解相关信息和填写问卷。

2）调查问卷的内容

（1）调查问卷标题。应在调查问卷封面处明示调查问卷的标题内容，具体格式可参照《环境影响评价技术导则　公众参与》(征求意见稿)。

（2）建设项目相关信息。问卷应简单介绍建设项目的基本情况、主要环境影响、污染控制和环境保护目标、环保措施和环评结论。同时，应注明公众查阅环境影响报告书简本的时间、地点和方式。

（3）被咨询人的信息。可根据建设项目的特征、公众参与的主要目的、调查的主要内容和公众意见的统计分析方法等因素，考虑设置姓名、性别、年龄、民族、职业、文化程度、可能受到的影响类别、住址、联系方式等内容。

（4）调查题目。调查问卷的主体部分，即以提问的形式，罗列需要征求公众意见的议题或事项。

（5）问卷回收时间和方式。应在调查问卷封二处，明确告知被咨询人员在哪一个具体日期前、以何种形式提交调查问卷，并在封底重复提示上述信息。

（6）调查问卷执行单位和执行人的信息。应在调查问卷封二处，给出建设项目的建设单位和环评单位等调查问卷执行单位的地址、邮编、电话和传真等信息。同时，在封底处给出调查问卷具体执行人的姓名、所属的单位，并附执行人签字。

2. 座谈会

（1）座谈会是建设项目利益相关方之间沟通信息、交换意见的双向交流过程。

（2）座谈会讨论的内容应与公众意见调查的主要内容一致。

（3）可按照核心公众群的地区分布情况和核心公众代表的数量来确定座谈会的召开次数和地点。

（4）座谈会主要参加人以受直接影响的单位和个人代表为主，可邀请相关领域的专家、关注项目的研究机构和民间环境保护组织中的专业人士出席会议。

（5）座谈会的主持人可由建设项目的投资单位或个人、建设项目的设计单位和环境影响评价单位等担任。上述单位还应派代表出席，在座谈会开始前介绍项目情况，并在会议期间回答参会代表关于建设项目相关情况的疑问。

（6）座谈会主办单位应在会前 5 日书面告知参加人座谈会的主要内容、时间、地点和主办单位的联系方式。

（7）座谈会主办单位应在会后5日内准备会议纪要，描述座谈会的主要内容、时间、地点、参会人员、会议日程和公众代表的主要意见。

3. 论证会

（1）论证会是针对某种具有争议性的问题而进行的讨论和（或）辩论，并力争达成某种程度一致意见的过程。

（2）论证会应设置明确的议题，围绕核心议题展开讨论。论证会的次数应根据需讨论议题的数量和深度来确定。

（3）论证会的参加人主要为相关领域的专家、关注项目的研究机构、民间环境保护组织中的专业人士和具有一定知识背景的受直接影响的单位和个人代表。

（4）建设项目的投资单位或个人、建设项目的设计单位和环境影响评价单位应派代表出席论证会，在论证开始前介绍项目情况，并在会议期间回答参会代表关于与论证议题相关的项目情况的疑问。

（5）论证会的主持人可由建设项目的投资单位或个人、建设项目的设计单位和环境影响评价单位等担任。主持人应在会议开始时重申会议议题，介绍参会代表。

（6）论证会的规模不应过大，以15人以内为宜。

（7）论证会主办单位应在会前7日书面告知论证会参加人论证会的议题、时间、地点、参会代表名单、论证会主持人和主办单位的联系方式。

（8）论证会主办单位应准备会议笔录，尤其要如实记录不同意见，并应得到80%以上的参会代表签名确认。会后5日内应制作会议纪要，描述论证会的议题、时间、地点、参会人员、发言的主要内容和论证会结论。

4. 听证会

（1）环境影响评价过程中的听证会是上述3种常规公众意见调查方法的补充，主要是针对某些特定环境问题公开倾听公众意见并回答公众的质疑，为有关的利益相关方提供公开和平等交流的机会。

（2）出现下列某种或几种情况时，可考虑组织召开听证会：建设项目位于环境敏感区，且原料、产品和生产过程中涉及有毒化学物质，并存在严重污染土壤、地下水、地表水或大气的潜在风险；建设项目位于环境敏感区，且具有引起某种传染病传播和流行的潜在风险；建设单位或环境影响评价单位认为有必要针对有关环境问题进一步公开与公众进行直接交流；有关行政主管部门提出听证会要求。

五、公众意见的汇总分析和信息反馈

1. 公众意见的收集

（1）公众参与期间，应设专人负责收集和整理公众发来的传真、电子邮件和问卷调查表等，并记录有关信息。

（2）上述传真、电子邮件打印件（应含电子邮件地址、时间等信息）、信函、调查问卷和会议纪要等，实施公众参与的单位应存档备查。

2. 公众意见的统计分析

（1）在进行统计分析前，应对有效的公众意见进行识别。环境影响评价中公众参与的有效意见包括与建设项目的环境影响评价范围、方法、数据、预测结果和结论、环保措施等有关意见和建议。

（2）某些具有建设性或意义重大的非有效公众意见和建议，如针对行政审批程序的建议、原有重大社会问题的披露等，公众参与的执行单位可将这些意见转交给相关部门。

（3）识别出有效公众意见后，应根据具体情况进行分类统计，以便对公众意见进行归纳总结，提供采纳与否的判断依据。分类可包括：年龄分布及各年龄段关注的问题；性别分布及其关注的问题；不同文化程度人群比例及其所关注的问题；不同职业人群分布及其关注的问题；少数民族所占比例及其关注的问题；宗教人士和特殊人群所占比例及其意见；受建设项目不同影响的公众的意见；主要意见的分类统计结果。

（4）本着侧重考虑直接受影响公众意见和保护弱势群体的原则，在综合分析上述公众意见、国家或地方有关规定和政策、建设项目情况以及社会文化经济条件等因素的基础上，应对各主要意见采纳与否，以及如何采纳做出说明。

3. 信息反馈

环境影响报告书报送环境保护行政主管部门审批或者重新审核前，应以适当方式将公众意见采纳与否的信息及时反馈给公众，这些方式包括：信函；在建设项目所在地的公共场所张贴布告；在建设项目所在地的公共媒体上公布被采纳的意见、未被采纳意见及不采纳的理由；在特定网站上公布被采纳的意见、未被采纳意见及不采纳的理由。

参 考 文 献

[1] 环境保护部环境工程评估中心．环境影响评价技术导则与标准［M］．北京：中国环境科学出版社，2011.

[2] 环境保护部环境工程评估中心．环境影响评价技术方法［M］．北京：中国环境科学出版社，2010.

[3] 胡辉，杨家宽．环境影响评价［M］．武汉：华中科技大学出版社，2010.

[4] 金腊华，徐峰俊．环境评价与规划［M］．北京：化学工业出版社，2008.

[5] 汤国安，杨昕．ArcGIS 地理信息系统空间分析实验教程［M］．北京：科学出版社，2012.

[6] 李淑芹，孟宪林．环境影响评价学［M］．北京：化学工业出版社，2011.

[7] 马太玲，张江山．环境影响评价［M］．武汉：华中科技大学出版社，2009.

[8] 郭延忠．环境影响评价学［M］．北京：科学出版社，2007.

[9] 朱世云，林春绵．环境影响评价［M］．北京：化学工业出版社，2007.

[10] 何德文，李妮，柴立元．环境影响评价［M］．北京：科学出版社，2008.

[11] 李海波，赵锦慧．环境影响评价实用教程［M］．武汉：中国地质大学出版社，2010.

[12] 李爱贞．环境影响评价实用技术指南［M］．第 2 版．北京：机械工业出版社，2012.

[13] 陆书玉．环境影响评价［M］．北京：高等教育出版社，2006.

[14] 田子贵，顾玲．环境影响评价［M］．第 2 版．北京：化学工业出版社，2011.

[15] 何超兵．不同数学模型在地表水环境影响评价中的应用研究［J］．环境科学与管理，2009，34 (1)：60－64.

[16] 李平．固体废物处理与处置［M］．北京：高等教育出版社，2006.

[17] 韩香云，陈天明．环境影响评价［M］．北京：化学工业出版社，2013.

[18] 张征．环境评价学［M］．北京：高等教育出版社，2004.

[19] 黄玲．化学工业区环境风险评价研究及应用［D］．西安：西安建筑科技大学，2008.

[20] 丁桑岚．环境评价概论［M］．北京：化学工业出版社，2001.

[21] 李尉卿．环境评价［M］．北京：化学工业出版社，2003.

[22] 李志宪．事故应急处理预案编制指南［M］．北京：中国石化出版社，2002.

图书在版编目（CIP）数据

环境影响评价／章丽萍，何绪文主编．--北京：煤炭工业出版社，2016

中国矿业大学（北京）研究生教材

ISBN 978-7-5020-5141-9

Ⅰ.①环…　Ⅱ.①章…　②何…　Ⅲ.①环境影响—评价—研究生—教材　Ⅳ.①X820.3

中国版本图书馆 CIP 数据核字（2015）第 300184 号

环境影响评价［中国矿业大学（北京）研究生教材］

主　　编　章丽萍　何绪文
责任编辑　李振祥
编　　辑　刘　博
责任校对　尤　爽
封面设计　王　滨

出版发行　煤炭工业出版社（北京市朝阳区芍药居 35 号　100029）
电　　话　010-84657898（总编室）
　　　　　010-64018321（发行部）　010-84657880（读者服务部）
电子信箱　cciph612@126.com
网　　址　www.cciph.com.cn
印　　刷　北京玥实印刷有限公司
经　　销　全国新华书店

开　　本　787mm×1092mm $^{1}/_{16}$　**印张**　$14^{3}/_{4}$　**字数**　345 千字
版　　次　2016 年 1 月第 1 版　2016 年 1 月第 1 次印刷
社内编号　7992　**定价**　29.00 元